U0171050

无机化学探究式教学丛书

第 21 分册

ds 区元素

主 编 蒋育澄

副主编 高丰琴 高 霞

科学出版社

北 京

内 容 简 介

本书是"无机化学探究式教学丛书"的第 21 分册。全书共 5 章，包括 ds 区元素通性、铜族元素、锌族元素、ds 区元素的纳米材料及 ds 区元素的生物效应。编写中力图体现内容和形式的不断创新，紧跟学科发展前沿。在介绍 ds 区元素及其化合物基本性质的基础上，注重学科前沿研究进展和交叉学科相关知识的引入，涉及 ds 区元素从零价到高价等非正常氧化态物质的制备和性质、基于 ds 区元素的新型功能材料的制备及性能、ds 区元素的生物效应及产生生理毒性的机理，还包含 ds 区元素的生物酶的结构特征及构效关系等。本书内容丰富、知识面宽，有利于提高学生的科学素养，培养学生的创新思维。

本书可作为基础无机化学教学辅助用书，可供高等学校化学及相关专业师生、中学化学教师以及从事化学相关研究的科研人员和技术人员参考。

图书在版编目(CIP)数据

ds 区元素 / 蒋育澄主编. —北京：科学出版社，2022.10

（无机化学探究式教学丛书；第 21 分册）

ISBN 978-7-03-073511-9

Ⅰ. ①d… Ⅱ. ①蒋… Ⅲ. ①ⅠB 族元素－高等学校－教材 ②ⅡB 族元素－高等学校－教材 Ⅳ. ①O614.12 ②O614.24

中国版本图书馆 CIP 数据核字 (2022) 第 190402 号

责任编辑：陈雅娴 李丽娇 / 责任校对：杨 赛
责任印制：师艳茹 / 封面设计：无极书装

科 学 出 版 社 出版
北京东黄城根北街 16 号
邮政编码：100717
http://www.sciencep.com

北京九天鸿程印刷有限责任公司 印刷
科学出版社发行 各地新华书店经销
*

2022 年 10 月第 一 版 开本：720 × 1000 1/16
2022 年 10 月第一次印刷 印张：15 1/4
字数：305 000

定价：128.00 元
（如有印装质量问题，我社负责调换）

"无机化学探究式教学丛书"
编写委员会

序

  教材是教学的基石，也是目前化学教学相对比较薄弱的环节，需要在内容上和形式上不断创新，紧跟科学前沿的发展。为此，教育部高等学校化学类专业教学指导委员会经过反复研讨，在《化学类专业教学质量国家标准》的基础上，结合化学学科的发展，撰写了《化学类专业化学理论教学建议内容》一文，发表在《大学化学》杂志上，希望能对大学化学教学、包括大学化学教材的编写起到指导作用。

  通常在本科一年级开设的无机化学课程是化学类专业学生的第一门专业课程。课程内容既要衔接中学化学的知识，又要提供后续物理化学、结构化学、分析化学等课程的基础知识，还要教授大学本科应当学习的无机化学中"元素化学"等内容，是比较特殊的一门课程，相关教材的编写因此也是大学化学教材建设的难点和重点。陕西师范大学无机化学教研室在教学实践的基础上，在该校及其他学校化学学科前辈的指导下，编写了这套"无机化学探究式教学丛书"，尝试突破已有教材的框架，更加关注基本原理与实际应用之间的联系，以专题设置较多的科研实践内容或者学科交叉栏目，努力使教材内容贴近学科发展，涉及相当多的无机化学前沿课题，并且包含生命科学、环境科学、材料科学等相关学科内容，具有更为广泛的知识宽度。

  与中学教学主要"照本宣科"不同，大学教学具有较大的灵活性。教师授课在保证学生掌握基本知识点的前提下，应当让学生了解国际学科发展与前沿、了解国家相关领域和行业的发展与知识需求、了解中国科学工作者对此所作的贡献，启发学生的创新思维与批判思维，促进学生的科学素养发展。因此，大学教材实际上是教师教学与学生自学的参考书，这套"无机化学探究式教学丛书"丰富的知识内容可以更好地发挥教学参考书的作用。

  我赞赏陕西师范大学教师们在教学改革和教材建设中勇于探索的精神和做

法，并希望该丛书的出版发行能够得到教师和学生的欢迎和反馈，使编者能够在应用的过程中吸取意见和建议，结合学科发展和教学实践，反复锤炼，不断修改完善，成为一部经典的基础无机化学教材。

中国科学院院士　郑兰荪

2020 年秋

丛书出版说明

本科一年级的无机化学课程是化学学科的基础和母体。作为学生从中学步入大学后的第一门化学主干课程，它在整个化学教学计划的顺利实施及培养目标的实现过程中起着承上启下的作用，其教学效果的好坏对学生今后的学习至关重要。一本好的无机化学教材对培养学生的创新意识和科学品质具有重要的作用。进一步深化和加强无机化学教材建设的需求促进了无机化学教育工作者的探索。我们希望静下心来像做科学研究那样做教学研究，研究如何编写与时俱进的基础无机化学教材，"无机化学探究式教学丛书"就是我们积极开展教学研究的一次探索。

我们首先思考，基础无机化学教学和教材的问题在哪里。在课堂上，教师经常面对学生学习兴趣不高的情况，尽管原因多样，但教材内容和教学内容陈旧是重要原因之一。山东大学张树永教授等认为：所有的创新都是在兴趣驱动下进行积极思维和创造性活动的结果，兴趣是创新的前提和基础。他们在教学中发现，学生对化学史、化学领域的新进展和新成就，对化学在高新技术领域的重大应用、重要贡献都表现出极大的兴趣和感知能力。因此，在本科教学阶段重视激发学生的求知欲、好奇心和学习兴趣是首要的。

有不少学者对国内外无机化学教材做了对比分析。我们也进行了研究，发现国内外无机化学教材有很多不同之处，概括起来主要有如下几方面：

(1) 国外无机化学教材涉及知识内容更多，不仅包含无机化合物微观结构和反应机理等，还涉及相当多的无机化学前沿课题及学科交叉的内容。国内无机化学教材知识结构较为严密、体系较为保守，不同教材的知识体系和内容基本类似。

(2) 国外无机化学教材普遍更关注基本原理与实际应用之间的联系，设置较多的科研实践内容或者学科交叉栏目，可读性强。国内无机化学教材知识专业性强但触类旁通者少，应用性相对较弱，所设应用栏目与知识内容融合性略显欠缺。

(3) 国外无机化学教材十分重视教材的"教育功能"，所有教材开篇都设有使用指导、引言等，帮助教师和学生更好地理解各种内容设置的目的和使用方法。另外，教学辅助信息量大、图文并茂，这些都能够有效发挥引导学生自主探究的作用。国内无机化学教材普遍十分重视化学知识的准确性、专业性，知识模块的逻辑性，往往容易忽视教材本身的"教育功能"。

依据上面的调研，为适应我国高等教育事业的发展要求，陕西师范大学无机化学教研室在请教无机化学界多位前辈、同仁，以及深刻学习领会教育部高等学校化学类专业教学指导委员会制定的"高等学校化学类专业指导性专业规范"的基础上，对无机化学课堂教学进行改革，并配合教学改革提出了编写"无机化学探究式教学丛书"的设想。作为基础无机化学教学的辅助用书，其宗旨是大胆突破现有的教材框架，以利于促进学生科学素养发展为出发点，以突出创新思维和科学研究方法为导向，以利于教与学为努力方向。

1. 教学丛书的编写目标

(1) 立足于高等理工院校、师范院校化学类专业无机化学教学使用和参考，同时可供从事无机化学研究的相关人员参考。

(2) 不采取"拿来主义"，编写一套因不同而精彩的新教材，努力做到素材丰富、内容编排合理、版面布局活泼，力争达到科学性、知识性和趣味性兼而有之。

(3) 学习"无机化学丛书"的创新精神，力争使本教学丛书成为"半科研性质"的工具书，力图反映教学与科研的紧密结合，既保持教材的"六性"(思想性、科学性、创新性、启发性、先进性、可读性)，又能展示学科的进展，具备研究性和前瞻性。

2. 教学丛书的特点

(1) 教材内容"求新"。"求新"是指将新的学术思想、内容、方法及应用等及时纳入教学，以适应科学技术发展的需要，具备重基础、知识面广、可供教学选择余地大的特点。

(2) 教材内容"求精"。"求精"是指在融会贯通教学内容的基础上，首先保证以最基本的内容、方法及典型应用充实教材，实现经典理论与学科前沿的自然结合。促进学生求真学问，不满足于"碎、浅、薄"的知识学习，而追求"实、深、厚"的知识养成。

(3) 充分发挥教材的"教育功能"，通过基础课培养学生的科研素质。正确、适时地介绍无机化学与人类生活的密切联系,无机化学当前研究的发展趋势和热点领域,以及学科交叉内容,因为交叉学科往往容易产生创新火花。适当增加拓展阅读和自学内容,增设两个专题栏目:历史事件回顾,研究无机化学的物理方法介绍。

(4) 引入知名科学家的思想、智慧、信念和意志的介绍,重点突出中国科学家对科学界的贡献,以利于学生创新思维和家国情怀的培养。

3. 教学丛书的研究方法

正如前文所述,我们要像做科研那样研究教学,研究思想同样蕴藏在本套教学丛书中。

(1) 凸显文献介绍,尊重历史,还原历史。我国著名教育家、化学家傅鹰教授曾经多次指出:"一门科学的历史是这门科学中最宝贵的一部分,因为科学只能给我们知识,而历史却能给我们智慧。"基础课教材适时、适当引入化学史例,有助于培养学生正确的价值观,激发学生学习化学的兴趣,培养学生献身科学的精神和严谨治学的科学态度。我们尽力查阅了一般教材和参考书籍未能提供的必要文献,并使用原始文献,以帮助学生理解和学习科学家原始创新思维和科学研究方法。对原理和历史事件,编写中力求做到尊重历史、还原历史、客观公正,对新问题和新发展做到取之有道、有根有据。希望这些内容也有助于解决青年教师备课资源匮乏的问题。

(2) 凸显学科发展前沿。教材创新要立足于真正起到导向的作用,要及时、充分反映化学的重要应用实例和化学发展中的标志性事件,凸显化学新概念、新知识、新发现和新技术,起到让学生洞察无机化学新发展、体会无机化学研究乐趣、延伸专业深度和广度的作用。例如,氢键已能利用先进科学手段可视化了,多数教材对氢键的介绍却仍停留在"它是分子间作用力的一种"的层面,本丛书则尝试从前沿的视角探索氢键。

(3) 凸显中国科学家的学术成就。中国已逐步向世界科技强国迈进,无论在理论方面,还是应用技术方面,中国科学家对世界的贡献都是巨大的。例如,唐敖庆院士、徐光宪院士、张乾二院士对簇合物的理论研究,赵忠贤院士领衔的超导研究,张青莲院士领衔的原子量测定技术,中国科学院近代物理研究所对新核素的合成技术,中国科学院大连化学物理研究所的储氢材料研究,我国矿物浮选的新方法研究等，都是走在世界前列的。这些事例是提高学生学习兴趣和激发爱国热情最好的催化剂。

(4) 凸显哲学对科学研究的推进作用。科学的最高境界应该是哲学思想的体现。哲学可为自然科学家提供研究的思维和准则，哲学促使研究者运用辩证唯物主义的世界观和方法论进行创新研究。

徐光宪院士认为，一本好的教材要能经得起时间的考验，秘诀只有一条，就是"千方百计为读者着想"[徐光宪. 大学化学, 1989, 4(6): 15]。要做到：①掌握本课程的基础知识，了解本学科的最新成就和发展趋势；②在读完这本书和做完每章的习题后，在潜移默化中学到科学的思考方法、学习方法和研究方法，能够用学到的知识分析和解决遇到的问题；③要易学、易懂、易教。朱清时院士认为最好的基础课教材应该要尽量保持系统性，即尽量保证系统、清晰、易懂。清晰、易懂就是自学的人拿来读都能够引人入胜[朱清时. 中国大学教学, 2006, (08): 4]。我们的探索就是朝这个方向努力的。

创新是必须的，也是艰难的，这套"无机化学探究式教学丛书"体现了我们改革的决心，更凝聚了前辈们和编者们的集体智慧，希望能够得到大家认可。欢迎专家和同行提出宝贵建议，我们定将努力使之不断完善，力争将其做成良心之作、创新之作、特色之作、实用之作，切实体现中国无机化学教材的民族特色。

"无机化学探究式教学丛书"编写委员会

2020 年 6 月

前　言

本书为"无机化学探究式教学丛书"第 21 分册。编者在内容选取和编排上力图突出本书的宗旨和特点，除了考虑为师生提供基础无机化学的教学参考外，还吸纳了相关领域最新的研究进展。以前沿知识强化教学内容，力求在拓展学生知识背景的同时启蒙学生的科研意识，培养科学思维。

1. 注重基本知识的厚实性

(1) 从 ds 区元素(铜族元素和锌族元素)电子结构的特殊性说明其既不属于 d 区元素，也与ⅠA 和ⅡA 族元素有明显差异，从而确认其在周期表中独立成区的理由。这是在教学中长期没有定论的问题。

(2) ds 区只有 8 个元素，但性质差异很大。从存在形态看，既有固态金属，又有液态金属；从生物效应看，既有污染环境、危害人体健康的重金属元素，又有人体必需的微量元素。本书关注这些差异并从结构方面进行探讨。

(3) 关注 ds 区元素氧化态的复杂性，依据最新研究结果介绍了一些不同于传统意义上氧化态的"非正常氧化态"化合物。

(4) 近年来出现了许多基于 ds 区元素制备的新型功能材料，本书选取四类主要的纳米材料进行介绍，以加深对 ds 区元素结构特点的认识。

(5) 由于生物体内许多酶蛋白的活性中心是铜、锌配离子，本书还从构效关系的角度讲述了典型的铜酶和锌酶的结构与其主要催化性能的关系。

2. 进行内容模块的完整性整合

(1) ds 区元素通性。系统介绍 ds 区元素性质的四大特点：从热力学上解释金属活泼性规律，从电子结构的稳定性看元素呈现的氧化态，从电子层构型决定的极化能力和变形性看其共价性，以及从元素离子的$(n-1)$d、ns、np 轨道的能量相差不大看其配位结构的复杂性。突出说明 ds 区元素正是因为其价层电子结构为$(n-1)$d^{10}ns$^{1\sim2}$而具有独特的性质。

(2) 铜族元素。介绍了矿石冶炼和单质提取的原理和工艺，其中强调金的无毒湿法提取及回收；以氧化态增高$(0 \to \text{IV})$为序讲述重要化合物和配合物；强调各氧化态稳定存在和转变的条件；突出其在新型功能材料中的应用。

(3) 锌族元素。讲述锌族元素常见的各种氧化态，还增加了有关锌族元素"非正常氧化态"物质的内容，包括 Zn^+、Cd^+、Zn_2^{2+}、Cd_2^{2+}、Zn^{3+}、Hg^{3+} 及 Hg^{4+} 等。

(4) ds 区金属的纳米材料。依据最新的研究进展着重介绍四类与 ds 区元素相关的纳米材料，同时采用专题形式系统介绍银纳米材料的抗菌作用。

(5) ds 区元素的生物效应。包括两种重要的必需微量元素铜和锌的生理功能，以及两种毒性很大的重金属元素镉和汞的生理毒性。同时，介绍了金属酶的催化特点以及两种典型的铜酶和锌酶的构效关系。

这样的模块组合有效地保证了 ds 区元素内容的系统性和完整性。

3. 体现高阶性、创新性和挑战度

本书从课程基本知识面出发，设计了具有一定深度和广度的 6 个专题，拓展学生的知识背景，使其了解不同学科之间的交叉与融合，追踪相关领域的前沿研究进展。

本书设置了三个层次的练习题：①学生自测练习题，包含是非题、选择题、填空题和简答题；②课后习题；③英文选做题。所有练习题均有参考答案。为了有利于课堂上教师与学生的交流，还设置了部分例题和思考题(可扫码查看答案)。

本分册由陕西师范大学蒋育澄担任主编，咸阳师范学院高丰琴(编写第 3 章)和商洛学院高霞(编写第 4 章部分内容)为副主编，最后由蒋育澄统稿。

书中引用了较多书籍、研究论文的成果，在此对所有作者一并表示诚挚的感谢。

鉴于编者水平有限，书中不足之处在所难免，敬请读者批评指正。

蒋育澄

2022 年 3 月

目　录

(1) 掌握铜族和锌族元素的**结构特点**，理解其构成"ds 区元素"的依据；分析比较ⅠB 和ⅠA、ⅡB 和ⅡA 族元素性质的差异，掌握 ds 区元素的**性质特点**。

(2) 了解 ds 区元素的矿石冶炼和单质提取，掌握金属**提取**的一般**原理和方法**，并进一步了解金的提取和回收的最新进展。

(3) 掌握 ds 区元素**常见氧化态**的重要氧化物、氢氧化物、盐类及配合物的制备与性质；了解 Cu、Zn、Cd 和 Hg 的"**非正常氧化态**"物质的存在和性质。

(4) 掌握 $Cu(Ⅱ) \leftrightarrow Cu(Ⅰ)$ 和 $Hg(Ⅱ) \leftrightarrow Hg_2^{2+}(Ⅰ)$ 之间如何**相互转化**，了解各氧化态稳定存在的热力学依据。

(5) 了解基于 ds 区元素制备的新型功能材料及其在环境、能源、催化和生物医学等领域的应用，加深对物质**性质与结构**关系的理解。

(6) 了解人体必需的微量元素 Cu 和 Zn 的**生理功能**以及重金属元素 Cd 和 Hg 的**生理毒性**，了解人体中典型的铜酶和锌酶——铜锌超氧化物歧化酶和碳酸酐酶活性中心的结构特点和**构效关系**，加深对配位化学相关知识的理解。

背景问题提示

(1) 铜族元素和锌族元素为什么可以放在一起单列讲解？有什么共性和依据？

(2) 你能从热力学角度分析古代的铜器出现得比铁器早的原因吗？

10	11	12	Al
Ni	Cu	Zn	Ga
Pd	Ag	Cd	In
Pt	Au	Hg	Tl
Ds	Rg	Cn	

(3) 近年来 ds 区元素"非正常氧化态"物质不断出现，你能从化学本质方面分析这些物质出现的原因吗？

(4) 铜族元素和锌族元素不仅在**材料研究**中有重要意义，而且其经济价值很大。但它们的开采和提纯过程容易造成**环境污染**。你是如何看待这一问题的？

第1章

ds 区元素通性

1.1 ds 区元素结构特征

1.1.1 ds 区元素

ds 区元素包括元素周期表中的 I B、II B 两族元素，按国际纯粹与应用化学联合会(International Union of Pure and Applied Chemistry, IUPAC)的族序数编法规则，其族编号为 11、12 族，其中 I B 包括铜(Cu)、银(Ag)、金(Au)和铼(Rg)，通常称为铜族元素；II B 包括锌(Zn)、镉(Cd)、汞(Hg)和镉(Cn)，通常称为锌族元素。铼和镉是两种具有高放射性的人工合成元素(图 1-1)。

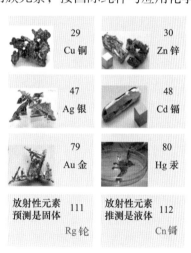

图 1-1 ds 区元素

铼于 1994 年由德国达姆施塔特重离子研究所(Gesellschaft für Schwerionenforschung, GSI)的霍夫曼(S. Hofmann, 1944—)和尼诺夫(V. Ninov, 1959—)课题组在线性加速器内利用镍-64 轰击铋-209 合成[1]：

$$^{209}_{83}\text{Bi} + ^{64}_{28}\text{Ni} \longrightarrow ^{272}_{111}\text{Rg} + ^{1}_{0}\text{n}$$

为纪念发现 X 射线(也称伦琴射线)的科学家伦琴(W. C. Röntgen, 1845—1923)而命名为铼。

镉于 1996 年由上述课题组利用高速运行的 ^{70}Zn 原子束轰击 ^{208}Pb 目标体而得[2]：

$$_{30}^{70}\mathrm{Zn} + _{82}^{208}\mathrm{Pb} \longrightarrow _{112}^{277}\mathrm{Cn} + _{0}^{1}\mathrm{n}$$

为了纪念著名天文学家哥白尼(N. Copernicus，1473—1543)而命名为鿔。鿔呈现液态，被预测与汞具有某些相似性。

伦琴

哥白尼

1.1.2 ds 区元素单列的依据

1. ds 区元素不是"过渡元素"

"d 区元素是过渡元素"观点的理由是 d 区元素的价层电子组态为$(n-1)\mathrm{d}^{1\sim10}n\mathrm{s}^{1\sim2}$，d 电子层能容纳 10 个电子，整齐排列的 40 个元素(除镧系和锕系外)处于 s 区元素和 p 区元素中间，可以将其看成是 s 区和 p 区间的桥梁和过渡。把这 40 个元素全部认为是过渡元素(transition element)似乎很合理，也符合过渡金属最初表达的含义。

然而，另一种观点是这样分析的：从ⅢB 族到Ⅷ族元素的共同结构特征是 d 轨道电子尚未充满，电子最后填充在 d 轨道中，特称为"d 区元素"。而ⅠB 族(铜族)和ⅡB 族(锌族)元素的价层电子组态为$(n-1)\mathrm{d}^{10}n\mathrm{s}^{1\sim2}$，共同结构特征是 d 轨道上电子已经排满，电子最后填充在 s 轨道中，其价层电子组态与 d 区元素显然有差别，故单独分出来称为"ds 区元素"。按照 IUPAC 对过渡元素的定义"中性原子或其离子的 d 亚层未被电子填满的元素"，精确分为 d 区元素和 ds 区元素比笼统称为过渡元素更合理。这一观点已得到广泛认可[3-4]。

结构上的特殊性导致 ds 区元素性质的特殊性。例如，由于d^{10}构型非常稳定，ds 区元素最高价一般情况下只能达到+3；金属半径的变化规律也不同。

元素	Sc	Ti	V	Cr	Mn	Fe	Co	Ni	Cu	Zn
r/pm	162	147	134	128	127	126	125	124	128	134
	半径减小								半径增大	

2. ⅠB 与ⅠA 和ⅡB 与ⅡA 族元素在电子结构上的差异

1) ⅠB 与ⅠA 族元素的比较

铜族元素价层电子组态为$(n-1)\mathrm{d}^{10}n\mathrm{s}^1$。与ⅠA 碱金属相比，ⅠB 铜族元素的最外层电子数是一样的，都是只有 1 个 s 电子，但是它们的次外层电子层结构不同，铜族元素的次外层有 18 个 d 电子，而碱金属元素次外层只有 8 个电子(2 个 s 电子+6 个 p 电子，锂的次外层只有 2 个电子)。由于 18 电子组态对原子核的屏蔽效应小于 8 电子组态，铜族元素原子最外层电子受到较多有效核电荷的吸引，铜族元素原子的最外层 s 电子受原子核的吸引力比碱金属元素原子强得多，因此铜族元素原子的电离能比同周期碱金属元素显著增大，表现为原子半径显著变小，失去外层电子相对比较困难，因而活泼性远不如碱金属，属于不活泼金属；且元素从上到下金属活泼性的递变规律受有效核电荷与原子半径的影响而与 s 区元素刚好相反，即金属单质活泼性顺序为 Cu>Ag>Au。

2) ⅡB 与 ⅡA 族元素的比较

锌族元素的价层电子组态为$(n–1)d^{10}ns^2$，最外层与碱土金属一样，只有 2 个电子。但由于锌族元素原子次外层有 18 个电子，而碱土金属元素原子次外层只有 8 个电子(Be 只有 2 个电子)，因此锌族元素与碱土金属元素性质差异很大，但相对比铜族元素与碱金属元素之间的差异小一些。由于 18 电子组态对原子核的屏蔽作用较小，因此锌族元素原子作用在最外层 s 电子上的有效核电荷较大，原子核对最外层电子吸引力较强。与同周期碱土金属相比，锌族元素的原子半径和离子半径较小，所以锌族元素的电负性和电离能都比碱土金属大，金属活泼性比碱土金属元素差。

3. ⅠB 与 ⅠA 和 ⅠB 与 ⅡB 族元素差异性比较

铜族元素和锌族元素都是 ds 区元素，区别在于d^{10}结构的稳定性不同。铜族元素有多种氧化态是由于$(n–1)d$ 电子与 ns 电子能量相差不大，部分 d 电子也能够失去参与成键，故铜的常见氧化态为+1、+2，银的常见氧化态为+1，金的常见氧化态为+3。这也说明铜族元素的d^{10}结构不够稳定，因而单质金属键强，表现出熔点和沸点比较高。锌族元素的特征氧化态是+2，在水溶液和晶体中均存在 M^{2+}，它们的单质金属键很弱，所以熔点和沸点比较低，说明锌族元素的d^{10}结构很稳定。

锌族元素中只有汞具有可变氧化态。汞是一种金属性流体(铅可以浮于其上)，它是所有金属元素中唯一在室温下以液体存在的元素，这是充满的电子亚层、相对论效应和镧系收缩共同作用的结果。据报道，在 4 K 的超低温下以固态氖和固态氩为基质[5]，通过基质隔离技术制得了四氟化汞(HgF_4，图 1-2)，其中汞的电子组态为d^8，说明汞原子的 d 轨道参与了化学键

图 1-2 四氟化汞

的形成。然而，也有人认为四氟化汞只能在特殊的不平衡状态下存在，应当被看作一个特例[6]。科学家推测类似的𬬻化合物 CnF_4、CnO_2 更稳定。双原子离子 Hg_2^{2+} 中汞具有+1 氧化态，但是据预测 Cn_2^{2+} 并不稳定甚至不存在。

表 1-1 列出铜族、锌族及其邻族部分金属的熔点和沸点，可以说明铜族和锌族的结构特殊性。

表 1-1　铜族、锌族及其邻族部分金属的熔点和沸点

金属	VIII			I B			II B			III A		
	Ni	Pb	Pt	Cu	Ag	Au	Zn	Cd	Hg	Ga	In	Tl
熔点/K	1726	1827	2045	1356	1235	1337	692	594	234	303	430	577
沸点/K	3005	3243	4100	2840	2485	3081	1180	1038	630	2676	2353	1730
	d 区元素			ds 区元素			ds 区元素			p 区元素		

思考题

1-1　铜族元素和碱金属元素最外层都只有 1 个电子，为什么金属性差异很大?

1-2　为什么铜族元素可形成多氧化态化合物，而碱金属却不能?

1.2　ds 区元素性质

1.2.1　ds 区元素的基本性质

1. 基本性质

表 1-2 及表 1-3 分别列出了铜族元素和锌族元素的一些基本性质，更为详细的数据可查阅相关的手册。

表 1-2　铜族元素的一些基本性质

性质	铜	银	金	𬬻
元素符号	Cu	Ag	Au	Rg
原子序数	29	47	79	111
相对原子质量	63.55	107.87	196.97	[272.1535]
价层电子组态	$3d^{10}4s^1$	$4d^{10}5s^1$	$5d^{10}6s^1$	$5f^{14}6d^97s^2$[7]
主要氧化态	+1, +2	+1	+1, +3	+3, +5(预测)[8]
$r(M)$/pm	127.8	144.4	144.2	152
$r(M^+)$/pm	77	115	137	—

续表

性质	铜	银	金	铼
$r(M^{2+})$/pm	73	94	—	—
$r(M^{3+})$/pm	54	75	85	—
第一电离能 E_1/(kJ·mol⁻¹)	745.3	730.8	889.9	
第二电离能 E_2/(kJ·mol⁻¹)	1957.3	2072.6	1973.5	
第三电离能 E_3/(kJ·mol⁻¹)	3577.6	3339.4	2895	
$\Delta_h H^\ominus(M^+)$/(kJ·mol⁻¹)	−582	−485	−644	
$\Delta_h H^\ominus(M^{2+})$/(kJ·mol⁻¹)	−2121	—	—	
$\Delta_{sub} H^\ominus$/(kJ·mol⁻¹)	340	285	385	
密度 ρ(293 K)/(g·cm⁻³)	8.93	10.49	19.32	
电负性	1.9	1.93	2.54	—

表 1-3　锌族元素的一些基本性质

性质	锌	镉	汞	鎶
元素符号	Zn	Cd	Hg	Cn
原子序数	30	48	80	112
相对原子质量	65.39	112.41	200.59	285
价层电子组态	$3d^{10}4s^2$	$4d^{10}5s^2$	$5d^{10}6s^2$	$5f^{14}6d^{10}7s^2$
常见氧化态	+2	+2	+1，+2	+2，+4
$r(M)$/pm	133.2	148.9	160	160
$r(M^{2+})$/pm	74	97	110	—
第一电离能 E_1/(kJ·mol⁻¹)	915	873	1013	—
第二电离能 E_2/(kJ·mol⁻¹)	1743	1641	1820	
第三电离能 E_3/(kJ·mol⁻¹)	3837	3616	3299	
$\Delta_h H^\ominus(M^{2+})$/(kJ·mol⁻¹)	−2054	−1816	−1833	
$\Delta_{sub} H^\ominus$/(kJ·mol⁻¹)	131	112	62	—
$\Delta_{vap} H^\ominus$/(kJ·mol⁻¹)	115	100	59	
T_f/K	692.58	593.9	234.16	—
T_b/K	1180	1038	629.58	
电负性	1.6	1.7	1.9	—

2. 铜族元素和锌族元素的标准电极电势图

$\varphi_A^\ominus/\text{V}$　　　　$Cu^{3+} \xrightarrow{+2.4} Cu^{2+} \xrightarrow{+0.159} Cu^{+} \xrightarrow{+0.520} Cu$

$$\underset{+0.340}{\underline{\qquad\qquad\qquad\qquad}}$$

$Ag^{3+} \xrightarrow{+1.8} Ag^{2+} \xrightarrow{+1.980} Ag^{+} \xrightarrow{+0.799} Ag$

$Au^{3+} \xrightarrow{+1.36} Au^{+} \xrightarrow{+1.83} Au$

$$\underset{+1.52}{\underline{\qquad\qquad\qquad\qquad}}$$

$\varphi_B^\ominus/\text{V}$　　　　$Cu(OH)_2 \xrightarrow{-0.08} Cu_2O \xrightarrow{+0.159} Cu$

$Ag_2O_3 \xrightarrow{+0.74} AgO \xrightarrow{+0.59} Ag_2O \xrightarrow{+0.344} Ag$

$H_2AuO_3^{-} \xrightarrow{+0.7} Au$

$\varphi_A^\ominus/\text{V}$　　　　$Zn^{2+} \xrightarrow{+0.7618} Zn$

$Cd^{2+} \xrightarrow{>-0.6} Cd_2^{2+} \xrightarrow{<-0.2} Cd$

$$\underset{-0.4029}{\underline{\qquad\qquad\qquad\qquad}}$$

$Hg^{2+} \xrightarrow{+0.920} Hg_2^{2+} \xrightarrow{+0.7973} Hg$

$$\underset{+0.851}{\underline{\qquad\qquad\qquad\qquad}}$$

$HgCl_2 \xrightarrow{+0.53} Hg_2Cl_2 \xrightarrow{+0.281} Hg$

$\varphi_B^\ominus/\text{V}$　　　　$ZnO_2^{2-} \xrightarrow{-1.245} Zn$

$Cd(OH)_2 \xrightarrow{-0.809} Cd$

$HgO \xrightarrow{+0.0977} Hg$

1.2.2　ds 区元素性质的特点

1. 金属活泼性

1) 铜族元素的金属活泼性

由于铜族元素原子最外层电子受到较多有效核电荷的吸引，电离能比同周期碱金属元素显著增大，因而铜族元素的活泼性远不如碱金属。这从元素电势图也可以看出，铜、银、金的 $\varphi^{\ominus}$ 值都比氢大，所以铜族元素在水溶液中的金属活泼性远小于碱金属，而且金属活泼性按铜、银、金的顺序降低。这种活泼性规律还可以进一步通过计算固态金属形成一价水合阳离子全部过程的能量变化解释(图 1-3)。应用玻恩-哈伯循环计算得到整个过程所需的总能量见表 1-4。

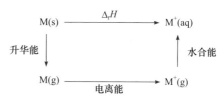

图 1-3　铜族元素形成 M⁺(aq)时的能量变化

表 1-4　铜族原子转为 **M⁺(aq)**时的能量变化

能量变化	铜	银	金
升华能/(kJ·mol⁻¹)	340	285	385
电离能/(kJ·mol⁻¹)	745.3	730.8	889.9
水合能/(kJ·mol⁻¹)	−582	−485	−644
总能量/(kJ·mol⁻¹)	503.3	530.8	630.9

从表 1-4 中的数据可以看出，由 M(s)→M⁺(aq)所需总能量按铜、银、金顺序越来越大，即单质形成 M⁺(aq)的活性依次降低，铜、银、金的金属活泼性逐渐降低。

2) 锌族元素的金属活泼性

同样的分析可知，与同周期碱土金属相比，锌族元素的原子半径和离子半径较小，所以锌族元素的电负性和电离能都比碱土金属大，因而金属活泼性比碱土金属元素差。同样，锌族元素单质活泼性顺序为 Zn＞Cd＞Hg。

3) 铜族元素和锌族元素的活泼性比较

锌族元素金属比铜族元素金属活泼性高，即 Zn＞Cu，Cd＞Ag，Hg＞Au。

从原子的电子层结构来看，Cu、Ag、Au 的 s 轨道未充满，而 Zn、Cd、Hg 的 s 亚层却是完全封闭的。同时，Zn、Cd、Hg 分别位于 Cu、Ag、Au 的右边，Zn、Cd、Hg 原子的有效核电荷更高、半径更小，对核外电子的束缚能力更强。然而，对气态原子来说，Cu 比 Zn 活泼，从它们的电离能就能看出这一点。

从表 1-5 中数据可以看出，Cu、Ag、Au 的 I_1、I_3 都比 Zn、Cd、Hg 的 I_1、I_3 小，说明 Cu、Ag、Au 对核外电子的束缚能力比 Zn、Cd、Hg 弱，电离出各相应的外层电子比较容易，其中 I_1 对应于电离出 s 电子，I_3 对应于电离出 d 电子。但 Cu、Ag、Au 的 I_2 却比 Zn、Cd、Hg 的 I_2 大，这是因为对于 Cu、Ag、Au 原子，I_2 对应的是 d 电子的电离能，对于 Zn、Cd、Hg 则对应的是 s 电子的电离能，后者的 I_2 自然比前者小。也就是说，如果仅从单个原子考虑，Cu、Ag、Au 比 Zn、

Cd、Hg 活泼。这个事实与从原子的电子结构所做出的推断相一致[9]。

表 1-5　ds 区元素的电离能(eV)

元素	I_1	I_2	I_3	元素	I_1	I_2	I_3	元素	I_1	I_2	I_3
Cu	7.726	20.292	36.830	Ag	7.576	21.490	34.830	Au	9.225	20.500	
Zn	9.394	17.964	39.722	Cd	8.993	16.908	37.480	Hg	10.437	18.756	34.200

但通常所说的金属 Zn 比金属 Cu 活泼是指 Zn 能从盐酸中置换出 H_2，而 Cu 不能，在金属活泼性顺序表中，Zn 位于 Cu 之前，Cd 位于 Ag 之前，Hg 位于 Au 之前：

$$\cdots\cdots \quad Zn \quad Cd \quad H \quad Cu \quad Hg \quad Ag \quad Au$$

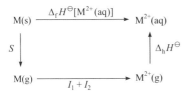

图 1-4　ds 区元素形成 M^{2+}(aq)
时的能量计算过程

这里需要将元素原子的性质与元素单质的性质区分开,Cu、Zn 等元素原子的活泼性与 Cu、Zn 等金属晶体的活泼性是不同的概念。下面以 M 金属为例，计算由金属晶体形成 M^{2+}(aq)的 $\Delta_f H^{\ominus}$(图 1-4)。

$$M(s) - 2e^- = M^{2+}(aq)$$

(1)　$M(s) = M(g)$　　　　S：升华能

(2)　$M(g) - 2e^- = M^{2+}(g)$　　$I_1 + I_2$：第一、第二电离能之和

(3)　$M^{2+}(g) \longrightarrow M^{2+}(aq)$　　$\Delta_h H^{\ominus}$：水合能

以 Cu、Zn 为例，从金属晶体形成 M^{2+}(aq)的各个过程的热力学数值列于表 1-6 中。

表 1-6　Cu、Zn 由金属晶体形成 M^{2+}(aq)的 $\Delta_f H^{\ominus}$(kJ·mol^{-1})

反应式	Cu	Zn
(1) $\Delta H^{\ominus}[M(s) \longrightarrow M(g)]$	338	131
(2) $\Delta H^{\ominus}[M(g) - 2e^- \longrightarrow M^{2+}(g)]$	745.5 + 6.2*(4s^1)　1958 + 6.2*(3d^1)	906.4 + 6.2*(4s^1)　1733 + 6.2*(4s^2)
(3) $\Delta H^{\ominus}[M^{2+}(g) \longrightarrow M^{2+}(aq)]$	−2099	−2047
(4) $\Delta_f H^{\ominus}(M^{2+})[M(s) - 2e^- \longrightarrow M^{2+}(aq)]$	955	736

*6.2 kJ·mol^{-1} 项为电离能校正项。按定义电离能是 0 K 时的热力学能变化 U_0。用下式可将其换算成 298 K 时的 $\Delta H_{298}^{\ominus}$：

$$\Delta H_{298}^{\ominus} = \Delta U_0 + \int_0^{298} \frac{5}{2} R\mathrm{d}T \quad (T \text{ 为 } 298 \text{ K 时}, \ \frac{5}{2}R\mathrm{d}T \approx 6.2 \text{ kJ·mol}^{-1})$$

根据表 1-6 可以看出：

(1) Cu 的 I_1 比 Zn 低，I_2 比 Zn 高，这与上面的分析一致。Zn 的总电离能(I_1 + I_2: 2651.8 kJ · mol^{-1})虽比 Cu 的总电离能(I_1 + I_2: 2715.9 kJ · mol^{-1})小，然而 Zn 的水合能(负值)也较 Cu 小。两项相加，其和很相近：Cu 为 617 kJ · mol^{-1}，Zn 为 605 kJ · mol^{-1}，即电离能和水合能两能量项不是引起 Zn 和 Cu 性质相差悬殊的主要原因。

(2) 铜的 $\Delta_f H^{\ominus}(M^{2+})$ 为 955 kJ · mol^{-1}，锌的 $\Delta_f H^{\ominus}(M^{2+})$ 为 736 kJ · mol^{-1}，两者差别比较大的主要原因在于升华能 $\Delta H^{\ominus}$。铜的升华能为 338 kJ · mol^{-1}，而锌的升华能只有 131 kJ · mol^{-1}。因此可以得出结论，Zn 比 Cu 活泼的主要原因在于 Zn 的升华能远小于 Cu。

思考题

1-3　依据图 1-4 的能量计算过程，你能排列出铜、银、金、锌、镉、汞 6 种金属元素的活泼性顺序吗?

2. 元素氧化态

元素氧化态与其电子结构的稳定性相关。ds 区元素的氧化态既有某种规律，又显示出不同于这种规律的特点(表 1-7)。

表 1-7　ds 区元素的氧化态

元素名称	元素符号	电子排布	主要氧化态
铜	Cu	[Ar]3d^{10}4s^1	0、+1、+2、+3、+4，其中+1 和+2 是常见氧化态
银	Ag	[Kr]4d^{10}5s^1	0、+1、+2、+3，其中特征氧化态为+1
金	Au	[Xe]4f^{14}5d^{10}6s^1	−1、0、+1、+2、+3、+5，其中+1 和+3 是常见氧化态
铹	Rg	[Rn]5f^{14}6d^{9}7s^2(预测)[8-9]	−1、0、+1、+3、+5(预测)[9]
锌	Zn	[Ar]3d^{10}4s^2	0、+1、+2，其中特征氧化态为+2
镉	Cd	[Kr]4d^{10}5s^2	0、+1、+2，其中特征氧化态为+2
汞	Hg	[Xe]4f^{14}5d^{10}6s^2	0、+1、+2、+4，其中+1 和+2 是常见氧化态
鿔	Cn	[Rn]5f^{14}6d^{10}7s^2	0、+1、+2、+4(推测)

(1) 氧化态首先与其电子结构的稳定性相关。ds 区元素次外层 d 轨道上有 18 个电子，对原子核的屏蔽效应小于 8 电子组态，使得它们原子的最外层电子受到较多的有效核电荷的吸引。ds 区元素首先容易失去的是最外层的 s 电子，因而铜族元素常见氧化态为+1，锌族元素常见氧化态为+2。

(2) ds 区两族元素存在多种氧化态是由于$(n-1)$d 电子与 ns 电子能量相差不大，与其他元素化合时，不仅 ns 电子能参与成键，$(n-1)$d 电子也可以部分参与成键，因而表现出多种氧化态，如 Cu_2O、CuO、$KCuO_2$(高铜酸钾)。

(3) 常见氧化态(特别是在水溶液中)：Cu 为+2，Ag 为+1，Au 为+3(不完全是离子型化合物)。Cu^+和Ag^{2+}不稳定。这可以从它们的离子大小、电荷、电离能、水合能等方面解释。Cu^{2+}离子半径比 Cu^+离子半径小，电荷多一倍，但是 Cu^{2+}的溶剂化作用比 Cu^+强得多，Cu^{2+}的水合能(-2121 kJ·mol^{-1})已超过铜的第二电离能，所以 Cu^{2+}在水溶液中比 Cu^+更稳定。对于银，Ag^{2+}和 Ag^+的离子半径都较大，其水合能相应就小，而且银的第二电离能又比铜的第二电离能大，因此 Ag^+在水溶液中比较稳定。由于金的离子半径明显比银大，金的第 3 个电子比较容易失去，再加上 d^8 离子的平面正方形结构具有较高的晶体场稳定化能，使得金容易形成+3 氧化态。

(4) 铑和镉的高氧化态是通过计算预测的。

例题 1-1

试解释 Ag 的特征氧化态为+1 的原因。

解 银是一种相当不活泼的金属。因为它填满的 4d 轨道不能很好地屏蔽从核到最外层的 5s 电子的静电引力，所以银靠近电位序的底部[$\varphi^{\ominus}(Ag^+/Ag) = +0.799$ V]。在第 11 族中，银具有最低的第一电离能(显示 5s 轨道的不稳定性)，但具有比铜和金更高的第二电离能和第三电离能(显示 4d 轨道的稳定性)，因此银的特征氧化态主要是+1。

3. 共价性

由于铜族元素和锌族元素的离子具有 18 电子层构型，本身具有很强的极化能力，同时有明显的变形性，在阴离子的诱导下，ds 区元素的金属离子能够与阴离子之间形成附加极化作用，因此 ds 区元素形成的离子化合物较少见，一般容易形成共价化合物。以 Hg^{2+}为例，除了那些具有高负电性的阴离子与其形成的化合物，如氟化物、硝酸盐及高氯酸盐具有离子型结构和离子化合物的特性，能在水溶液中发生强烈离解和水解之外，Hg^{2+}的氧化物、硫化物、其他卤化物(Cl^-、Br^-、I^-)及拟卤化物全都呈现出共价性质，而与其相对应的 ⅡA 族的 Ca^{2+}的化合物则是离子型的。

4. 配位性

由于 ds 区元素离子的$(n-1)$d、ns、np 轨道的能量相差不大，在形成配位化合物时外层的 s、p 轨道能够被有效利用, 形成稳定的外轨型配位化合物, 因此 ds 区元素形成配合物的倾向很显著, 可形成多种多样的配位化合物。例如, 铜的氧化态有 0、+1、+2、+3、+4, 每个氧化态的铜都可以形成配合物。

1) 铜(0)配合物 $K_2CuC_{32}H_{16}N_8$

迄今已报道的铜(0)配合物很少。$K_2CuC_{32}H_{16}N_8$ 是通过钾在液氨中还原酞菁铜(Ⅱ)制备的, 它形成的氨配合物 $K_2CuC_{32}H_{16}N_8 \cdot 4NH_3$ 很不稳定, 并容易被氧化而复原为酞菁铜(Ⅱ), 其磁矩为 $1.7\mu_B$。

在由还原其他的铜化合物所生成的铜(0)配合物中, 铜形式上是零价并经 Cu—Cu 键发生聚合

$$Cu(C≡CPh)_3^{2-} + Li \xrightarrow{液氨} [(PhC≡CPh)_3Cu_2(C≡C)_3]^{6-} (Ph = —C_6H_5)$$

$$[(Ph)_5P]_3CuCl + N_2H_4 \xrightarrow{乙醇} [(PPh_5)_2Cu]_2$$
$$(熔点160℃)$$

在真空中加热后失去一分子三苯基膦, 得到四聚三苯膦铜, 推测它可能是含一个铜原子的四面体簇, 为反磁性配合物。

用三齿配体双(邻二甲肼苯基)甲基肼能从 $(Ph_3P)_4Cu_2$ 中置换出三苯基膦而形成四配位化合物。

$$[(Ph_3P)_2Cu]_2 \xrightarrow{200℃} Ph_3P + [Ph_3PCu]_4$$
$$(熔点225℃)$$
$$\downarrow I_2的CHCl_3溶液$$
$$[Ph_3PCuI]_4$$

另外, 有报道称 2-氨基苯并咪唑吸附在金属铜表面可起到有效缓蚀金属铜腐蚀的作用, 其机理是咪唑环与铜表面发生了相互作用, 它们吸附在铜表面时, 首先生成中间体——苯并咪唑-铜(0)配合物[10]。

2) 铜(Ⅰ)、铜(Ⅱ)配合物

铜(Ⅰ)、铜(Ⅱ)的配合物很多, 除了与 NH_3、乙二胺等常见的无机、有机配体形成的配合物, 还报道了许多具有特殊的光、电、荧光、催化等性质的配合物以及与生物配体形成的配合物。例如, 铜(Ⅰ)配合物 $[Cu(PPh_3)(PIP)] BF_4(PIP = 2-苯基-1H-咪唑[4,5-f][1,10]邻二氮菲)$ 具有特殊的荧光性质[11]; 基于二氢双(2-巯基苯并咪唑)硼酸盐和膦配体制备的 Cu(Ⅰ)配合物能够催化"点击反应"[12]。

Cu(Ⅱ)的配合物能够与生物大分子(DNA、蛋白质等)相互作用发挥药物的功能, 同时往往具有独特的催化性能。例如, Cu(Ⅱ)的席夫碱基配合物(合成过程如下图所示)能够与小牛胸腺 DNA 及牛血清白蛋白相互作用, 展现出强大的裂解 pUC19 DNA 超螺旋结构的功能, 还可以表现出对抗 MCF7(乳腺癌)及 MIA-PA-

CA-2(胰腺癌)细胞系的药物功效[13]。

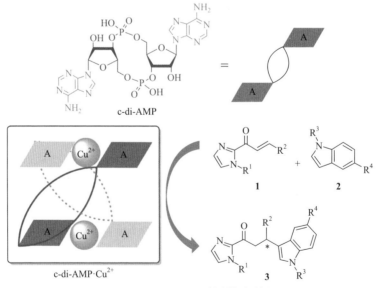

一种含有两个腺苷酸的环二核苷酸(天然环状 RNA 分子)与 Cu(Ⅱ)形成的配合物(制备过程如图 1-5 所示)能够对水相中的不对称弗里德-克拉夫茨(Friedel-Crafts)反应表现出高的反应活性和优异的手性选择性，最高 ee 值可以达到 97%[14]。

图 1-5　RNA-Cu(Ⅱ)的制备与催化

3) 铜(Ⅲ)配合物

借助于去质子化的肟有机配体的稳定化作用，首次分离得到了稳定的 Cu(Ⅲ)配合物(图 1-6)[15]。

另外根据报道，将肽链 Gly$_2$HisGly 与 Cu(Ⅱ)形成的配合物 Cu^{II}(H$_{-2}$Gly$_2$HisGly)$^-$与 H$_2$O$_2$/抗坏血酸(H$_2$A)在 pH 为 6.6 的环境中反应，可快速形成 Cu(Ⅲ)配合物 Cu^{III}(H$_{-2}$Gly$_2$HisGly)[16]。

$$Cu^{II}(H_{-2}Gly_2HisGly)^- \xrightarrow{H_2O_2/H_2A} Cu^{III}(H_{-2}Gly_2HisGly)$$

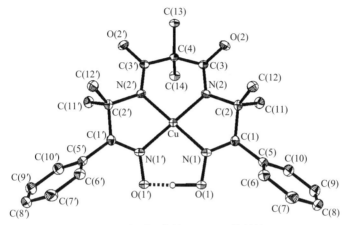

图 1-6　去质子化的肟-Cu(Ⅲ)的结构

4) 铜(Ⅳ)配合物

目前还没有关于合成出 Cu(Ⅳ)配合物的报道，但通过密度泛函理论的量子化学计算结果，证实通过卟啉环及两个含氟配体可形成稳定的 Cu(Ⅳ)配合物(图 1-7)[17]。

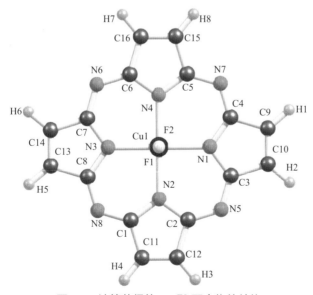

图 1-7　计算获得的 Cu(Ⅳ)配合物的结构

1.2.3 ds 区元素在周期表中的重要性

1. ds 区元素因其价层电子组态$(n-1)d^{10}ns^{1\sim2}$而独特

与 s 区元素相比，ds 区元素多了$(n-1)d^{10}$，而$(n-1)d$ 电子与 ns 电子能量相差不大，结果是氧化态的数目增多。

与 d 区元素相比，ds 区元素的 d 层是填满的，而且多了 $ns^{1\sim2}$，由于屏蔽效应，结果是氧化态的数目减少，熔点和沸点相对较低，而且随着原子序数的增加，其熔点和沸点也越来越低；特别是出现了汞在室温下是液态金属(根据推测，镉在常温下也应以液态存在)的特例。

与 p 区元素相比，ds 区元素也显示出一定的"过渡"特征，但这种"过渡"性质与 d 区元素的性质又有所不同。例如，一般最高氧化态能达到+3，理论计算的某些化合物中最高氧化态可以达到+4。

因此将 ds 区元素单列讲授是合理的。

2. ds 区元素的价层电子组态决定了其最高氧化态的特点

ds 区元素$(n-1)d^{10}ns^{1\sim2}$ 的价层电子组态体现了对氧化态影响的两面性：一方面，ds 区元素$(n-1)d$ 电子与 ns 电子能量相差不大，可以以多种氧化态成键；另一方面，其 d^{10} 稳定性又在一定程度上限制了氧化态的增加。例如，银的最高氧化态为+3，如表 1-8 所示。

表 1-8　银的氧化态和空间构型

氧化态	配位数	空间构型	代表化合物
0 ($d^{10}s^1$)	3	平面	$Ag(CO)_3$
1(d^{10})	2	线形	$[Ag(CN)_2]^-$
	3	三角形平面	$AgI(PEt_2Ar)_2$
	4	四面体	$[Ag(diars)_2]^+$
	6	八面体	AgF、$AgCl$、$AgBr$
2(d^9)	4	方形平面	$[Ag(py)_4]^{2+}$
3(d^8)	4	方形平面	$[AgF_4]^-$
	6	八面体	$[AgF_6]^{3-}$

ds 区元素结构上的特殊性也决定了它们化学键的共价性和配位性。

历史事件回顾

1　从汞在常温下是液态金属浅谈相对论效应

一、问题的提出

汞(Hg)在常温下(熔点−39℃)是液体,也是唯一一种常温下呈液态的金属。汞的金属键与附近的元素相比特别弱(镉的熔点为 321℃,金更高达 1064℃)。镧系收缩效应可以部分解释该问题,但不能完整地说明这种反常现象[18]。气相汞也与其他金属不同,它大部分以单原子形式 Hg(g)存在。Hg_2^{2+}(g)也存在,但键长的相对缩短使它变得稳定。Hg_2(g)不存在,因为 $6s^2$ 轨道由于相对论效应(relativistic effect)而收缩。Hg 原子之间主要靠范德华力结合,这导致 Hg 在室温下呈液态[19-20]。Au_2(g)和 Hg(g)是类似的,它们与 H_2(g)和 He(g)具有类似的外层电子。因为相对论效应引起的轨道收缩,具有 $6s^2$ 结构的汞呈气态,并被称为伪惰性气体。相对论效应也使汞表现出比同族元素更高的氧化态,能形成 HgF_4 等化合物。理论研究还表明,HgH_4 和 HgH_6 有可能存在[21]。这里应用的是相对论效应,而不是相对论本身。

二、相对论效应简介

相对论是关于时空和引力的理论,主要由爱因斯坦(A. Einstein,1879—1955)创立,依其研究对象的不同可分为狭义相对论(special relativity)和广义相对论(general relativity)。

相对论的提出给物理学带来了革命性的变化,但相对论效应在化学中的重要性却是在 20 世纪 80 年代后才被人们逐渐了解和认识的。这主要归因于计算化学的快速发展,揭示了许多新的电子的、结构的和化学键的特征;同时随着对重元素性质研究的深入,发现了许多新现象、得到了许多新数据。所有这些特性、现象和数据都是传统认知无法解释的,只有在考虑到相对论效应后才能合理、完整地加以解释和描述。

什么是相对论效应?相对论效应可以理解为光速的有限值与将光速看作无限时互相比较所产生的差异效应[22-23]。在化学中,相对论效应可以视为对非相对论理论的微扰或微小修正。1926 年,奥地利量子物理大师薛定谔(E. R. J. A. Schrödinger,1887—1961)提出了奠定量子力学基础的薛定谔方程。1928 年,狄拉克(P. A. M. Dirac,1902—1984)在爱因斯坦狭义相对论的基础上提出了描述电子运动的相对论方程——狄拉克方程。薛定谔方程是狄拉克方程在光速无限大时的近似,即狄拉克方程代表了有限光速的真实世界，而薛定谔方程则代表了一个无限光速的理想世界。对于重元素，相对论效应的影响更加显著，这是由于只有这些元素中的电子速度能与光速相比拟。

相对论效应作用的基础是原子中高速运动的电子，相对论最重要的结论之一是电子的相对质量随速度的增加而增大：

$$m_{rel} = \frac{m_e}{\sqrt{1 - (v_e / c)^2}}$$

式中，m_e、v_e、c 分别为电子的静止质量、速度及光速；m_{rel} 为根据相对论处理后的质量。

以金原子为例，金原子的 1s 电子的质量约为其静止质量的 1.23 倍。而这一结果将显著影响电子的径向分布。由于 1s 轨道的玻尔半径和电子质量成反比，电子质量的增加会导致半径缩小。考虑相对论效应时，1s 轨道平均半径和不考虑相对论效应时 1s 轨道的平均半径之比为 0.81，即由于相对论效应金原子的 1s 轨道大约缩小 19%。

按照原子轨道的正交性，1s 轨道收缩，相应地必然引起 2s、3s、4s、5s 和 6s 等 ns 轨道收缩，轨道收缩导致半径变小，轨道能级就相应降低。而由于不同轨道在空间分布上的差异，1s 轨道收缩并不要求 p、d、f 等轨道做相应的收缩，相反，s 轨道收缩增加了对核的屏蔽效应，使原子核对 d 和 f 轨道上的电子的有效核电荷减小。与无相对论效应的情况相比，d 和 f 轨道径向分布出现膨胀，能量升高，而这种轨道膨胀反过来又使对 s 电子的屏蔽进一步减弱，有效核电荷增强，间接促进 s 轨道收缩。

因此，轻原子的 s 轨道收缩程度小，重原子收缩程度大。例如，Fe 原子 1s 轨道约收缩 1.8%，收缩率只有金原子的 10%。

由图 1-8 可见，除超铀元素外，受相对论效应影响最大的元素是 Au、Pt 和 Hg，

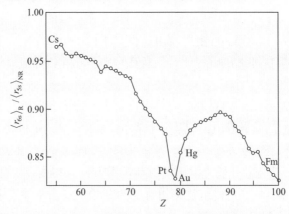

图 1-8　由 Cs(Z = 55)到 Fm(Z = 100)6s 轨道的相对论收缩

因为它们正处在 4f 和 5d 轨道全充满电子的边缘上，受到直接和间接的相对论效应的作用最大。

三、相对论效应对元素的结构和性质的影响

相对论效应对轻原子和重原子影响程度是不同的，在第五周期元素和第六周期元素之间出现明显区别。

(一) 对原子结构的影响

1) 电子组态

第六周期元素 6s 轨道上的电子受相对论效应影响较大，导致轨道收缩、能级降低，因此第六周期 d 区元素的最外层价电子倾向于先填入 6s 轨道，如表 1-9 所示。

表 1-9　第五、第六周期 d 区元素的基态价电子组态

周期数	V B	VIB	VIIB	VIII		
五	Nb $4d^45s^1$	Mo $4d^55s^1$	Tc $4d^55s^2$	Ru $4d^75s^1$	Rh $4d^85s^1$	Pd $4d^{10}5s^0$
六	Ta $5d^36s^2$	W $5d^46s^2$	Re $5d^56s^2$	Os $5d^66s^2$	Ir $5d^76s^2$	Pt $5d^96s^1$

表 1-9 中 Pt 非常明显地不顾 d^{10} 是全充满的状态而采用 d^9s^1 的排布。

2) 惰性电子对效应

6s 电子呈现惰性电子对效应。由于相对论效应的影响，6s 轨道能级降低，6s 上的电子对化学反应的活泼性差，不易失去，因而呈现出惰性。

例如，Tl 原子的电子组态为 $[Xe]4f^{14}5d^{10}6s^26p^1$，Tl 常形成稳定的正一价的盐。同样，Pb 和 Bi 等元素倾向于形成低价态的 Pb^{2+} 和 Bi^{3+} 化合物，在这些化合物中，$6s^2$ 电子对并没有失去。

相应的电离能数据有助于理解 $6s^2$ 电子对的稳定性。以 Tl 元素为例，Tl^+ 的半径(150 pm)比同一族的 In^+(140 pm)大，电子离核更远应该更容易电离。然而，实验测定 Tl 和 In 的第二电离能和第三电离能的平均值分别为 4.848 MJ·mol^{-1} 和 4.524 MJ·mol^{-1}，Tl 比 In 大约 7%，这说明 Tl^+ 的半径虽然较大，但由于它的 6s 电子受相对论效应的影响大于 In 的 5s 电子，因此 Tl^+ 比 In^+ 更难于电离[24]。

(二) 对元素物理性质的影响

对于重元素，必须考虑相对论效应才能对其性质做出准确描述。第六周期元

素和第五周期元素与上一周期元素相比,其物理性质和化学性质表现出许多差别,显示出明显的相对论效应。

1) 金属熔点

如图 1-9 所示,第 1 条曲线为第六周期元素从 Cs 到 Hg 的熔点曲线。从 Cs 开始,随着原子序数增加金属熔点稳定上升,到 W 达到最高点;然后从 W 起随着原子序数增加,熔点开始稳定下降,到 Hg 达到最低点。

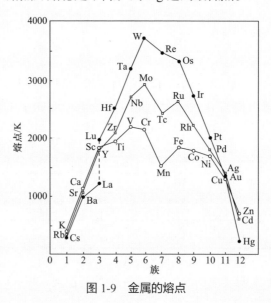

图 1-9   金属的熔点

上述金属熔点的变化趋势与相对论效应有关,因为 6s 轨道因相对论效应而收缩,能级下降,以至于与 5d 轨道能级相近,可以看成和 5d 轨道共同组成 6 个价轨道与周围的金属原子之间以金属键结合。这 6 个价轨道的对称性很高,均能参与成键,不会出现成键轨道和非键轨道之分,但分为 3 个成键轨道和 3 个反键轨道。第六周期的元素从 Cs 到 W,电子全部填入成键轨道,随着电子数的增加,能量降低增多,结合力增强,熔点稳步上升,到 W 原子成键轨道占满,而能级高的反键轨道全空,这时金属原子间的结合力最强,故熔点最高。W 以后的金属原子,随价电子数增多,电子要填入反键轨道,原子间的结合力随着价电子数的增加逐步减弱,相应的金属熔点稳定地逐步下降,直至 Hg 时 12 个价电子将成键轨道和反键轨道全部占满,原子间几乎没有成键效应,因此 Hg 的熔点最低,以至于在常温下以液态存在。

相似的变化趋势也出现在第四周期由 K 到 Zn 和第五周期由 Rb 到 Cd 的金属中,但其效应不如第六周期明显[24]。

2) 金和汞的特性

金和汞核外的 4f 和 5d 轨道充满电子，这些轨道处于紧邻的 6s 轨道之内，使 6s 轨道受到直接的和间接的相对论效应的影响最大，因而呈现出一些特有的性质。

金和汞基态时的电子组态分别为

$$Au：[Xe]4f^{14}5d^{10}6s^1 \qquad Hg：[Xe]4f^{14}5d^{10}6s^2$$

实际上，由于相对论效应引起 6s 轨道收缩，其能级降低至和 5d 轨道相近。在许多情况下，可将能级相近的 6 个价轨道(5 个 5d 轨道和 1 个 6s 轨道)合在一起，将电子组态写为

$$Au：([Xe]4f^{14})(5d, 6s)^{11} \qquad Hg：([Xe]4f^{14})(5d, 6s)^{12}$$

这时 Au 的价层电子组态类似于卤素，即只差 1 个电子就可达到满壳层结构；Hg 则类似于稀有气体元素，是满壳层电子组态。

因此，金和汞的一些特性也可从这个观点来理解。

卤素常以 X_2 分子形式存在。与此相似，金原子可以通过共价单键生成 Au_2 分子存在于气相之中。甘汞离子 Hg_2^{2+} 和 Au_2 是等电子物种，可以形成独立存在的含 Hg_2^{2+} 的盐或 Cl—Hg—Hg—Cl 直线形分子。

卤素和碱金属形成简单的盐，如 RbX 和 CsX。金也可以形成 RbAu 和 CsAu 等稳定的 CsCl 型结构的离子化合物。

由于金原子通过离域电子形成的金属键将金原子结合成金的晶体，结合力较强；而汞中原子间的作用力带有范德华力的特征，结合力较弱，这种结合力的本质差异导致金和汞的物理性质有很大不同。

(1) 金的升华能高达 385 kJ·mol^{-1}；汞的升华能则很低，只有 62 kJ·mol^{-1}，因而汞容易挥发成单原子分子，存在于气相之中。

(2) 金的密度高达 19.32 g·cm^{-3}；而汞的密度较低，为 13.53 g·cm^{-3}。

(3) 金的熔点较高，达 1064℃，一般的燃烧温度不会使金熔化；而汞的熔点很低，仅为-39℃，是所有金属单质中熔点最低的。

(4) 金的熔化能为 12.8 kJ·mol^{-1}，汞的熔化能只有 2.3 kJ·mol^{-1}，说明固态时汞原子间的结合力很弱。

(5) 金是电的良导体，电导率为 426 kS·m^{-1}；而汞的导电性较差，电导率仅为 10.4 kS·m^{-1}[24]。

参 考 文 献

[1] Hofmann S, Ninov V, Heßberger F P, et al. Z Phys A, 1995, 350 (4): 281-282.

[2] Hofmann S, Ninov V, Heßberger F P, et al. Z Phys A, 1996, 354 (3): 229-230.

[3] Jensen W. J Chem Educ, 2003, 80 (8): 952-961.

[4] Weller M, Overton T, Rourke J, et al. Inorganic Chemistry. 6th ed. Oxford: Oxford University Press, 2014.

[5] Wang X F, Andrews L, Riedel S, et al. Angew Chem Int Ed, 2007, 46 (44): 8371-8375.

[6] Jensen W. J Chem Educ, 2008, 85 (9): 1182-1183.

[7] Fricke B. Structure and Bonding. Berlin, Heidelberg: Springer, 1975.

[8] Gäggeler H, Türler A, Schädel M, et al. The Chemistry of Superheavy Elements. Berlin, Heidelberg: Springer, 2014.

[9] 朱文祥, 郑事慎. 化学教育, 1989, 5: 44-47.

[10] 顾仁敖, 张哲如, 胡晓焜, 等. 物理化学学报, 1995, 11 (5): 473-476.

[11] Shi L, Li B, Lu S, et al. Appl Organomet Chem, 2009, 23: 379-384.

[12] Khalili D, Evazi R, Neshat A, et al. Inorg Chim Acta, 2020, 506: 119470.

[13] Balakrishnan C, Theetharappan M, Kowsalya P, et al. Appl Organomet Chem, 2017, 31: e3776.

[14] Wang C, Hao M, Qi Q, et al. Angew Chem Int Ed, 2020, 59: 3444-3447.

[15] Hans J, Beckmann A, Krüger H. Eur J Inorg Chem, 1999, 1: 163-172.

[16] Burke S, Xu Y, Margerum D. Inorg Chem, 2003, 42: 5807-5817.

[17] Mikhailov O, Chachkov D. Inorg Chem Commun, 2019, 106: 224-227.

[18] Norrby L. J Chem Educ, 1991, 68(2): 110-113.

[19] Christiansen P, Ermler W, Pitzer K. Annu Rev of Phys Chem,1985, 36 (1): 407-432.

[20] Pyykkö P. Chem Rev, 1988, 88 (3): 563.

[21] Pyykkö P, Straka M, Patzschke M. Chem Commun, 2002, 16: 1728-1729.

[22] 周公度. 大学化学, 2005, 20 (6): 50-59.

[23] 刘晓斌, 师应龙, 邢永忠, 等. 光子学报, 2018, 47(9): 1-6.

[24] 周公度. 大学物理, 2005, 24(12): 8-17.

第2章

铜 族 元 素

2.1 发现和存在

2.1.1 铜

铜是人类最早发现的金属之一，人类使用铜及其合金已有数千年的历史。

古罗马时期铜的主要开采地是塞浦路斯，因此最初得名 cyprium，意为塞浦路斯的金属，后来变为 cuprum，而现在常用的 copper 是于公元 1530 年前后第一次被使用。

铜在地壳中的含量约为 0.01%，个别铜矿床中铜的含量可以达到 3%～5%。铜是四种具有天然色泽的金属元素之一，另外三种是铯(黄色)、金(黄色)和锇(蓝色)。天然铜矿石见图 2-1。

图 2-1 天然铜矿石

自然界中存在的铜为自然铜、氧化铜矿和硫化铜矿。纯铜是柔软的金属，表面刚被切开时为红橙色，带金属光泽。铜的这种特殊颜色是由于全满的 3d 亚层和半满的 4s 亚层之间的电子跃迁——这两个亚层之间的能量差正好对应于橙光。铯和金呈黄色也是这个原理。

纯铜可形成多种合金(图 2-2)，其中最重要的是青铜(bronze，主要成分为铜-锡)、黄铜(brass，主要成分为铜-锌)、白铜(主要成分为铜，镍 25%)和康铜(constantan，主要成分为 55%的铜和 45%的镍)。铜合金机械性能优良，电阻率很低；在干燥的空气中很稳定，但在潮湿的空气中其表面可以生成一层绿色的碱式碳酸铜 $Cu_2(OH)_2CO_3$，称为铜绿(verdigris，图 2-2)。铜绿可防止金属进一步被腐蚀。

| 纯铜 | 青铜器 | 黄铜 | 铜绿 |

图 2-2　纯铜及其常见合金和铜绿

铜是可以直接使用的金属之一(天然金属)，早在约公元前 8000 年时就被不同地区的人们使用。约公元前 5000 年，铜成为首个从硫化物矿石中冶炼出的金属；约公元前 4000 年，铜成为第一个用于模具塑形的金属，而在约公元前 3500 年时出现了人类史上的第一种铜锡合金——青铜。

铜在自然界中通常形成二价的铜盐，蓝铜矿、孔雀石和绿松石等矿物中的主要成分就是二价的铜盐。这些矿物呈现蓝色或绿色，在历史上被广泛用作颜料。

主要的含铜矿物见表 2-1。

表 2-1　主要的含铜矿物

矿物	颜色	分子式[密度/(g·cm⁻³)]
黄铜矿(chalcopyrite)	黄铜色	$CuFeS_2$(4.2～4.3)
辉铜矿(chalcocite)	铅灰色	Cu_2S(5.5～5.8)
铜蓝(covellite)	暗蓝色	CuS(4.9～5.0)
斑铜矿(bornite)	红色～棕色	Cu_5FeS_4(4.9～5.4)
硫砷铜矿(enargite)	暗灰色～黑色	Cu_3AsS_4(4.43～4.45)
砷黝铜矿(tennantite)	灰色～黑色	$Cu_{12}As_4S_{13}$(4.7～5.0)

续表

矿物	颜色	分子式[密度/(g·cm⁻³)]
赤铜矿(cuprite)	暗红色	$Cu_2O(6.0)$
黑铜矿(tenorite)	黑色或灰黑色	$CuO(5.8\sim6.3)$
孔雀石(malachite)	亮绿色	$Cu_2CO_3(OH)_2(3.9\sim4.0)$
蓝铜矿(azurite)	深蓝色	$Cu_3(CO_3)_2(OH)_2(3.77)$
硫铜矿(antlerite)	绿色	$Cu_3SO_4(OH)_4(3.39)$
水胆矾(brochantite)	绿色~深绿色	$Cu_4SO_4(OH)_6(3.9)$
氯铜矿(atacamite)	绿色	$Cu_2Cl(OH)_3(3.75\sim3.77)$
自然铜(native copper)	红色	$Cu(8.8\sim8.9)$

铜常被用于建筑物的屋顶装饰，经过长时间的风雨剥蚀，这些铜常被氧化成铜绿，极具特色。铜化合物还可用作抑菌剂、杀真菌剂和木材防腐剂。

我国的铜矿储量居世界第三位，主要集中在江西、云南、甘肃、湖北、安徽、西藏等地。现已在江西德兴建成了我国最大的现代化铜业基地。

铜是所有生物所必需的微量元素，是呼吸链上的细胞色素 c 氧化酶(cytochrome c oxidase)活性中心的重要组成成分。在软体动物和甲壳类动物的血液中含有铜蓝蛋白，血液呈蓝色；而在鱼类或其他脊椎动物中，血液中存在的是含铁的血红蛋白，血液呈红色。在人体中，铜主要分布在肝脏、肌肉和骨骼中；一般成人每千克体重含 1.4～2.1 mg 铜。

思考题

2-1　查阅埃林厄姆图(Ellingham diagram)，说明为什么人类使用铜器比使用铁器早。

2.1.2　银

银的名称来源于拉丁文 Argentum，意为"浅色、明亮"。单质银是柔软的、有白色光泽的金属。因为银不活泼，其单质易被提取。在古代的中国和西方，银分别被认定为五金和炼金术七金之一。

银在地壳中的含量很低，虽然有以单质形式存在的自然银，但主要还是以化合态存在。含银的主要矿石为辉银矿和角银矿，我国含银的铅锌矿资源非常丰富。

中国是世界上较早发现和使用银的国家之一。我国考古学者从春秋时代的青铜器中就发现了镶嵌在器具表面的银丝；在战国和汉朝的墓葬中出土的随葬品中有大量的银项圈、银器和银针等。

银具有极佳的延展性，很早就被用于装饰和制作器具(图 2-3)。1 g 银粒可以拉成约 2 km 的细丝，非常容易被锻造加工。人们用白银打造出了许多精美的装饰品，传统的手工银饰制作在我国一些地区也成为一门薪火相传的艺术。

(a)   (b)

图 2-3　清代银累丝双龙戏珠纹葵瓣式盒(a)和银花丝(b)

自古以来，银被视为贵金属用于许多投资型硬币中(图 2-4)。银比金来源更丰富。银的反光率很好，是制作镜子的极佳材料。1843 年，德国科学家发明了用化学镀银的工艺制作玻璃镜子的方法，开创了制镜业的新时代。制镜的基本原理即"银镜反应"：

$$C_6H_{12}O_6 + 2[Ag(NH_3)_2]^+ + 3OH^- = C_5H_{11}O_5COO^- + 2Ag + 4NH_3 + 2H_2O$$

图 2-4　一枚古希腊时期的银币的正反面(正面的头像为雅典娜)

将硝酸银的氨溶液与葡萄糖溶液混合，葡萄糖是一种还原剂，它能把硝酸银中的银还原成金属银沉淀在玻璃上，制成银光闪闪的镜子(图 2-5)。现在制镜工厂有时也用甲醛、氯化亚铁等作还原剂。

在我国历史上人们主要使用铜镜，随着合金技术的出现，开始采用铜-锡或银-铅等合金制作镜子。我国的铜镜制作精良，形态美观，图纹华丽，铭文丰富，是我国古代文化遗产中的瑰宝(图 2-6)。

图 2-5　银镜的制作　　　　　　　图 2-6　古代铜镜

银具有出色的电导率($63 \times 10^6 \ \Omega^{-1} \cdot m^{-1}$)和热导率($429 \ W \cdot m^{-1} \cdot K^{-1}$)，在电子工业和半导体行业中同样扮演着举足轻重的角色(图 2-7)。

图 2-7　含银的印刷电路板

各种自动化装置、火箭、潜水艇、计算机、核装置及通信系统中都有大量的接触点，接触点必须耐磨、性能可靠，并能满足许多特殊的技术要求，这些接触点通常用银合金制造。

银还可用于制作珠宝、餐具等，但纯银首饰遇到空气中的 H_2S 或硫离子时，会生成黑色的硫化银而使银首饰表面发黑。例如，戴银首饰的人用硫磺香皂沐浴时，就有可能会出现银首饰变黑的现象(图 2-8)。因为 Ag^+ 是软酸，它与软碱结合的生成物特别稳定，所以银对 S^{2-} 和 H_2S 很敏感。

(a)   (b)

图 2-8　纯银首饰(a)和产生了黑色硫化银的首饰(b)

思考题

　　2-2　为什么刚出土的银器文物一旦暴露在空气中就会发黑? 从化学角度考虑可采取怎样的手段进行保护?

　　早在人们认识微生物之前, 银已作为一种杀菌材料守护着人们的健康。两千多年前, 古埃及人已经发现把银片覆盖在伤口上可以加速伤口愈合; 用银器存放食物不易腐败, 可以延长食物的保存时间。

　　如今银的杀菌机理已被解析, 人们普遍认为银器表面溶出的银离子在杀菌过程中起着重要的作用。银离子能破坏细菌的细胞膜并与细菌中酶蛋白的巯基迅速结合, 造成蛋白质变性失活, 最终使微生物丧失分裂增殖能力而死亡。银离子本身还可以从已经死亡的细菌中游离出来, 继续发挥杀菌的作用。这也是银的杀菌活性非常高的原因。根据报道, 银离子浓度达到 $0.01 \text{ mg} \cdot \text{L}^{-1}$ 时, 就能完全杀死水中的大肠杆菌。

2.1.3　金

　　金在地壳中的含量很低, 大约是一百亿分之五; 根据光谱分析, 在太阳周围灼热的蒸气中也有金, 同时来自宇宙的"使者"——陨石里面也含有微量的金。金通常以游离态在自然界中存在, 如地下矿脉及冲积层中堆积的沙金或金粒, 纯度通常可达 99% 以上。

　　纯金有明亮的光泽, 颜色黄中带红; 柔软、密度高、延展性极好。金能与游离态的银形成固溶体——琥珀金, 也能与铜、钯形成合金。铜、银、金相比, 延展性最好的是金, 金常被用来制作装饰品(图 2-9)。最薄的金箔仅有 1/10000 mm, 50 g 黄金压成金箔可覆盖两个篮球场。

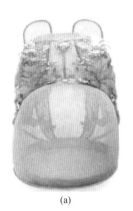

图 2-9 万历皇帝金丝冠(a)和图坦卡蒙黄金面罩(b)

金在有历史记载以前就是一种广受欢迎的贵金属，因其稀有、易于熔炼铸造、色泽独特、抗腐蚀性强等特点，被广泛用于货币流通以及制作珠宝和艺术品(图 2-10)。

(a) 美国鹰币背面　　(b) 战国时代的黄金鸟　　(c) 加金涂层的昆虫样本

图 2-10　金的用途

思考题

2-3　金、银为什么被称为"货币金属"并常用于制作装饰用品?

金的化学活性很低，被称为永恒的元素。然而，自 20 世纪 80 年代开始人们发现将金分成仅含有几个原子的微小的纳米级碎片，它就会成为一种异常有效的催化剂，这使得人们开始重新审视金的惰性。例如，日本工业技术院试验所的春田正毅合成的含金的混合氧化物能以极高的活性催化一氧化碳的氧化。他发现金原子是在氧化物基底上组成纳米颗粒，这种材料在温度低至−76℃时仍能保持催化活性，这已经很接近地球上的最低环境温度(南极沃斯托克的−89.2℃)(图 2-11)[1]。

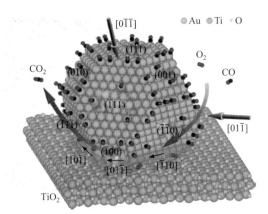

图 2-11　金纳米颗粒催化氧化 CO 的示意图

1%(体积分数)CO，压力 100 Pa，室温

金对乙炔氢氯化反应具有很好的催化性能[2]，无论是均相催化还是异相催化，金都能展现出催化活性。此外，人们还发现金对烯烃环氧化、醇氧化以及甘油和糖的氧化都具有催化作用。

金也是具有高选择性的加氢催化剂[3]。此外，金与钯结合还能极好地催化由氢和氧直接反应制备过氧化氢的反应，为这一绿色化学试剂的生产提供了一条环境友好的路线。

金的催化效率为什么如此高？起初，活性物种被认为是直径为 2～5 nm 的金纳米颗粒。随着科学技术的发展，已经可以实现单个金原子的成像，人们进一步了解到金的催化活性来自于非常小的金原子簇，每个金原子簇仅含有 7～10 个金原子。

思考题

2-4　金催化的活性物种是什么？金能够催化的主要有机化学反应有哪些？

2.2　矿石冶炼和单质提取

2.2.1　铜

铜族元素单质的冶炼方法一般随矿石的性质不同而有所不同，有火法冶炼和湿法冶炼两种。

1. 火法冶炼

火法冶炼的大致工艺如图 2-12 所示。

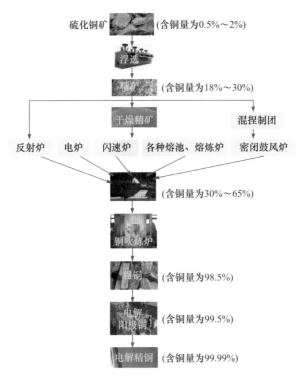

图 2-12　硫化铜矿火法冶炼工艺流程

铜主要用火法从黄铜矿 $CuFeS_2$ 提炼。冶炼过程大致如下。

1) 富集

由于矿石的品位较低，首先要将矿石碾碎，采用泡沫浮选法富集，使含铜量达到 18%～30%。

2) 焙烧

把得到的精矿送入沸腾炉，在 923～1073 K 通空气进行氧化焙烧，除去部分硫和挥发性杂质如 As_2O_3 等，并使部分硫化物变成氧化物。主要反应如下：

$$2CuFeS_2 + O_2 == Cu_2S + 2FeS + SO_2\uparrow$$

$$2FeS + 3O_2 == 2FeO + 2SO_2\uparrow$$

3) 制冰铜

焙烧过的矿石主要成分为 Cu_2S、FeS 和 FeO。将砂子与焙烧过的矿石混合，在反射炉中加热到 1673 K，使其熔融。FeS 比 Cu_2S 更容易转变成氧化物(FeO)，所以 FeO 与 SiO_2 形成熔渣($FeSiO_3$)，因密度小而浮在上层，而 Cu_2S 和剩余的 FeS 熔融在一起生成"冰铜"沉于下层：

$$FeO + SiO_2 === FeSiO_3(渣)$$

$$mCu_2S + nFeS === 冰铜$$

4) 制泡铜

将冰铜放入转炉，炉中加更多的砂子，同时鼓入空气，使剩余的 FeS 转变成 FeO，进而变成炉渣除去，并使 Cu_2S 转变成含铜量 98%左右的泡铜，主要反应如下：

$$2Cu_2S + 3O_2 === 2Cu_2O + 2SO_2\uparrow$$

$$2Cu_2O + Cu_2S === 6Cu + SO_2\uparrow$$

5) 制精铜

将所得泡铜送入特种炉熔融，加入少量造渣物除去一些金属杂质(如 Ni、As、Sb、Bi、Zn 等)，制得含铜量 99.5%~99.7%的精铜，浇铸成供电解精炼的阳极铜板。

6) 电解精炼

铜的电解精炼是在装有 $CuSO_4$ 和 H_2SO_4 混合液的电解槽内进行，以由火法冶炼得到的精铜(或粗铜)为阳极，以纯铜为阴极进行电解。通过电解精炼，阳极发生氧化反应，粗铜不断溶解；阴极发生还原反应，纯铜不断析出，纯度可达99.95%~99.99%。电解过程中，原粗铜所含杂质如 Zn、Ni 等失去电子转入溶液中，金、银、铂等沉在阳极底部，称为阳极泥，阳极泥是提取贵金属的原料(图 2-13)。将用电解法得到含铜量为 99.99%的纯铜，再经真空精馏可除去纯铜中的银和硫等杂质，获得超纯铜(99.99999%)，它比铜的导电能力提高 2.7%，延展性提高 30%。

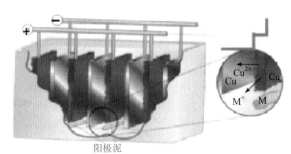

图 2-13　电解精炼铜

冰铜和泡铜的制备过程中采用了闪速熔炼(flash smelting)技术，即充分利用物料经细磨后产生的巨大的活性表面,强化冶炼反应过程的熔炼方法。将金属硫化物精矿细粉和熔剂经干燥后与空气一起喷入炽热的闪速炉膛内,营造良好的传热、传质条件,使化学反应以极高的速率进行。

2. 湿法冶炼

湿法冶炼的工艺如图 2-14 所示。包含两个重要的工艺过程:铜的萃取——铜从水层进入有机层,反萃取——铜从有机层进入水层。

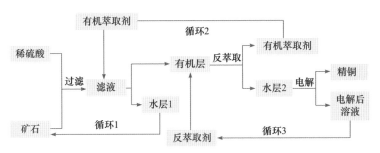

图 2-14 硫化铜矿湿法冶炼工艺流程示意图

湿法冶炼技术具有相当大的优越性,但其适用范围有局限性,并不是所有铜矿的冶炼都可以采用湿法冶炼工艺。通过技术改良,已经有越来越多的国家包括美国、智利、加拿大、澳大利亚、墨西哥及秘鲁等,开始将湿法冶炼工艺应用于更多的铜矿冶炼上。

我国古代很早就认识到铜盐溶液中的铜能被铁取代,从而发明了"水法炼铜"的新途径,这是湿法冶金技术的起源,在世界化学史上是一项重大贡献。随着科学技术的发展,近年来铜的湿法冶炼有了长足的发展,一些新型配位剂、萃取剂被应用于铜的湿法冶炼中,如萃取剂 2-羟基-5-十二烷基二苯甲酮肟已用于从低品位铜矿浸取液中萃取铜,效果很好,而且生产过程中不产生"三废"。

例题 2-1

试比较硫化铜矿的火法冶炼和湿法冶炼的优缺点。

解 火法冶炼不受矿石的品位及类型的限制,工艺成熟,产量大,但装置成本高,易产生环境污染。湿法冶炼受矿石的品位及类型的限制,但冶炼设备更简单,使用成本较低,能提高产能,不易产生环境污染,缺点是铜产品中的杂质含量较高。

例题 2-2

试评价闪速熔炼的优缺点。

解 优点：闪速熔炼脱硫率高，烟气中 SO_2 浓度大，有利于 SO_2 的回收，并可通过控制入炉的氧量，在较大范围内控制熔炼过程的脱硫率，从而获得所要求品位的冰铜，同时有效利用了精矿中硫、铁的氧化反应热，节约能量，所以闪速熔炼适用于处理含硫量高的浮选矿。虽然使用空气时熔炼反应放出的热不足以维持熔炼过程的自热进行，需用燃料补充部分能量，但如果使用预热空气、富氧空气或工业纯氧，减少炉气带出的热，可节省燃料，维持熔炼自热进行。闪速熔炼具有上述优点，因此发展很快，全世界新建的大型炼铜厂几乎都采用这一方法。到 20 世纪 70 年代末，用闪速熔炼法生产的铜年产量已超过 100 万吨。缺点：主要是渣含主金属较多，需经贫化处理，加以回收。贫化方法有电炉法和浮选法。有的工厂在沉淀池后部安装电极加热，使贫化和熔炼在同一设备中进行。

2.2.2　银

大部分银是在生产有色金属(如铜、铅等)时作为副产品而产生的。例如，在生产铜的过程中的阳极泥经处理除去大部分贱金属，最后在硝酸盐中进行电解，可得到纯度高于 99.9% 的银。

银矿中含银量较低，可采用氰化法提炼，反应如下：

$$4Ag + 8NaCN + 2H_2O + O_2 = 4Na[Ag(CN)_2] + 4NaOH$$

$$Ag_2S + 4NaCN = 2Na[Ag(CN)_2] + Na_2S$$

然后用锌或铝将银还原出来：

$$2Na[Ag(CN)_2] + Zn = 2Ag + Na_2[Zn(CN)_4]$$

再将金属银熔铸成粗银块，通过电解法制成纯银。

2.2.3　金

金主要以游离态存在。传统工艺采用"淘金"法(图 2-15)，即利用金的密度($19.32 \ g \cdot cm^{-3}$)比砂的密度(约 $2.5 \ g \cdot cm^{-3}$)高得多的原理进行淘金。如果金矿品位低(含金量约 $25 \ \mu g \cdot g^{-1}$)，可用与提取银相同的氰化法提取。

$$4Au + 8NaCN + O_2 + 2H_2O = 4Na[Au(CN)_2] + 4NaOH$$

$$2Na[Au(CN)_2] + Zn = 2NaCN + Zn(CN)_2 + 2Au \ (s)$$

通过电解精炼可以得到纯度为 99.95% 的金。

图 2-15　淘金

思考题

2-5　在精炼铜的过程中，制"冰铜"和"泡铜"的目的是什么？

2-6　目前湿法冶炼提取金、银的主要方法是什么？基于什么原理？

历史事件回顾

2　金矿中金的浸出/回收方法研究进展

如何高效地将金从金矿中提取出来一直是人们所关心的问题。经过几代人的努力探索已提出了许多方法，主要以氰化物体系、硫脲体系、氯化物体系、硫代硫酸盐体系和硫氰酸盐体系为代表，这些方法各有其特点，极大地拓展了金矿提金的途径。在当今人们格外注重环境保护的情况下，金的无毒湿法提取及回收成为人们追求的目标。

一、氰化物浸出法

氰化物浸出法简称氰化法，是目前提取金、银元素较为成熟的方法，也是世界各国普遍采用的浸金方法。CN^-在碱性条件下($pH>10$)能与金形成稳定的配位化合物$[Au(CN)_2]^-$。

1890 年马克·亚瑟(M. Arthur)首先提出了利用氰化物溶液提取金矿中的金，再用锌还原溶液中的金，最后将还原的金熔炼成金锭的氰化法工艺，根据金在氰化物溶液中溶解的动力学过程和扩散过程,金进入氰化物溶液时其表面立刻溶解,并在金的表面产生饱和溶液,此饱和溶液逐渐向溶液内部扩散。由于扩散作用,金周围已饱和了的溶液浓度下降,金随之进一步溶解,金的溶解作用就是这样逐渐形成的。该反应在本质上是一个电化学的腐蚀过程。

化工生产中采用的主要氰化试剂有氰化钠、氰化钾、氰化铵、氰化钙等,由于单位质量氰化物中氰化钠含氰量最高,常用氰化钠作为氰化剂。

氰化法依大类分为单一氰化法和联合氰化法。单一氰化法主要有堆浸法和全泥氰化法。但由于金银矿资源复杂化和品质低下,单一氰化法已难以有效回收原矿中的金银及伴生矿物。联合氰化法主要有浮选-尾矿氰化法、磁选-氰化法。金银在氰化物溶液中的反应方程式如下[4]:

$$4Au + 8NaCN + O_2 + 2H_2O == 4NaAu(CN)_2 + 4NaOH$$

思考题

2-7　试依据文献"杨芝兰. 西安建筑科技大学学报,1995,27(4):425."提供的 Au(Ag、Zn)-CN⁻-H₂O 系电位-pH 图,分析氰化物浸出金的热力学基础。

氰化法提取金银工艺成熟,金银回收率高,对矿石适应性强[5-6],便于矿物产地就地产金,至今仍被广泛使用,加之技术经济指标也较为理想,所以目前仍然作为采矿工业主要的浸出工艺,世界上从矿石中得到的黄金超过 90%都是通过氰化法提取的[7]。

氰化法虽然具有技术稳定、工艺成熟、易操作等优点,但也有其致命的缺点:①氰化物是剧毒物质,氢氰酸能与活细胞内的 Fe^{3+} 配位结合,特别是与呼吸链上含铁的酶结合,即可使全部组织的呼吸麻痹,最后致死。人体对氰化物中毒的致死量为 0.25 g[8]。废水中的氰化物即使处于配位结合状态,在酸性条件下也会成为氰化物气体逸出而危害人体健康,造成环境污染。②对金的浸出速度缓慢,浸出率较低[9-10]。③选择性差,受砷、锑、铜、碳等杂质的干扰较大。

二、非氰化物浸出法

随着环保理念深入人心,环境友好型的非氰化法(non-cyanide process)[11]得到了广泛的关注。目前,国内外常用的非氰浸金法有十余种,主要包括硫脲法[12]、卤化物法[13]、硫代硫酸盐法、硫氰酸盐法等,可供选择的氰化物替代品见表 2-2。

表 2-2 可供选择的氰化物替代品

试剂类型	浓度范围	pH 范围	使用规模
氨气	高	8~10	小规模
氨/氰化物	低	9~11	大规模
氨性硫代硫酸盐	高	8.5~9.5	大规模
硫化钠	高	8~10	小规模
钙	窄	9	小规模
次氯酸盐、氯化物	高	6~6.5	大规模
溴马利特	高	6~7	
碘	高	3~10	小规模
溴、溴化物	高	1~3	小规模
硫脲	高	1~2	
硫氰酸盐	低	1~3	小规模
王水	高	< 1	小规模

(一) 硫脲法

硫脲法(thiourea process)提取金是一种日臻完善的低毒提取工艺,是取代氰化法的最具前景的方法。

硫脲 $SC(NH_2)_2$ 是一种稳定的有机化合物,可溶于冷水或乙醇等有机溶剂,在酸性溶液中易被氧化成二硫甲脒([$HN(NH_2)CSSC(NH_2)NH$],RSSR)等多种产物,RSSR 是一种活泼的氧化剂,在碱性溶液中易分解为硫代物和氨基碱。硫脲浸金最早在 1941 年由 Placksin 等提出[14],至今已有 80 多年的历史。人们发现酸性条件下硫脲浸金的速率比氰化物快 4~5 倍以上,硫脲有望取代氰化物成为新型低毒浸金试剂[15-16]。

在酸性溶液中,如有氧化剂(氧气、过氧化氢等)存在,则硫脲能够稳定存在。与 Au 形成配位阳离子:

$$4Au + 8SCN_2H_4 + O_2 + 4H^+ \rightleftharpoons 4Au(SCN_2H_4)_2^+ + 2H_2O$$

在 pH<1.5 的条件下,采用如三氯化铁这样的三价铁盐作为氧化剂,硫脲也可与金形成阳离子配合物。

硫脲法溶金是有热力学基础的。设想将一片金片放在含氧化剂 Fe^{3+} 的硫脲溶液中,由于金片表面的不均匀性,可分为阳极区和阴极区,于是在金表面上形成微电池。阴极区是微电池的正极,发生 Fe^{3+} 还原成 Fe^{2+} 的反应;阳极区是负极,发生金的氧化反应，即 Au(SCN$_2$H$_4$)$_2^+$溶解。正极反应和负极反应的电位差就是金溶解微电池的电动势，它决定了金溶解反应的速率。这一反应的热力学行为可用 Au(Ag)-SCN$_2$H$_4$-H$_2$O 电位-pH 图表示(图 2-16)[17]。

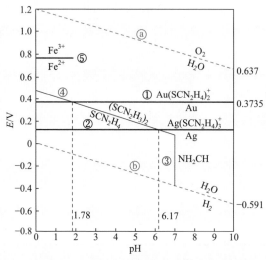

图 2-16　Au(Ag)-SCN$_2$H$_4$-H$_2$O 电位-pH 图

但硫脲浸金过程中药剂消耗大一直是困扰该研究领域的难题。硫脲消耗有三大方面，首先是硫脲在氧化条件下生成实际溶解金的氧化剂二硫甲脒，其次是硫脲自身的分解，同时当 Fe^{3+}或硫脲过剩时可形成铁硫脲配合物[18-19]。

目前硫脲法在俄罗斯、美国、澳大利亚和加拿大等国家都在实施工业化，已进行了小规模的应用。我国开展硫脲法的研究工作已有近 50 年的历史，研制出了硫脲浸出-铁板置换工艺[20]。虽然硫脲法具有无毒性、浸金速度快、选择性比氰化法好的特点，但硫脲消耗大、成本高，目前竞争力低于氰化法。

例题 2-3

依据 Au(Ag)-SCN$_2$H$_4$-H$_2$O 电位-pH 图，说明硫脲法溶金、银的热力学基础。

解　依据 Au(Ag)-SCN$_2$H$_4$-H$_2$O 电位-pH 图，可以做出如下硫脲法溶金、银的热力学分析：

(1) 在酸性硫脲溶液中，若有氧化剂存在，溶解金和银在热力学上是可能的。

(2) 金溶解反应线①和银溶解反应线②均与硫脲氧化成二硫甲脒线④相交。与①线相交对应的 pH 为 1.78，与②线相交对应的 pH 为 6.17。只有在交点左边区域，①、②线的电极电位才低于④线，Fe^{3+}等氧化剂才能使金、银溶解。交点右边的区域只能使硫脲氧化为二硫甲脒，不能使金、银溶解。

(3) 从③线可知，硫脲在碱性溶液中不稳定，易与 OH^- 反应生成氨基氰、S^{2-} 和水。

(4) 溶液中的氧和 Fe^{3+} 均可作为使金、银溶解的氧化剂。但由于常压下溶解氧的浓度很小，而 Fe^{3+} 的浓度远远高于溶解氧的浓度，故 Fe^{3+} 是使金、银溶解的主要氧化剂。

(5) 与氰化法相反，硫脲溶银比溶金更容易，因为②线对应的电极电位值低于①线。

(二) 卤化物法

卤化物法主要指氯化法、溴化法、碘化法[21-22]，其浸出机理极为相似，即在卤素转变为卤离子时产生化学电位的变动，从热力学上讲卤素离子高的氧化还原电位对金的溶解十分有利。由于卤素的化学性质很活泼，在与金矿反应过程中不存在钝化现象，且能与金离子形成稳定的配离子$[AuX_2]^-$。卤化法浸出金具有浸出速率快(一般为 1～2 h)的特点，适合难处理的金矿[23]。

1) 氯化法

氯化法(chlorination process)提金可以分为干氯化法和水氯化法两种，前者是指在高温条件下，氯化剂和金发生反应生成 $AuCl_3$ 烟尘，然后采用冷凝回收-水冶浸出；后者是指用氯化剂作为浸出剂将其金属组分以可溶性金属氯化物$[AuCl_4]^-$的形态转入浸出液[24]。

氯化物浸出剂多为氯气、氯酸盐、次氯酸盐等。使用氯化铁作为浸出剂时，多与硫酸配合使用以强化氧化作用，加快矿物的溶解速率[25]。

与硫脲法等相比，氯化法的优点是浸出速度快、浸出率高、原料丰富、成本低、毒性小、技术成熟等，尤其对难处理矿石的金浸出率高，但问题是使用氯气会产生环境污染，且氯气消耗量大。秘鲁和法国曾报道用高浓度的盐水，借助二氧化锰的氧化作用，使溶液中的氯离子氧化成元素氯溶解金，不必外加氯气[26]。

2) 溴化法

溴化法(bromination process)提金出现于 19 世纪后期，溴化物的性质介于氯化物和碘化物之间，最早的溴化法用 Br_2，经过不断探索发现了效率高、毒性低的溴酸盐，所以其浸金过程与氯化法类似，利用溴化剂作为浸出剂将金以可溶性$[AuBr_4]^-$的形态转入浸出液[27]。

溴化法具有效率高、速度快、酸碱度适应性强、环境友好、试剂可回收再用等优点，是近年来研究较多的非氰浸金法[28]。但到目前为止，溴的研究还不够成熟，工业化存在很多问题。

3) 碘化法

有研究表明[29-31]，金的阴离子配合物 AX_2 的稳定性顺序为 $CN^->I^->Br^->Cl^->SCN^->OCN^-$，可见金的碘配合物的稳定性仅次于金氰配合物离子，均高于与其他卤素形成的配合物。

加入适量碘化钾可以解决碘在水中溶解度较小的问题，因此碘和碘化物组成了一个新的浸金体系，其浸金的反应如下：

阳极反应 $\qquad Au + 2I^- \longrightarrow AuI_2^- + e^-$

$\qquad\qquad\qquad\qquad Au + 4I^- \longrightarrow AuI_4^- + 3e^-$

阴极反应 $\qquad\qquad\qquad I_3^- + 2e^- \longrightarrow 3I^-$

总反应 $\qquad\qquad 2Au + I_3^- + I^- \longrightarrow 2AuI_2^-$

$\qquad\qquad\qquad\qquad 2Au + 3I_3^- \longrightarrow 2AuI_4^- + I^-$

从产业化应用的角度，溴水和碘溶液成本较高[32]。目前工业应用中较成熟的工艺流程为氯化法浸金流程。

(三) 硫代硫酸盐法

硫代硫酸盐法(thiosulfate method)是一种前景广阔的非氰化法浸金方法[33-34]，硫代硫酸盐在酸性溶液中易被氧化，难以稳定存在，但是在碱性环境下很稳定。在硫代硫酸盐浸金过程中通常需要添加铜离子作为氧化剂和催化剂，可大幅提高金的溶解速率——可提高 17～19 倍，适量存在的氨水不仅可以调节碱性环境，并且可与铜离子形成铜氨配离子，使其可以稳定存在于溶液中，为保证 Cu^{2+} 的再生通常还需适当通入 O_2，这样的混合溶液能与金配位生成稳定的配阴离子$[Au(S_2O_3)_2]^-$[35]。这种铜-氨-硫代硫酸钠浸出体系是较为成熟的方法。硫代硫酸盐自身的氧化还原使反应体系非常复杂，铜-氨-硫代硫酸盐浸金体系的反应机理仍然属于推测[36-37]。反应如下所示：

$$Au + 5S_2O_3^{2-} + [Cu(NH_3)_4]^{2+} \Longrightarrow [Au(S_2O_3)_2]^{3-} + [Cu(S_2O_3)_3]^{5-} + 4NH_3$$

这是目前认同度较高的铜-氨-硫代硫酸盐浸出金、银的总电化学反应方程式。

> **思考题**
>
> 2-8 你能否依据上述 3 种主要非氰化物浸出金银法的介绍，列表小结它们的优缺点？

三、浸金液中金的回收

金矿中金的浸出和回收是相辅相成的。目前从金浸出液或废液中回收金的方法也得到了普遍重视，主要包括萃取法、金属置换法、吸附法等[38]。

(一) 萃取法

1) 溶剂萃取法

溶剂萃取(solvent extraction)法提取金的原理是采用有机萃取剂取代原配合物的配位基，进入配合物的内配位层形成配合物后进入有机相而得以萃取。萃取技术的关键是选取对金具有选择性萃取能力的萃取剂，最常见的金萃取剂是含硫类萃取剂，如硫醚、亚砜、硫代磷酸(酯)[39]。萃取法具有工艺简单、周期短、速度快、分离效果好、收率高等优点，已经成功获得工业应用。溶剂萃取法的缺点是溶剂和萃取剂在萃取过程中容易损失，不但造成浪费，对环境也有很大影响。

2) 萃淋树脂吸附法

萃淋树脂吸附法(extraction resin adsorption method)采用的吸附树脂是将萃取剂吸附到树脂载体上制备而成的萃淋树脂，萃取剂被吸附到树脂上可以有效地防止萃取剂的损失，同时萃取剂易于分离[40]。几乎所有的萃取剂都可以用于制备萃淋树脂。

3) 固相萃取法

固相萃取(solid phase extraction，SPE)法是另一项正在研究中的贵金属提取工艺，其分离过程是利用固体吸附剂将液体样品中的目标化合物吸附，与样品的基体和杂质分离，然后再利用洗脱液洗脱或者加热解吸附，从而将目标化合物分离出来[41-42]。该法克服了液相萃取法的乳化现象，具有萃取精度高、适用范围广、操作条件温和、效率高等优点。该技术目前主要应用于痕量金的预富集、分离和检测。

(二) 金属置换法

金属置换法(metal replacement method)是一种较常用的沉淀金的方法。我国于1965年最早使用锌置换法，该法很快得到推广应用，具有一套成熟的生产工艺，目前国内大部分矿山采用此法生产。常用于置换反应的金属有锌、铝、铜、铁等，最常用的是锌。在氰化物溶液中，锌的标准电位(−1.26 V)比金的电位(−0.68 V)更负，因此金属锌很容易从氰化物中置换出金[43]：

$$2[Au(CN)]^{2+} + 3Zn + CN^- \Longrightarrow 2Au + 3[Zn(CN)]^+ \qquad K = 1.0 \times 10^{23}$$

(三) 吸附法

吸附法(adsorption method)主要是指利用天然的吸附剂，如活性炭、细菌、藻类等微生物，或者人工合成的螯合树脂，通过物理、化学作用(包括配位、沉积、氧化还原、离子交换等)吸附贵金属如金、银等。吸附法具有成本较低、操作简便等特点，近些年来受到广泛关注。对于含金矿渣废水和较稀的含金废液，主要采用吸附法回收。

1) 活性炭吸附法

活性炭吸附法是置换法的替代工艺，该法已经发展得比较成熟。活性炭材料的来源较广，价格低廉，其孔隙多、吸附速度快、吸附容量大，并且易洗脱，常用于氰化浸金工艺中氰金离子的回收。

2) 微生物吸附法

微生物吸附金属是指利用微生物细胞及其代谢产物，通过物理、化学作用(包括配位、沉积、氧化还原、离子交换等作用)吸附金属的过程。

3) 树脂吸附法

离子交换树脂是一种在交联聚合物结构中含有离子交换基团的功能高分子材料。它的基本特性是其骨架或载体是交联聚合物，聚合物上所带的功能基团可以离子化。树脂法具有吸附量大、吸附快、适应性好并且可再生循环的优点，但成熟度不高，仍限于实验室小型实验使用。

随着人类社会对环境要求的日益严格，研究开发绿色、高效、低成本和有选择性的金提取方法变得愈发紧迫。针对这一挑战，近年来有不少新的研究成果涌现，如陕西师范大学杨鹏课题组的系列报道。该课题组发现了一类新的 Au 氧化反应，即 DNA 中碱基的类吡啶结构可以与三价 Au 离子形成有效配合物，从而降低 Au 的氧化能垒，实现在室温中性温和水溶液中的高效 Au 氧化和刻蚀(需加入少量弱氧化剂 NBS，N-溴代丁二酰亚胺引发氧化反应)[44]。课题组进一步阐明其刻蚀机理，发现其本质是 NBS 和类吡啶结构(如生物大分子 DNA 或者小分子吡啶试剂)对 Au 的协同氧化刻蚀机制[45]。在这些工作的基础上，开始尝试使用此类化学方法实现对低品位金矿和电子垃圾中 Au 的高效回收。为降低成本从而真正实现大规模应用，他们直接使用 NBS 和吡啶(Py)的室温中性水溶液对低品位金矿和电子垃圾中的 Au 进行高效提取，发现该体系可以取代传统的氰化法和高浓度强酸体系而取得更高的提取效率，成本却低很多，细胞和生物毒性也极大降低，从而有望解决目前从低品位金矿和电子垃圾中提取 Au 所面临的巨大的环境污染和高能耗问题，为采矿工业和处理电子废料提供了一种新策略(图 2-17)[46]。

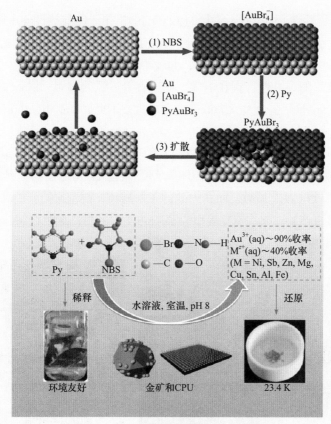

图 2-17 基于 DNA 的绿色提金工艺

2.3 单质的性质和用途

铜、银、金都属于面心立方结构，铜、银、金的重要物理性质见表 2-3。

表 2-3 铜、银、金的重要物理性质

性质	铜	银	金
颜色	紫红色	白色	黄色
熔点/K	1356.4	1234.93	1337.43
沸点/K	2840	2485	3353
硬度	2.5～3	2.5～4	2.5～3
导电性(汞为 1)	56.9	59	39.6
导热性(汞为 1)	51.3	57.2	39.2

2.3.1 铜

与 d 亚层未满的金属原子不同，铜的金属键共价成分不多而且很弱，所以单晶铜硬度低、延展性高。铜柔软，导电性($59.6 \times 10^6 \, S \cdot m^{-1}$)、导热性($401 \, W \cdot m^{-1} \cdot K^{-1}$)也比较好，室温下仅次于银，这主要是因为室温下电子在金属中运动的阻力主要来自于电子因晶格热振动而发生的散射，而较柔软的金属散射较弱。

基于铜良好的导电性，铜在电气工业中有着广泛的应用，但是极微量的杂质特别是 As 和 Sb 的存在会大大降低铜的导电性。因此，制造电线时必须用高纯度的电解铜。

由于性质稳定、外形美观，在古时的欧洲常用铜装饰屋顶。但铜能被空气中的许多化学成分侵蚀。在哥本哈根的绿色屋顶(图 2-18)是铜与喷溅的海水中的 NaCl 反应生成的 $CuCl_2$ 所致。而在内陆的工业城市，铜屋顶的蓝色则是因为铜与化石燃料的燃烧产物 SO_2、SO_3 等形成了 $CuSO_4$。乡村的绿色铜屋顶归因于 CO_2 形成的碱式碳酸铜。

图 2-18 哥本哈根的绿色铜屋顶

金属铜易溶于硝酸等氧化性酸，但若无氧化剂或适宜配位试剂的存在，则不溶于非氧化性酸。例如，铜和硝酸的反应：

$$3Cu + 8HNO_3(稀) = 3Cu(NO_3)_2 + 2NO\uparrow + 4H_2O$$
$$Cu + 4HNO_3(浓) = Cu(NO_3)_2 + 2NO_2\uparrow + 2H_2O$$

例题 2-4

浓 HNO_3 比稀 HNO_3 的氧化性强的原因是什么？

解 主要原因有：

(1) 浓 HNO_3 的氧化反应速率快得多。NO_3^- 中氧原子的质子化有利于 N—O 键断裂，浓 HNO_3 中质子化程度比较大。

(2) 与浓 HNO_3 中经常会存在由光化分解而来的 NO_2 催化作用有关。NO_2 起到传递电子的作用：

$$NO_2 + e^- = NO_2^- \quad NO_2^- + H^+ = HNO_2 \quad HNO_3 + HNO_2 = H_2O + 2NO_2$$

Cu 和浓硫酸的反应：

$$Cu + 2H_2SO_4(浓) = CuSO_4 + SO_2\uparrow + 2H_2O$$

反应产物还与温度有一定关系。反应过程中硫酸逐渐变稀，直到反应停止。

铜不能与稀硫酸反应，但是有氧气存在时，按下式反应：

$$2Cu + O_2 + 2H_2SO_4 \xrightarrow{\triangle} 2CuSO_4 + 2H_2O$$

铜可溶于氯酸或经过酸化的氯酸盐：

$$3Cu + 6H^+ + ClO_3^- = 3Cu^{2+} + Cl^- + 3H_2O$$

存在硫脲时则发生配位反应：

$$2Cu + 6S{=}C(NH_2)_2 + 2HCl = 2Cu(\,I\,)[S{=}C(NH_2)_2]_3Cl + H_2$$

与浓盐酸反应形成配合物：

$$2Cu + 8HCl(浓) = 2H_3[CuCl_4] + H_2\uparrow$$

铜在酸性条件下能与高锝酸根离子反应，使高锝酸根离子还原为单质锝：

$$7Cu + 2TcO_4^- + 16H^+ = 2Tc + 7Cu^{2+} + 8H_2O$$

铜与硫化亚铁共热可以发生置换反应：

$$2Cu + FeS = Cu_2S + Fe$$

加热时，铜还可以与三氧化硫反应，有两种主要反应：

$$4Cu + SO_3 = CuS + 3CuO$$

$$Cu + SO_3 = CuO + SO_2$$

常温下铜不与水反应，但可与空气中的氧气缓慢反应，形成一层棕褐色的氧化铜。与铁暴露在潮湿空气中形成铁锈不同，铜锈能保护里面的铜免受进一步腐蚀：

$$2Cu + O_2 \xrightarrow{\triangle} 2CuO$$

$$2Cu + O_2 + H_2O + CO_2 \xrightarrow{\triangle} Cu_2(OH)_2CO_3$$

铜容易被卤素、互卤化物、硫、硒腐蚀，硫化橡胶可以使铜变黑。

铜在室温下不与四氧化二氮反应，但在硝基甲烷、乙腈、乙醚或乙酸乙酯存在时生成硝酸铜：

$$Cu + 2N_2O_4 = Cu(NO_3)_2 + 2NO$$

铜具有自然丰度高、价廉且低毒的特点，近年来常被作为贵金属钯、铑等的替代催化剂应用于有机合成反应(如 C—H 键的活化和转化反应)中，并取得了令人瞩目的研究进展。

2.3.2　银

银的延展性好(仅次于金),有明亮的银白色金属光泽。1 g 银粒就可以拉成约 2 km 细丝,或碾压成只有 0.3 μm 厚的透明箔。银的导电性在所有金属中是最高的。

银的特征氧化态为+1,其化学活泼性比铜差,常温下甚至加热时也不与水和空气中的氧作用,但久置空气中会变黑,失去银白色的光泽,这是因为银和空气中的硫化氢化合生成黑色硫化银(Ag_2S):

$$4Ag + 2H_2S + O_2 \Longrightarrow 2Ag_2S + 2H_2O$$

银不能与稀盐酸或稀硫酸反应放出氢气,但银能溶解在硝酸或热的浓硫酸中:

$$2Ag + 2H_2SO_4(浓) \stackrel{\triangle}{=\!=\!=} Ag_2SO_4 + SO_2\uparrow + 2H_2O$$

银在常温下与卤素反应很慢,但在加热的条件下可较快生成卤化物:

$$2Ag + F_2 \xrightarrow{473\,K} 2AgF(暗棕色)$$

$$2Ag + Cl_2 \stackrel{\triangle}{=\!=\!=} 2AgCl(白色)$$

$$2Ag + Br_2 \stackrel{\triangle}{=\!=\!=} 2AgBr(黄色)$$

$$2Ag + I_2 \stackrel{\triangle}{=\!=\!=} 2AgI(橙色)$$

银是亲硫元素,对硫有很强的亲和能,加热或研磨时可以与硫直接化合成 Ag_2S:

$$2Ag + S \stackrel{\triangle}{=\!=\!=} Ag_2S$$

2.3.3　金

金是延性及展性最好的金属。金叶可以被打薄至半透明,透过金叶的光会显露出绿蓝色,因为金反射黄色光及红色光的能力很强。这种金的薄膜常被用于飞机驾驶座舱及某些宇宙飞船的窗玻璃上。

金与银相似,也具有抗菌作用,因此牙医用它来修牙、补牙。金还是理想的生物医学材料,可加工成极细小的金属丝插入受损的血管中以保持血液畅通。金也是国际通用货币,一个国家的黄金储量可在一定程度上衡量一个国家的经济实力。铜、银和金被称为"货币金属"。

金的密度相当高,为 $19.32\,g\cdot cm^{-3}$。与金相比较,铅的密度仅为 $11.34\,g\cdot cm^{-3}$,而密度最高的元素锇,其密度为 $22.66\,g\cdot cm^{-3}$。

金很容易与其他金属形成合金,如金能溶于水银,形成金汞齐(gold amalgam,

图 2-19)。利用加热金汞齐蒸发汞以获得粗金粒会造成环境污染。金被制成合金后硬度得以提高并产生奇特的颜色。

 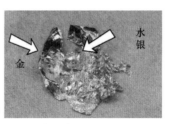

图 2-19　金汞齐

金是热和电的良导体，但热、湿气、氧及大部分侵蚀剂对金影响很小，因此金很适合制作硬币及珠宝。

金能抵抗单一酸的侵蚀，但能被王水溶解。这种混合酸能与金反应生成四氯合金酸根离子($AuCl_4^-$)。金也能溶于碱性氰化物溶液，这是其开采和电镀的原理。能够溶解银的硝酸不能溶解金，这些性质是黄金精炼技术的基础，也是用硝酸鉴别物品中是否含有金的原理，这一方法是英语谚语"acid test"的语源，意指用"测试黄金的标准"来测试目标物是否名副其实。

思考题

2-9　用什么方法可以溶解金并鉴别物品中是否含有金？哪种试剂可以溶解银而无法溶解金？

2.4　铜族元素的重要化合物

2.4.1　铜的重要化合物

1. 零价铜 Cu(0)

这里的零价铜(zero-valent copper)非金属块体铜，它具有一定的比表面积和还原能力，零氧化态的 $Cu(CO)_2$ 可通过气相反应再用基质隔离方法检测到[47-48]。

近年来，有关零价铜的应用报道层出不穷，主要集中在零价铜调控的自由基聚合、超声强化的零价铜活化过硫酸盐、分子氧等形成高级氧化体系以及合成基于零价铜的金属纳米团簇等方面。

1) 零价铜调控的自由基聚合机理

零价铜调控的可控自由基聚合可以分为四个基本过程(图 2-20)：①体系中原

位生成或最初提供的 Cu(Ⅰ)X/L 配合物的歧化分解，生成反应活性更高的 Cu(Ⅱ)X$_2$/L 配合物和零价铜[Cu(0)]；②通过一个异种的单电子转移过程对引发剂或聚合物休眠链(P$_n$X)进行活化，其中零价铜[Cu(0)]作为电子的给体，引发剂 RX 或聚合物休眠链(P$_n$X)作为电子的受体；③Cu(Ⅱ)X$_2$/L 导致的大分子增长自由基失活；④自由基链的增长。

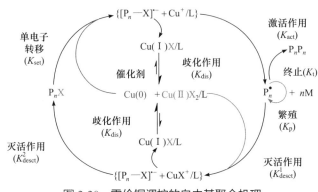

图 2-20　零价铜调控的自由基聚合机理

2) Cu(0)粉或铜丝作催化剂的机理

Cu(0)粉或铜丝作催化剂时，即使加入量再大也不会使反应体系变色。这主要可以归结于以下四个因素：①反应中 Cu(0)作为活性物种，而不是 CuX；②歧化分解产生的 Cu(0)不能参与聚集活化，不会污染反应混合物；③在活化过程中，只需少量的催化剂 Cu(0)，原位产生的少量 Cu(Ⅰ)X 也已通过歧化分解为 Cu(0)而消耗掉了；④Cu(Ⅱ)X$_2$是由歧化分解产生的，因此不会存在过量的、导致反应液变绿的二价铜盐。Cu(0)调控的自由基聚合为合成无色、无金属残留的聚合物提供了一条更经济有效的途径[49]。

3) 纳米零价铜的强催化作用机理

纳米零价铜(nanoscale zero-valent copper，nZVC)由于比表面积大、活性位点多、环境污染小、无毒无害和回收方便等诸多优点，被广泛应用于催化各种类型的氧化反应，包括过氧化氢、过一硫酸盐、过二硫酸盐等[50-51](图 2-21)。与传统的芬顿系统(高级氧化体系)相比，nZVC-类芬顿系统能缓慢地向水中释放活化氧化剂的中间物质 Cu(Ⅰ)，这样既能提高 Cu(Ⅰ)的利用效率，又能避免添加铜盐引入阴离子对反应系统产生影响。同时，Cu(Ⅰ)/Cu(Ⅱ)转化过程中产生的·O$_2^-$又能促进 Cu(Ⅱ)还原成 Cu(Ⅰ)，从而间接提高催化效果。

其中，Cu$^+$是活化过硫酸钠的主要活性物种。在反应过程中由 Cu$^+$氧化产生的 Cu^{2+}不断被 Cu^{0}和·O$_2^-$还原为 Cu$^+$，而 Cu$^+$/Cu^{2+}的动态平衡则是体系源源不断产生

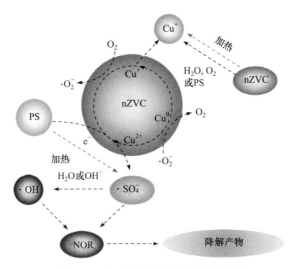

图 2-21 零价铜活化过硫酸钠的机理

活性自由基的根本原因。自由基猝灭实验结果表明 $\cdot SO_4^-$ 和 $\cdot OH$ 是 nZVC 类高级氧化体系中的主要活性自由基。nZVC 活化抗坏血酸是基于 nZVC 所释放的 Cu^+ 能够与抗坏血酸发生一系列反应生成 H_2O_2，H_2O_2 与 Cu^+ 发生类芬顿反应进一步产生 $\cdot OH$[52](图 2-22)。

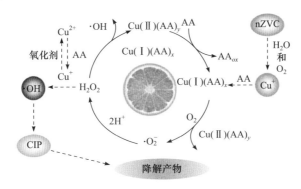

图 2-22 零价铜活化抗坏血酸产生自由基的机理

4) 有关纳米零价铜应用的典型报道

负载在滤纸-壳聚糖-二氧化钛异质载体上的零价铜纳米粒子可催化染料脱色。该催化剂具有良好的脱色效果，能够适应不同类型染料的脱色，并且催化剂可以方便地从反应介质中提取、洗涤和重复使用，在五次循环使用后催化效率还能保持在 90%以上[53]；采用膨润土负载的零价铜制备非均相类芬顿试剂被用于降解羟丙基瓜尔胶。由于零价铜的活性中心分散性很好，材料的催化效率很高，同时在使用过程中具有良好的稳定性，催化剂回收后再使用时其催化性能几乎不影响[54]；采用超声辅助合成的两性零价铜纳米粒子被用于降解 5-氟尿嘧啶和洛伐他汀药物。其中羟基(—OH)将 Cu^{2+} 还原为 $Cu(0)$，而氧化多酚中的羰基则有助于包覆和稳定 $Cu(0)$纳米粒子。在超声波作用下，由 $Cu(0)$持续释放 Cu^+通过产生·OH 和 O^{2-}促进降解，5-氟尿嘧啶和洛伐他汀的降解率可分别达到 91.3%和 93.2%[55]。另外，人们还考察了纳米零价铜对恩诺沙星的氧化降解及去除效果和机理[56]；有人提出了纳米零价铜活化分子氧降解水中恩诺沙星的机制，活化分子氧产生的 H_2O_2 和表面腐蚀产生的 Cu^+构成了新型类芬顿体系，持续释放的羟基自由基是高效去除水中恩诺沙星的主要活性物种；同时，反应过程中产生的超氧自由基能够促进 Cu^{2+}还原成 Cu^+，从而加速恩诺沙星的去除[57]。以铜基 MOF (HKUST-1，$[Cu_3(BTC)]_2$，BTC 为 1,3,5-苯三甲酸)为模板，利用一步碳化法制备的负载零价铜的纳米多孔碳材料 NPC@Cu 被用于活化过一硫酸氢钾(PMS)，在常温常压下异相催化氧化偶氮染料脱色降解。通过自由基捕捉实验可证明体系中存在·SO_4^- 和·OH 两种自由基，表明 NPC@Cu 是一种性能良好的催化材料[58]；纳米零价铜负载在阳离子交换树脂上可用于去除水中 $Cr(Ⅵ)$，在最佳反应条件下，$Cr(Ⅵ)$的去除率可达 90%[59]。

值得一提的是，东华大学刘艳彪教授团队与澳大利亚阿德莱德大学段晓光博士在环境领域著名期刊 *Water Research* 上合作报道了一种基于纳米零价铜改性碳纳米管的复合电活性薄膜可高效活化过一硫酸盐，构建了对有机污染物超快氧化的电催化系统。机理研究表明羰基和碳纳米管的亲电子氧分别作为电子供体和电子受体活化过一硫酸盐，通过单电子传递生成·OH 和 $^1O_2$。缺电子的铜原子易于通过表面羟基与过一硫酸盐反应生成活性中间体 Cu^{2+}-O-O-SO_3^-，然后通过破坏亚稳态中间体的配位键生成 $^1O_2$[60]。

2. 一价铜 Cu(Ⅰ)

1) 氧化物

含有酒石酸钾的硫酸钠碱性溶液或碱性铜酸盐 $Na_2Cu(OH)_4$ 溶液用葡萄糖还原，都可以得到红色的 Cu_2O：

$$2[Cu(OH)_4]^{2-} + CH_2OH(CHOH)_4CHO = Cu_2O\downarrow + 4OH^- +$$

$$CH_2OH(CHOH)_4COOH + 2H_2O$$

分析化学上利用这个反应测定醛，医学上用这个反应检查糖尿病。由于制备方法和条件的不同，Cu_2O 晶粒大小各异，呈现多种颜色，如黄、橘黄、鲜红或深棕。

Cu₂O 溶于稀硫酸，立即发生歧化反应：

$$Cu_2O + H_2SO_4 = Cu_2SO_4 + H_2O$$

$$Cu_2SO_4 = CuSO_4 + Cu$$

Cu₂O 对热十分稳定，在 1508 K 时熔化而不分解。Cu₂O 不溶于水，具有半导体性质，常用 Cu₂O 和 Cu 制成整流器。在制造玻璃和陶瓷时，Cu₂O 用作红色颜料。

Cu₂O 溶于氨水和氢卤酸，分别形成稳定的无色配合物[Cu(NH₃)₂]⁺和[CuX₂]⁻，[Cu(NH₃)₂]⁺很快被空气中的氧气氧化成蓝色的[Cu(NH₃)₄]²⁺，利用这个反应可以除去气体中的氧：

$$Cu_2O + 4NH_3 \cdot H_2O = 2[Cu(NH_3)_2]^+ + 2OH^- + 3H_2O$$

$$2[Cu(NH_3)_2]^+ + 4NH_3 \cdot H_2O + 1/2O_2 = 2[Cu(NH_3)_4]^{2+} + 2OH^- + 3H_2O$$

合成氨工业常用乙酸二氨合铜(Ⅰ)[Cu(NH₃)₂]Ac 溶液吸收对氨合成的催化剂有毒害的 CO 气体：

$$[Cu(NH_3)_2]Ac + CO + NH_3 = [Cu(NH_3)_3]Ac \cdot CO$$

这是一个放热和体积减小的反应，降温、加压有利于吸收 CO。吸收 CO 后的乙酸三氨合铜液经减压和加热，又能将气体放出而再生，继续循环使用：

$$[Cu(NH_3)_3]Ac \cdot CO = [Cu(NH_3)_2]Ac + CO + NH_3$$

2) 卤化物

CuX(CuF 除外)都是不溶于水的白色固体，溶解度按 CuCl、CuBr、CuI 的顺序降低。CuX 可由其配位酸的水解制取。例如：

$$2Cu + 8HCl(浓) = 2H_3[CuCl_4] + H_2\uparrow$$

$$H_3[CuCl_4] \xrightarrow{H_2O} 3HCl + CuCl\downarrow$$

向硫酸铜溶液中逐滴加入 KI 溶液，可以看到生成白色的碘化亚铜沉淀和棕色的碘：

$$2Cu^{2+} + 4I^- = 2CuI\downarrow + I_2$$

由于 CuI 是沉淀，所以在碘离子存在时，Cu²⁺的氧化性大大增强，这时有下列半电池反应：

$$Cu^{2+} + I^- + e^- = CuI\downarrow \qquad \varphi^\ominus = 0.86 \text{ V}$$

$$I_2 + 2e^- = 2I^- \qquad \varphi^\ominus = 0.536 \text{ V}$$

所以 Cu²⁺能氧化 I⁻。这个反应能迅速定量进行，反应析出的碘可以用标准硫代硫酸钠溶液滴定，分析化学常用此方法测定 Cu²⁺含量。在含有 CuSO₄ 及 KI 的热溶

液中通入 SO_2，由于溶液中棕色的碘与 SO_2 反应而褪色，白色 CuI 沉淀就观察得更清楚，其反应式为

$$2Cu^{2+} + 4I^- \Longrightarrow 2CuI\downarrow + I_2$$

$$I_2 + SO_2 + 2H_2O \Longrightarrow H_2SO_4 + 2HI$$

$CuCl_2$ 或 $CuBr_2$ 的热溶液与各种还原剂如 SO_2、$SnCl_2$ 等反应可以得到白色的 CuCl 或 CuBr 沉淀:

$$2CuCl_2 + SO_2 + 2H_2O \Longrightarrow 2CuCl\downarrow + H_2SO_4 + 2HCl$$

在热的浓盐酸中，用 Cu 将 $CuCl_2$ 还原，也可以制得 CuCl:

$$Cu + CuCl_2 \Longrightarrow 2CuCl\downarrow$$

因难溶的氯化亚铜附着在铜的表面，反应很快就停止了。为使反应得以继续进行，加入浓盐酸使 CuCl 溶解形成$[CuCl_2]^-$、$[CuCl_3]^{2-}$ 及$[CuCl_4]^{3-}$等配离子，可使反应进行得相当完全。然后加水稀释，降低 Cl^-浓度，$[CuCl_2]^-$等配离子被破坏，重新生成大量的 CuCl 沉淀。

将涂有 CuI 的纸条悬挂在实验室中，可以根据其颜色的变化测定空气中汞的含量:

$$4CuI + Hg \Longrightarrow Cu_2HgI_4 + 2Cu$$

若在 288 K 经过 3 h 白色 CuI 不变色,说明空气中的汞低于允许含量$(0.1\,mg \cdot m^{-3})$;若在 3 h 内变为亮黄色至暗红色,说明空气中的汞已超过允许含量。

CuCl 的盐酸溶液也能吸收 CO，形成氯化羰基铜(I): $Cu(CO)Cl \cdot H_2O$。若有过量 CuCl 存在，该溶液对 CO 的吸收几乎是定量的，因此这个反应可用以测定气体混合物中 CO 的含量。

3) 硫化物

硫化亚铜是难溶的黑色物质，$K_{sp} = 2 \times 10^{-47}$，它可由过量的铜和硫加热制得:

$$2Cu + S \Longrightarrow Cu_2S$$

在硫酸铜溶液中加入硫代硫酸钠溶液共热，也能生成 Cu_2S 沉淀，分析化学中常利用此反应除去铜:

$$2Cu^{2+} + 2S_2O_3^{2-} + 2H_2O \Longrightarrow Cu_2S + S + 2SO_4^{2-} + 4H^+$$

硫化亚铜能溶于热的浓硝酸或氰化钠溶液中:

$$3Cu_2S + 16HNO_3(\text{浓}) \xrightarrow{\triangle} 6Cu(NO_3)_2 + 3S\downarrow + 4NO\uparrow + 8H_2O$$

$$Cu_2S + 4CN^- === 2[Cu(CN)_2]^- + S^{2-}$$

4) 配位化合物

Cu(I)能与 X^-(除 F^- 外)、NH_3、CN^- 等配体形成配位数为 2、3、4 的配合物。Cu^+ 为 d^{10} 构型，具有空的外层 ns、np 轨道，能量相近的轨道有利于形成杂化轨道。配位数为 2 的配离子如 $[CuCl_2]^-$，用 sp 杂化轨道成键，几何构型为直线形；配位数为 4 的配离子如 $[Cu(CN)_4]^{3-}$，用 sp^3 杂化轨道成键，几何构型为四面体形。

配合物的形成以及难溶物的生成为稳定水溶液中铜的 +1 氧化态提供了一种方法。

Cu(I)离子常与含有大环或长链的单齿、双齿或多齿配体配位形成能够产生荧光的配合物，其荧光发射大多来自于金属到配体的电荷转移跃迁或共轭配体的 π→π* 单重激发态跃迁。大多数配合物中 Cu(I)采取 3 配位或 4 配位的方式，形成平面三角形或扭曲的四面体构型。当配体的空间位阻较大时，形成直线形的 2 配位化合物。一价铜配合物在 LED 灯、化学传感器、染料敏化太阳能电池等方面有巨大的应用前景，但其不稳定性及溶解性较差等缺点是制约因素。

(1) Cu(I)膦配合物。膦配体的电子及空间立体效应随着磷原子上取代基和骨架长度的改变而变化，膦配体如三苯基膦(PPh_3)、三甲基膦(PMe_3)、双(二苯基膦)甲烷(dppm)、双(二苯基膦)乙烷(dppe)等(图 2-23)，常被用来稳定许多低氧化态的金属离子。

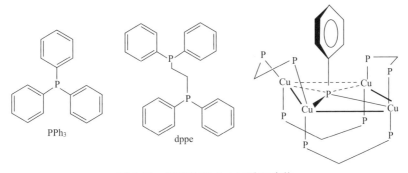

图 2-23　膦配体及 Cu(I)膦配合物

(2) Cu(I)氮配合物。吡啶、邻菲咯啉等含氮配体易与 Cu(I)结合形成配合物。但由于易受到溶剂分子进攻而发生猝灭，配合物的发光效率较低，可通过引入取代基抑制激发态的猝灭。例如，在邻菲咯啉配体 2,9-位引入烷基、芳香基等取代基后，配合物能在溶液中显示较好的发光(图 2-24)[61]。

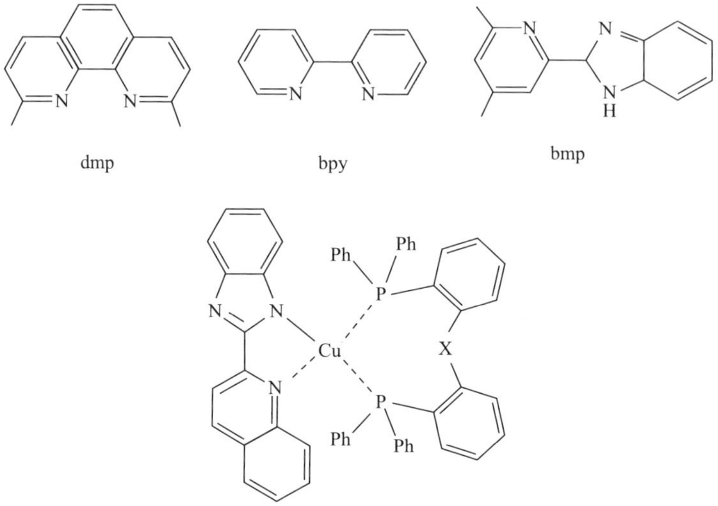

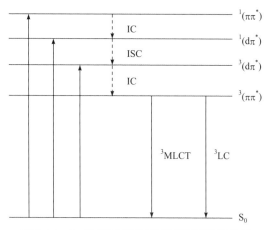

图 2-24　Cu(Ⅰ)的氮配体及氮配合物

　　一价铜配合物的发光机理如图 2-25 所示。分子中的电子占据的前线轨道由金属的最高占据分子轨道(highest occupied molecular orbit，HOMO)和配体的 HOMO-1 组成，电子受到光激发后跃迁到配体的 π* 空轨道和金属的 d* 空轨道，此时的电子不稳定，需要通过内转换和系间穿越(inter-system crossing，ISC)的形式释放出一部分能量，达到相对稳定的最低激发态，并以辐射跃迁的形式回到基态。

图 2-25　Cu(Ⅰ)配合物电荷转移跃迁发光机理

　　因此，一价铜配合物容易发生磷光发射。其发射磷光的具体过程是 Cu(Ⅰ)的 d 轨道分裂形成与配体能量相近的轨道组合成分子轨道，电荷在 Cu(Ⅰ)和配体之间转移。该过程中，铜的强自旋轨道耦合效应使三线态激发电子的对称性受到破坏，加快了三线态激发电子的衰减速率。同时，导致激发态衰减时间延长，使系间穿越效率提高，最终实现 Cu(Ⅰ)配合物高效发射磷光。

一些 Cu(Ⅰ)配合物具有较小的单重态-三重态分裂能级，使得这些配合物能发生最低激发单重态(S1)或者激发三重态(T1)到基态的跃迁。最低激发单重态的能量略高于三重态,配合物分子可以在热激发的情况下通过反系间穿越(RISC)利用单重态激发电子产生荧光，即热激活延迟荧光(thermally activated delayed fluorescence，TADF)(图 2-26)。

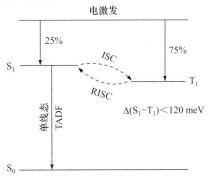

图 2-26　热激活延迟荧光发光示意图

此外，Cu$_2$O 还具有光催化的性能。Cu$_2$O 是一种典型的 p 型窄带隙半导体，同时也是直接带隙半导体。Cu$_2$O 的晶体结构为 Cu 原子和 O 原子组成的正三棱锥交替连接的类金刚石结构，Cu 的 3d 轨道和 O 的 2p 轨道杂化，以及晶体结构内部的 Cu^{2+}缺陷，大大提高了空穴的导通性，因此具有良好的光催化性能，其带隙为 2.17 eV，吸收上限可达到 570 nm，能有效地吸收太阳能可见光部分的能量。Cu$_2$O 作为光催化剂具有价格低廉、无毒、制备方法简单和能带带隙可调等优点，因此在光催化及太阳能电池等太阳光转换技术方面都有较好的应用前景[62]。

3. 二价铜 Cu(Ⅱ)

1) 氧化铜和氢氧化铜

将铜在氧气或空气中长时间加热或将氢氧化铜热分解均可制得黑色的氧化铜：

$$Cu(OH)_2 \xrightarrow{353 \sim 363 \text{ K}} CuO \downarrow + H_2O$$

在硫酸铜溶液中加入强碱，生成淡蓝色的絮状氢氧化铜沉淀，继续加入强碱，沉淀溶解生成蓝色[Cu(OH)$_4$]$^{2-}$：

$$Cu^{2+} + 2OH^- == Cu(OH)_2\downarrow$$

$$Cu(OH)_2 + 2NaOH == Na_2[Cu(OH)_4]$$

这说明 Cu(OH)$_2$ 显两性，由于其酸性较弱，需加浓的强碱才能使其溶解生成四羟基合铜(Ⅱ)酸钠。

氢氧化铜(Ⅱ)的热稳定性比碱金属氢氧化物差得多。

CuO 是碱性氧化物，加热时易被氢气、C、CO、NH$_3$ 等还原为铜：

$$3CuO + 2NH_3 == 3Cu + 3H_2O + N_2$$

CuO 对热稳定，只有超过 1273 K 时才会发生明显的分解作用：

$$4CuO \xrightarrow{1273\,K} 2Cu_2O + O_2$$

上述反应说明高温时 Cu(Ⅰ)比 Cu(Ⅱ)稳定。CuO 在高温时可作有机物的氧化剂，使气态有机物氧化成 CO_2 和 H_2O。

向硫酸铜溶液中加入少量氨水，得到的不是氢氧化铜，而是浅蓝色的碱式硫酸铜沉淀：

$$2CuSO_4 + 2NH_3 \cdot H_2O = (NH_4)_2SO_4 + Cu_2(OH)_2SO_4\downarrow$$

若继续加入氨水，碱式硫酸铜沉淀溶解，得到深蓝色的四氨合铜配离子：

$$Cu_2(OH)_2SO_4 + 8NH_3 = 2[Cu(NH_3)_4]^{2+} + SO_4^{2-} + 2OH^-$$

这个铜氨溶液具有溶解纤维的性能，在溶解所得的纤维溶液中加酸时，纤维又可沉淀析出。工业上利用这种性质制造人造丝。先将棉纤维溶于铜氨液中，然后从很细的喷丝嘴中将溶解了棉纤维的铜氨溶液喷注于稀酸中，纤维素会以细长而具有蚕丝光泽的细丝从稀酸中沉淀出来。

2) 卤化铜

除碘化铜(Ⅱ)不存在外，其他卤化铜都可借氧化铜和氢卤酸反应制备。例如：

$$CuO + 2HCl = CuCl_2 + H_2O$$

卤化铜随卤素阴离子变形性增大，颜色加深。$CuCl_2$ 在很浓的溶液中显黄色，在浓溶液中显绿色，在稀溶液中显蓝色。溶液显黄色是由于 $[CuCl_4]^{2-}$ 配离子的存在，而蓝色是由于 $[Cu(H_2O)_6]^{2+}$ 配离子的存在，$[CuCl_4]^{2-}$ 配离子和 $[Cu(H_2O)_6]^{2+}$ 配离子并存时溶液显绿色。$CuCl_2$ 在空气中潮解，它不但易溶于水，而且易溶于乙醇和丙酮。$CuCl_2$ 与碱金属氯化物反应，生成 $M^I[CuCl_3]$ 或 $M_2^I[CuCl_4]$ 型配合物，与盐酸反应生成 $H_2[CuCl_4]$ 配位酸，由于 Cu^{2+} 与卤素配离子形成的配合物不够稳定，这类配合物只能在过量卤离子存在时形成。

$CuCl_2 \cdot 2H_2O$ 受热时按下式分解：

$$2CuCl_2 \cdot 2H_2O \overset{\triangle}{=\!=} Cu(OH)_2 \cdot CuCl_2 + 2HCl$$

所以制备无水 $CuCl_2$ 时，要在 HCl 气流中将 $CuCl_2 \cdot 2H_2O$ 加热到 413～423 K 的条件下进行。无水 $CuCl_2$ 进一步受热，则按下式进行分解：

$$2CuCl_2 \overset{\triangle}{=\!=} 2CuCl + Cl_2\uparrow$$

X 射线测定表明 $CuCl_2$ 是共价化合物，结构为链状。

3) 硫酸铜

五水硫酸铜俗名胆矾或蓝矾,是蓝色斜方晶体。它是用热的浓硫酸溶解铜屑,或在氧气存在时用热的稀硫酸与铜屑反应而制得:

$$Cu + 2H_2SO_4(浓) == CuSO_4 + SO_2 + 2H_2O$$

$$2Cu + 2H_2SO_4(稀) + O_2 == 2CuSO_4 + 2H_2O$$

氧化铜与稀硫酸反应,经蒸发浓缩也可得到五水硫酸铜。硫酸铜晶体在不同温度下可以发生下列变化:

$$CuSO_4 \cdot 5H_2O \xrightarrow{375\ K} CuSO_4 \cdot 3H_2O \xrightarrow{386\ K}$$

$$CuSO_4 \cdot H_2O \xrightarrow{531\ K} CuSO_4 \xrightarrow{923\ K} CuO$$

可见在五水硫酸铜中各个水分子的结合位点不尽相同。其中四个水分子以平面四边形配位在 Cu^{2+} 的周围,第五个水分子以氢键与硫酸根结合,SO_4^{2-} 在平面四边形的上和下,形成一个不规则的八面体。

无水硫酸铜为白色粉末,不溶于乙醇和乙醚,其吸水性很强,吸水后显出特征的蓝色。可利用这一性质检验乙醇、乙醚等有机溶剂中的微量水分。也可以将无水硫酸铜用作干燥剂从这些有机物中除去少许水分。

硫酸铜是制备其他含铜化合物的重要原料。在工业上用于镀铜和制颜料;在农业上同石灰乳混合得到波尔多液,通常的配方是 $CuSO_4 \cdot 5H_2O:CaO:H_2O$ 为 $1:1:100$。

水合碱式碳酸铜 $CuCO_3 \cdot Cu(OH)_2$ 称为孔雀石,这种亮绿色的矿石有悠久的使用历史。根据古埃及人墓穴壁画的描绘,它可用作颜料和化妆品。孔雀石还具有抗菌功效,它对能引起皮肤病的葡萄球菌具有很好的抗菌作用。

4) 硝酸铜

硝酸铜的水合物有 $Cu(NO_3)_2 \cdot 3H_2O$、$Cu(NO_3)_2 \cdot 6H_2O$ 和 $Cu(NO_3)_2 \cdot 9H_2O$。将 $Cu(NO_3)_2 \cdot 3H_2O$ 加热到 443 K 时得到 $Cu(NO_3)_2 \cdot Cu(OH)_2$,进一步加热到 473 K 则分解为 CuO。通过脱水来制备无水硝酸铜一直未获得成功,因为水是一种比硝酸根更强的配体,所以水合硝酸盐在加热时失去的是硝酸根而不是水。

制备 $Cu(NO_3)_2$ 时先将铜溶于乙酸乙酯的 N_2O_4 溶液中,从溶液中结晶出 $Cu(NO_3)_2N_2O_4$。将 $Cu(NO_3)_2N_2O_4$ 加热到 363 K,可得到蓝色的 $Cu(NO_3)_2$。$Cu(NO_3)_2$ 在真空中加热到 473 K,升华但不分解。

5) 硫化铜

在硫酸铜溶液中通入 H_2S，有黑色硫化铜沉淀析出；CuS 不溶于水，也不溶于稀酸，但溶于热的稀 HNO_3 中：

$$3CuS + 8HNO_3 === 3Cu(NO_3)_2 + 2NO\uparrow + 3S + 4H_2O$$

CuS 溶于浓的 KCN 溶液中生成 $[Cu(CN)_4]^{3-}$：

$$2CuS + 10CN^- === 2[Cu(CN)_4]^{3-} + (CN)_2 + 2S^{2-}$$

其中，CN^- 既是配位剂，又是还原剂。CN^- 与 $(CN)_2$ 均有剧毒。

6) 配合物

Cu^{2+} 的价层电子构型为 $3s^23p^63d^9$。Cu^{2+} 比 Cu^+ 更容易形成配合物。Cu^{2+} 的配位数为 2、4、6，但配位数为 2 的配合物很少见。

Cu^{2+} 在水溶液中形成蓝色的水合离子 $[Cu(H_2O)_6]^{2+}$。在 $[Cu(H_2O)_6]^{2+}$ 中加入氨水，容易转化成深蓝色的 $[Cu(NH_3)_4(H_2O)_2]^{2+}$，但第五、第六个水分子的取代比较困难。$[Cu(NH_3)_6]^{2+}$ 仅能在液氨中制得。

Cu(Ⅱ)配离子有变形八面体或平面正方形结构。在不规则的八面体中，有四个等长的短键和两个长键，两个长键在八面体相对的两端点。$[Cu(NH_3)_4(H_2O)_2]^{2+}$ 经常用 $[Cu(NH_3)_4]^{2+}$ 来表示四个 NH_3 分子是以短键与 Cu^{2+} 结合，所以这个配离子也可以用平面正方形结构描述，这就是姜-泰勒效应(Jahn-Teller effect，JTE)。

姜-泰勒效应有时也称为姜-泰勒变形，描述基态时有多个简并态的非线性分子的电子云在某些情形下发生的构型形变。分子发生几何构型畸变的目的是降低简并度，从而稳定其中一个状态。姜-泰勒效应主要出现在配合物中。

简并性是指电子占据不同简并轨道却有相同或相近的能量。为了消除简并，八面体配合物会沿着轴向(z 轴)扭曲。这一现象通常发生在有 d 轨道的金属配合物中。金属通过 d 轨道和配体发生相互作用形成含 d 轨道的金属配合物。

八面体配合物中，5 个 d 轨道可以分成两类，d_ε(包括轨道 d_{xy}、d_{zx} 和 d_{xz})和 d_γ(包括轨道 d_{z^2} 和 $d_{x^2-y^2}$)。d_ε 和 d_γ 轨道的能量分别是相同的，即 d_ε 三个轨道的能量是相同的，d_γ 以此类推。其中 d_γ 轨道的能量比 d_ε 轨道的高一些。配体场分裂能 $\varDelta_o$ 用于表征二者具体的能量差。在 $\varDelta_o$ 比电子成对能大的配合物中，电子倾向于成对，电子按能量从低到高的顺序占据 d 轨道。在这样一种低自旋态中，d_ε 轨道被占满之后电子才占据 d_γ 轨道。而在高自旋配合物中，$\varDelta_o$ 比电子成对能小，d_ε 的三个轨道各填充 1 个电子后，第 4 个电子选择填充到 d_γ 轨道。

一般在八面体配合物中，6 个金属-配体键的长度相等。而姜-泰勒效应在奇数个电子占据 d_γ 轨道时最常被观察到。例如，低自旋配合物中金属 d 轨道上的电子为 7 或 9(也就是 d^7 和 d^9)或有一个单 d_γ 电子的高自旋配合物,即 d^4。因此 d^9 构型的 Cu(Ⅱ)配合物常会出现姜-泰勒效应,本应为正八面体构型,但实际上为 z 轴伸长(或缩短)八面体构型,如 $[Cu(NH_3)_6]^{2+}$ 是平面四边形。

Cu^{2+} 还能与卤素、羟基、焦磷酸根离子形成稳定程度不同的配离子。Cu^{2+} 与卤素离子都能形成 $[MX_4]^{2-}$ 型配合物,但它们在水溶液中稳定性较差。

Cu^{2+} 与 CN$^-$ 形成的配合物在常温下是不稳定的。室温时,在铜盐溶液中加入 CN$^-$,得到氰化铜的棕黄色沉淀,此物质不稳定,可分解生成白色 CuCN 并放出氰气:

$$2Cu^{2+} + 4CN^- \Longrightarrow 2CuCN + (CN)_2$$

继续加入过量的 CN$^-$,CuCN 溶解:

$$CuCN + 3CN^- \Longrightarrow [Cu(CN)_4]^{3-}$$

Cu^{2+} 与 N 配体形成的配位化合物:除了与 NH$_3$ 形成简单配合物外,Cu^{2+} 还能与 N 配体,如 en(乙二胺,$H_2N—CH_2—CH_2—NH_2$)及大环酞菁形成平面正方形螯合物。

Cu^{2+} 与 O 配体形成的配位化合物:Cu^{2+} 除形成六水合物以外,还能与乙酸形成一水合乙酸铜 $Cu(CH_3COO)_2 \cdot H_2O$。经测定乙酸铜的一水合物是二聚体,即 $Cu_2(CH_3COO)_4 \cdot 2H_2O$。

Cu^{2+} 与含 O、N 或 S、N 的配体形成的配合物令人们很感兴趣。一方面这类配合物证明了 Cu(Ⅱ)的平面正方形配位方式;另一方面提供了在固态时通过二聚体形成复杂化学键配合物的例子。

4. 三价铜 Cu(Ⅲ)

虽然关于 Cu(Ⅲ)存在的猜想早已被提出,但是真正能证明 Cu(Ⅲ)存在的证据不是很多,而有机三价铜(含有 C—Cu 键)的报道更少,目前为止仅有少数几例关于有机三价铜 Cu(Ⅲ)的文献报道[63-66]。

一些多齿的、给电子性比较强的配体能够有效地稳定三价铜离子。通过采用含氮、氧等杂原子的化合物、环状四肽及其他类似的配体可以制备稳定的三价铜的配合物。在这些三价铜配合物中，铜通常以平面四方形的模式与四个配位原子结合。

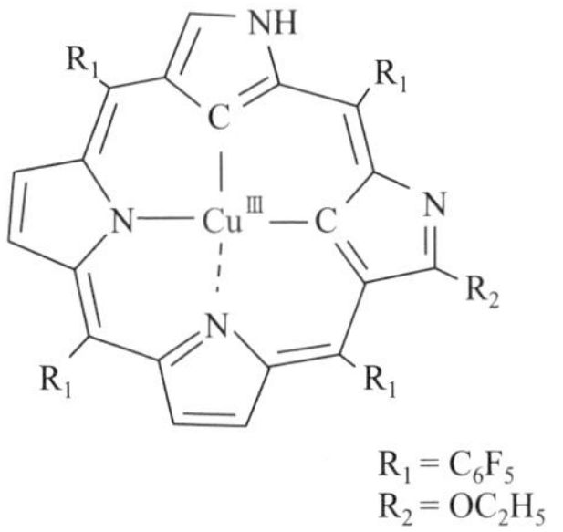

代表性的有机三价铜配合物如图 2-27 所示。利用氮错位的卟啉与无机二价铜盐反应，获得了稳定的吡咯基三价铜，通过电子顺磁共振(electron paramagnetic resonance，EPR)、核磁共振(nuclear magnetic resonance，NMR)、X 射线晶体衍射等检测手段表征了其结构，研究认为平面芳香性的氮错位卟啉大环结构是稳定吡咯基三价铜的主要原因[67]。

$R_1 = C_6F_5$
$R_2 = OC_2H_5$

图 2-27　结构明确的有机三价铜配合物

尽管 Cu^{3+} 与 Ni^{2+} 具有相同的电子构型，但 Cu^{3+} 比 Ni^{2+} 多一个核电荷，三价铜化合物的热力学稳定性较差，迄今发现的三价铜化合物比二价或一价铜化合物以及二价镍化合物要少得多。

对于 $MCuO_2$ 和 MCu_2O_6(M=碱金属)型三价铜化合物，除 $LiCuO_2$ 外，其他的 Cu(Ⅲ)化合物早在 20 世纪 60 年代初已合成出来[68]。Li 元素的碱性较弱，直到 1992 年才报道了 $LiCuO_2$ 的合成[69]。随着碱金属离子半径的增加，上述 Cu(Ⅲ)化合物的稳定性增强。

对于 $MCuO_{2.5}$(M = 碱土金属)型化合物，目前文献报道的仅有 $BaCuO_{2.5}$[70]。合成方法是将 BaO_2 和 CuO 均匀混合，在通氧的条件下，550℃反应 60 h。

固相反应合成 Cu(Ⅲ)化合物的另一途径是采用高氧压。高氧压的作用包括增加氧的活性和利于形成致密结构。以这种方式获得的最为典型的 Cu(Ⅲ)化合物是 $LaCuO_3$[71]。

以 $K_2S_2O_8$ 和 O_3 为氧化剂，在碱性溶液中可以获得 $[Cu(HIO_6)_2]^{5-}$ 和 $[Cu(H_2TeO_6)_2]^{5-}$ 配合物[72]。这些强配位剂提高了 Cu(Ⅲ)配合物的热力学稳定性。一些具有极强螯合性质的有机配体能通过强的共价键与高氧化态的铜配位，采用这个策略人们合成了众多的 Cu(Ⅲ)有机配合物[73]。

氟是电负性最高的元素，吸引电子的能力最强，可以使铜以三价甚至四价的形式出现。阴离子的高电负性、阳离子的强碱性和强的配位剂有利于 Cu(Ⅲ)的稳定性。

除化学氧化法制备 Cu(Ⅲ)化合物外，还可用电化学阳极氧化法制备 Cu(Ⅲ)化合物[74]。

2-10 nZVC-类芬顿试剂相较于传统芬顿体系的优势是什么?

2-11 用哪些方法可以稳定溶液中的 Cu(Ⅰ)?

2-12 五水硫酸铜中 5 个水分子的配位环境是否相同? 用姜-泰勒效应解释 $[Cu(NH_3)_4]^{2+}$ 的平面四边形构型。

2-13 能够稳定 Cu(Ⅲ)的配体具有什么特征?

2.4.2 Cu(Ⅱ)和 Cu(Ⅰ)的相互转化

Cu(Ⅱ)和 Cu(Ⅰ)的化合物各自在一定的条件下稳定存在,也可以在一定条件下相互转化。这种转化基本上是 Cu(Ⅰ)歧化为 Cu 与 Cu(Ⅱ)、Cu(Ⅱ)分解为 Cu(Ⅰ)或被还原剂还原为 Cu(Ⅰ)。

1. Cu(Ⅰ)发生歧化反应转化为 Cu(Ⅱ)

从铜的电势图可以看出:

$$\varphi_A^\ominus/V \quad Cu^{2+} \xrightarrow{0.158} Cu^+ \xrightarrow{0.522} Cu$$

$\varphi_右^\ominus > \varphi_左^\ominus$,说明 Cu^+ 能歧化成 Cu 和 Cu^{2+},而且歧化趋势很大,在 298 K 时歧化反应的平衡常数为

$$K = \frac{[Cu^{2+}]}{[Cu^+]} = 1.4 \times 10^6$$

由于平衡常数 K 较大,溶液中只要有微量的 Cu^+ 存在,Cu^+ 化合物就不稳定,容易发生歧化反应,几乎全部转化为稳定的 Cu^{2+} 和 Cu。例如,将 Cu_2O 溶于稀 H_2SO_4 中,立即发生如下歧化反应:

$$Cu_2O + H_2SO_4 == Cu + CuSO_4 + H_2O$$

从热力学能量变化也可以证明 $2Cu^+(aq) == Cu(s) + Cu^{2+}(aq)$ 发生歧化反应的趋势,查表:

$$\Delta_f G[Cu^+(aq)] = 50.00 \text{ kJ} \cdot \text{mol}^{-1}, \quad \Delta_f G[Cu^{2+}(aq)] = 65.52 \text{ kJ} \cdot \text{mol}^{-1}$$

所以

$$\begin{aligned}
\Delta_r G^\ominus &= \Delta_f G[Cu^{2+}(aq)] - 2\Delta_f G[Cu^+(aq)] \\
&= (65.52 - 2 \times 50.00) \text{ kJ} \cdot \text{mol}^{-1} \\
&= -34.48 \text{ kJ} \cdot \text{mol}^{-1}
\end{aligned}$$

由于 $\Delta_r G^\ominus < 0$,Cu(Ⅰ)在水溶液中能自发地发生歧化反应。只有当 Cu^+ 形成

沉淀或配合物时，溶液中 Cu^+ 浓度减低到非常小，反歧化的电动势升高至 $E>0$，反应才能向反方向进行。例如，铜与氯化铜在热的浓盐酸中形成一价铜的化合物：

$$Cu + CuCl_2 === 2CuCl$$

$$CuCl + HCl === H[CuCl_2]$$

由于生成了配离子 $[CuCl_2]^-$，Cu^+ 浓度大为降低，反应可持续向右进行。Cu^{2+} 与 I^- 反应生成 CuI 沉淀，也促使反应向生成 CuI 的方向进行。在水溶液中，Cu^+ 的化合物除了以不溶解沉淀或以配离子的形式存在外，都是不稳定的。

也可从热力学参数判断 Cu_2O 能否发生如下歧化反应：

$$Cu_2O(s) === CuO(s) + Cu(s) \qquad \Delta_r G^\ominus = +19.2 \text{ kJ} \cdot \text{mol}^{-1}$$

可见 $\Delta_r G^\ominus >0$，但正值较小，表明正逆反应在常温下都不易自发进行，即常温下固态 Cu_2O 是稳定的，不发生歧化反应。

2. Cu(Ⅱ)热分解或被还原剂还原转化成 Cu(Ⅰ)

CuO 加热超过 1273 K 时即分解转化为 Cu_2O。Cu^{2+} 还可以被还原剂如 SO_2、$SnCl_2$、葡萄糖以及 I^- 等还原成 Cu(Ⅰ)化合物。例如，Cu^{2+} 与 I^- 发生如下反应：

$$2Cu^{2+} + 4I^- === 2CuI\downarrow + I_2$$

由于 CuI 的溶度积较小（$K_{sp} = 1.27 \times 10^{-12}$），溶液中 $[Cu^+]$ 降低，Cu^{2+}/Cu^+ 电对的电极电势升高。假设溶液中 Cu^{2+} 和 I^- 的离子浓度均是 $1 \text{ mol} \cdot \text{mol}^{-1}$，则溶液中 $[Cu^+]$ 为

$$[Cu^+] = \frac{K_{sp}}{[I^-]} = 1.27 \times 10^{-12} \text{mol} \cdot \text{mol}^{-1}$$

根据能斯特方程式，则有

$$\varphi(Cu^{2+}/Cu^+) = \varphi^\ominus(Cu^{2+}/Cu^+) + 0.0592 \lg \frac{[Cu^{2+}]}{[Cu^+]}$$

$$= 0.153 + 0.0592 \lg \frac{1}{1.27 \times 10^{-12}}$$

计算结果表明，由于 CuI 沉淀的生成，电对 Cu^{2+}/Cu^+ 的电极电势由 0.153 V 上升至 0.86V。此电极电势即为 Cu^{2+}/CuI 电对的标准电极电势。由于此电极电势大于 $\varphi^\ominus (I_2/I^-) = 0.535$ V，因此反应能自发正向进行。

Cu(Ⅱ)离子可将金属 Pd 氧化为 Pd^{2+}：

$$Pd(s) + 2CuCl_2(aq) + 2Cl^-(aq) === [PdCl_4]^{2-}(aq) + 2CuCl(aq)$$

$[PdCl_4]^{2-}$ 是由乙烯生产乙醛的均相催化剂，催化过程中本身转化为金属钯。上述氧化反应使 Pd 可返回体系循环使用。

可见，在 Cu^{2+} 溶液中，若能生成 Cu(I)的难溶物如 Cu_2O、CuI 等，或稳定配离子如$[Cu(CN)_4]^{3-}$而使$[Cu^+]$减小，则 Cu(I)化合物就能稳定存在。生成难溶物的溶度积越小，或 Cu(I)配合物的稳定常数越大，所生成的 Cu(I)化合物越稳定，Cu(II)也越容易转化为 Cu(I)化合物。

研究无机化学的物理方法介绍

热分析技术简介

热分析技术(thermal analysis technique)是研究物质的物理过程与化学反应的一类重要的实验技术[75-80]，主要通过精确测定物质的宏观性质如质量、热量、体积等随温度变化的关系来研究性质的连续变化过程。它是建立在物质的平衡态和非平衡态热力学，以及不可逆过程热力学和动力学理论基础上的。热分析技术不仅可以广泛用于研究物质的各种转变(如玻璃化转变、固相转变等)和反应(如氧化、分解、还原、交联、成环等反应)，还可用于确定物质的成分，判断物质的种类，测量与温度相关的热膨胀系数、比热容、热扩散系数等热物性参数[81-88]。迄今，热分析方法已在物理、化学、化工、冶金、地质、建材、燃料、轻纺、食品、生物等领域得到广泛应用[89]。

一、热分析技术的基本概念

(一) 热分析技术的定义

国际热分析及量热学联合会(International Confederation for Thermal Analysis and Calorimetry，ICTAC)1991 年对热分析技术的定义为：热分析技术是在程序控温和一定气氛下，监测样品的某种物理性质与温度和时间关系的一类实验技术[90]。我国于 2008 年 5 月发布并于 2008 年 11 月开始实施的国家标准《热分析术语》(GB/T 6425—2008)[91]中，也对热分析技术做了如下定义：热分析是在程序控温(和一定气氛)下，测量物质的某种物理性质与温度或时间关系的一类技术。

(二) 热分析技术的分类

ICTAC 根据所测定的物理性质，将传统热分析技术划分为 9 类 17 种(表 2-4)。在实际应用中，为了准确地判断物质在实验过程中发生的结构与成分的变化，可以使用多种仪器联用(表 2-5)，以便尽可能多地获得在相同的实验条件下与材料特性相关的信息，进行综合分析与判断。中国科学技术大学分析测试中心的热分析测试室是值得参观学习的(图 2-28)。

表 2-4　传统热分析技术的分类

物理性质	分析技术名词	简称	物理性质	分析技术名词	简称
质量	热重法	TG	焓	差示扫描量热法	DSC
	等压质量变化测定		尺寸	热膨胀法	DIL
	逸出气体检测	EGD	力学特性	热机械分析	TMA
	逸出气体分析	EGA		动态热机械分析	DMA
	放射热分析		声学特性	热发声法	
	热微粒分析			热声学法	
温度	加热曲线测定	DTA	光学特性	热光学法	
	差热分析		电学特性	热电学法	
			磁学特性	热磁学法	

表 2-5　常用的热分析联用方法

	联用方法	简称	备注
联用技术	热重-差热分析法	TG-DTA	TG-DTA 和 TG-DSC 都可称为同步热分析法，简称 STA
	热重-差示扫描量热法	TG-DSC	
	差热分析-热机械分析法	DTA-TMA	
	热重-差热分析-热机械分析法	TG-DTA-TMA	
	差热分析-X 射线衍射联用法	DTA-XRD	
	差热分析-热膨胀联用法	DTA-DIL	
	显微差示扫描量热法	OM-DSC	差示扫描量热仪和光学显微镜联用仪，用于物质的结构形态研究
	光照差示扫描量热法	photo-DSC	也称光量热计
	差示扫描量热-红外光谱联用法	DSC-IR	
	差示扫描量热-拉曼光谱联用法	DSC-Raman	
	动态热机械-介电分析联用法	DMA-DEA	由动态热机械分析仪和介电分析仪两个主要部分组成，并由相应的配件和软件连接

续表

联用方法		简称	备注
串接联用法	热重/质谱联用法	TG/MS	
	同步热分析/质谱联用法①	STA/MS	
	热重/红外光谱联用法	TG/IR	
	同步热分析/红外光谱联用法	STA/IR	
	热重/红外光谱/质谱联用法	TG/IR/MS	
	同步热分析/红外光谱/质谱联用法①	STA/IR/MS	
间歇联用法②	热重/气相色谱联用法	TG/GC	
	同步热分析/气相色谱联用法	STA/GC	
	热重/气相色谱/质谱联用法	TG/GC/MS	
	同步热分析/气相色谱/质谱联用法	STA/GC/MS	
多级联用法	热重/(红外光谱-质谱联用法)	TG/(IR-MS)	
	同步热分析/(红外光谱-质谱联用法)	STA/(IR-MS)	
	热重/[红外光谱-(气相色谱/质谱联用法)]	TG/[IR-(GC/MS)]	
	同步热分析/[红外光谱-(气相色谱/质谱联用法)]	STA/[IR-(GC/MS)]	

① 由于同步热分析目前以一种独立的仪器形式存在，故 STA 与质谱和红外光谱的联用形式通常归属于串接联用法。

② 间歇联用法可以看作串接联用法的一种，由于其分析对象为某温度或时间下的气体产物，且其分析时间较长，故单独列为一种联用方法。

图 2-28　中国科学技术大学分析测试中心的热分析测试室

(三) 常用热分析仪器的基本构造

商品化热分析仪主要由仪器主机(主要包括程序温度控制系统、炉体、支持器组件、气氛控制系统、物理量检测系统)、仪器辅助设备(主要包括自动进样器、湿度发生器、压力控制装置、光照、冷却装置、压片装置等)、仪器控制和数据采集及处理等部分组成(图 2-29)。不同种类的热分析技术的物理量测定系统之间存在较大的差别。

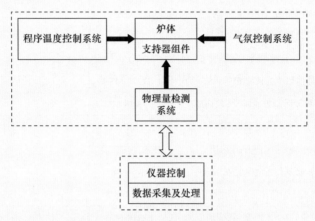

图 2-29　常用热分析仪的结构框图

(四) 热分析技术的特点和局限性

热分析技术发展得非常迅速,已出现许多较好的方法和装置。热分析技术最大的特点是快速、样品量少、操作简单、实验结果有一定可靠性,特别适于生产过程中对产品的监测和控制。

1) 具体特点

(1) 可在较宽的温度范围内对样品进行研究。

当前的热分析技术可以用来测量最低温度为 8 K 的热性质(如比热容、热膨胀系数等)变化。通过一些特殊用途的热分析仪最高可以测量到 2800℃时物质性质的变化,即理论上热分析技术可以用来测量−265～2800℃范围内的热性质的变化。但在实际应用中,热分析仪器的工作温度范围通常为−196(液氮温度)～1600℃。

(2) 可使用各种温度程序(不同的升、降温速率)。

在程序控温下通过热分析技术可以连续测量试样的性质随温度或时间变化的曲线。可以预先设定温度(程序温度)或样品控制温度的任何温度随时间的变化关系。其中,样品控制温度是指利用来自样品的反馈信号控制样品所承受的温度。温度变化过程可通过仪器的控制软件实时记录。

(3) 对样品的物理状态无特殊要求。

对于大多数固态和液态的物质而言,可以根据实验需要不做或稍做处理即可进行热分析实验。随着技术的发展,热分析实验所需要的样品量越来越少。例如,与早期的仪器相比，目前的热重仪可以用来检测质量仅为 0.1 mg 的样品随温度变化而发生的质量变化，甚至几十纳克的样品也可以用来进行量热实验[92-93]。而微量差示扫描的量热实验可用来测定质量体积浓度为 1×10^{-5} g·mL^{-1} 的溶液中的相转变行为[94-97]。

(4) 仪器灵敏度高。

灵敏度与仪器的待测量的测量范围一般呈负相关的关系。灵敏度越高，其量程越窄，反之亦然。应根据研究目的选择具有合适灵敏度的仪器进行实验。

(5) 可连续记录待测物理量的变化。

与其他光学、电学等分析方法测量材料的热性质不同，由热分析技术可得到试样的物理性质(如质量、热流、尺寸等)随温度(或时间)的连续变化曲线。由实验得到的曲线可以更加真实地反映试样的物理性质随温度(或时间)的连续变化。传统的不同温度下等温测量的间歇式实验方法则容易遗漏在温度变化过程中材料性质变化的一些重要信息。

(6) 可以灵活选择和改变实验气氛。

对于大多数物质的热分析实验而言，与试样相接触的气氛十分重要。通过热分析技术可以比较方便地研究试样在不同实验气氛下材料的反应随温度或时间的变化。气氛一般可以分为静态气氛和动态气氛两种。

(7) 可方便提供反应物转变或分解动力学的数据。

在热分析技术中，可通过改变加热/降温速率测量材料的物理性质随温度或时间的变化，由相应的动力学模型得到相应的动力学参数(如指前因子 A、活化能 E_a、反应级数或机理函数)[98]。

2) 局限性

(1) 方法缺乏特异性。

由热分析技术得到的实验曲线一般不具有特异性，这给性质相似的试样的分析带来了不便。例如，常出现重叠峰或两个相反的过程不对称的"肩峰"现象。

(2) 影响因素众多。

热分析实验受到实验条件(主要包括温度程序、实验气氛、制样等)、仪器结构等的影响，由此得到的曲线之间的差异也很大。

(3) 曲线解析复杂。

由于热分析曲线复杂，图谱的解析比较困难，应充分考虑上述影响因素，才能对所得到的曲线进行合理解析。

(4) 仪器本身构造缺陷。

对于类似 DSC 的量热仪器，其本身关于量热部分的设计还存在局限性。例如，其热电传导只有一根(图 2-30),不像微热量计有几百对热电偶集成[99],直接严重影响热量的收集,造成较大的误差;同时仪器的升温速率不可能慢至微热量计的升温速率 $0.5℃ \cdot h^{-1}$,产生的滞后现象使误差加大。

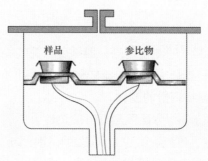

图 2-30　DSC 样品池/参比池热量的收集系统

二、基本热分析技术及其应用

(一) 热重-微商热重法

1) 原理

热重法(thermogravimetry,TG)是在程序控温下,测量物质的质量随温度(或时间)的变化。检测质量变化最常用的办法是利用热天平(图 2-31),测量原理有两种:变位法和零位法。变位法是根据天平梁倾斜度与质量变化成比例的关系,用差动变压器检测倾斜度,并自动记录。零位法是采用差动变压器法、光学法测定天平梁的倾斜度,然后调整安装在天平系统和磁场中线圈的电流,通过线圈转动恢复天平梁的倾斜度。由于线圈转动所施加的力与质量变化成比例,该力又与线圈中的电流成比例,因此只需测量并记录电流的变化,便可得到质量变化的曲线。

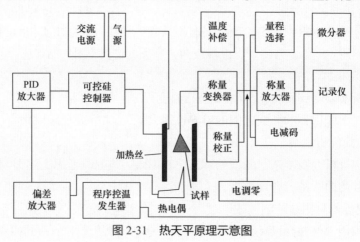

图 2-31　热天平原理示意图

热重法的数学表达式为

$$m = f(T)$$

典型的 TG 曲线如图 2-32 所示，质量 m 为纵坐标，温度 T 为横坐标，T 表示起始温度，T′ 表示终止温度，两者之差表示反应区间。曲线中 ab 和 cd 部分质量基本保持不变，称为平台，bc 部分称为台阶。对 TG 曲线进行一次微分，就能得到微商热重(derivative thermogravimetry，DTG)曲线(图 2-33)。它反映的是试样质量变化率与温度或时间的关系。DTG 曲线峰与 TG 曲线质量变化台阶是一一对应的。DTG 峰面积与样品质量损失成正比，由 DTG 峰面积可求出质量损失量。微商热重法的数学表达式为

$$dm / dt = f(T)$$

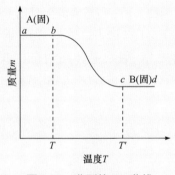

图 2-32 典型的 TG 曲线

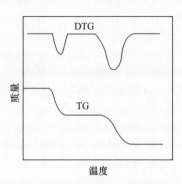

图 2-33 典型的 TG-DTG 曲线

2) TG-DTG 曲线提供的信息

只要被检测物质受热时发生质量变化，就可根据 TG-DTG 曲线获得其变化过程的一些信息，用这些信息可以分析鉴定固体样品的物质组成、结构，如物质组成中结晶水的数量、挥发性组分的含量等；也可以研究物质的热解反应行为，判断其热稳定性，推测其热分解机理等；以及研究固体与气体之间的反应、测定物质的熔沸点等。

获得稳定、清晰、可靠的 TG-DTG 曲线，才能准确地得到以上信息，做出正确的判断。TG-DTG 曲线会受到实验条件的影响，包括试样量、粒度、升温速率、气氛等因素(图 2-34)。例如，如果升温速度太快，会使曲线的分辨力下降，丢失某些中间产物的信息。对分解过程的中间产物和最终产物必须进行物相分析，可采用原位红外、气相色谱联用或反应突然终止法等多种方法对获得的样品进行表征。仅用失重率判断和解析分解过程显然是不够充分的。

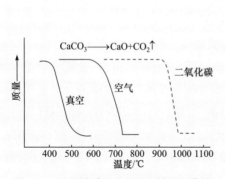

图 2-34 不同气氛下 CaCO₃ 的 TG 曲线

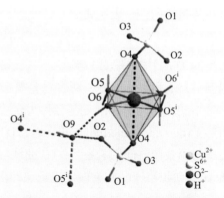

图 2-35 CuSO₄·5H₂O 的晶体结构

3) TG-DTG 曲线的应用实例

(1) 五水硫酸铜($CuSO_4 \cdot 5H_2O$)的结构。五水硫酸铜是一种重要的无机化工产品，广泛应用于化学工业和电镀工业。它在加热条件下会逐步脱去结晶水，但对前 4 个结晶水的脱去过程早期争议较大[100-103]。通过 X 射线晶体衍射分析获得了 $CuSO_4 \cdot 5H_2O$ 的晶体结构(图 2-35)，并用获得的 TG-DSC 曲线(图 2-36)解析后得到的脱水机理与晶体结构的表述一致[104]。

$$CuSO_4 \cdot 5H_2O \xrightarrow{375\,K} CuSO_4 \cdot 3H_2O \xrightarrow{386\,K} CuSO_4 \cdot H_2O \xrightarrow{531\,K} CuSO_4$$

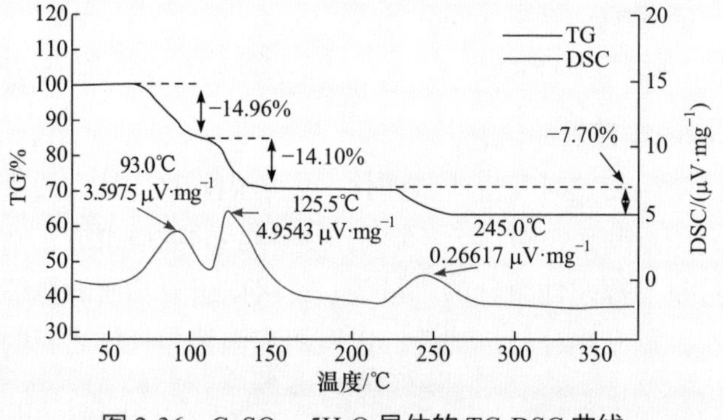

图 2-36 CuSO₄·5H₂O 晶体的 TG-DSC 曲线

(2) 研究晶体转变条件。用 2-甲基-5-羧基吡嗪(2-mpac)与金属盐反应，可获得一系列的小分子配合物 $M(2\text{-mpac})_2(H_2O)_2$(M = Fe，Co，Ni，Zn)和单核配合物 $Cu(2\text{-mpac})_2(H_2O) \cdot 3H_2O$ 的同分异构体 β-$Cu(2\text{-mpac})_2(H_2O) \cdot 3H_2O$ 晶体(图 2-37)[105]。人们曾想得到 β-$Cu(2\text{-mpac})_2(H_2O) \cdot 3H_2O$ 的无水配合物，但在水溶液中没有获得成功。在其 TG-DTG 曲线上发现，配合物失去全部水后在 120～300℃温度范围内有一个相当长的热稳定区(图 2-38)，初步判断能合成出该未知化合物。最终在无水乙醇中得到了配合物 β-Cu(2-mpac)$_2$，两者的 X 射线粉末衍射图相同。

（3）采用"软化学"法将稀土盐与有机配体在溶液中反应，生成含有 RE—S 键的前驱体，然后热解得到具有宽带高电阻半导体特性的纳米级倍半硫化稀土。这种类型材料的 TG-DTG 曲线(图 2-39)均显示其在较低温度下分解得到 Ln$_2$S$_3$ 晶体[106]。

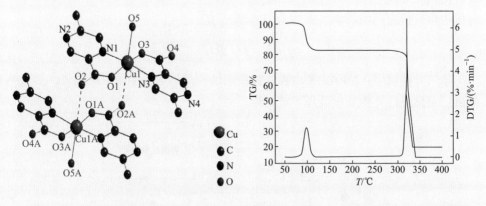

图 2-37　β-Cu(2-mpac)$_2$(H$_2$O)·3H$_2$O 　　图 2-38　β-Cu(2-mpac)$_2$(H$_2$O)·3H$_2$O 晶体的
　　　　　的分子结构　　　　　　　　　　　　　　　　TG-DTG 曲线

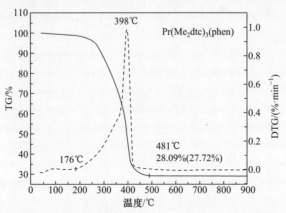

图 2-39　配合物 Pr(Me$_2$dtc)$_3$(phen)的 TG-DTG 曲线

（4）磁性材料的居里温度转变点。外加磁场中 TG-DTG 曲线的研究可为磁性材料的制备提供依据[107]。利用外加磁场 TG 法对 La$_{1-x}$Sr$_x$MnO$_3$ 体系的磁性与磁弛豫的研究结果发现：在居里温度附近温度场和外加磁场的共同作用导致顺磁-铁磁两相消长与竞争现象。随外加磁场增强，两相共存温度区增大，铁磁-顺磁转变时间更长。实验温度范围为 13～3000℃，升温速率为 10℃·min^{-1}，空气气氛[108]。

(二) 差热分析法

1) 原理

差热分析(differential thermal analysis，DTA)法是在程序控温的条件下测量未知物质与参比物(常用α-Al$_2$O$_3$)之间温度差随温度或时间变化的一种技术。根据 ICTAC 规定，DTA 曲线放热峰向上，吸热峰向下，灵敏度单位为微伏(μV)。差热分析中物理量之间的数学关系式为

$$\Delta T = f(T\text{或}t)$$

差热分析仪(图 2-40)主要由温度控制系统和差热信号测量系统组成，测量结果由记录仪或计算机数据处理系统处理。

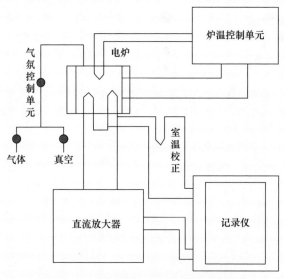

图 2-40　差热分析仪工作原理示意图

体系在程序控温下不断加热或冷却降温，样品随温度变化产生吸热或放热。如果试样在升温过程中没有热效应(吸热或放热)，则其与参比物之间的温差 $\Delta T = 0$；如果试样产生相变或气化表现为吸热，产生氧化分解则表现为放热，从而产生温差 ΔT，将 ΔT 所对应的电势差(电位)放大并记录，便得到差热曲线。各种物质因物理特性不同，表现出其特有的差热曲线。根据 DTA 曲线便可判定物质内在性质的变化，如晶型转变、熔化、升华、挥发、还原、分解、脱水或降解等。因此，DTA 技术常用来测定物质的熔化、金属与合金的相变、高聚物玻璃化转变温度等。除了对物相进行定性分析，差热分析还可用于煅烧生产过程模拟。

2) DTA 曲线提供的信息

差热图中峰的数目的多少、位置、峰面积、方向、高度、宽度、对称性等因素反映了试样在所测温度范围内所发生的物理变化和化学变化的次数、发生转变的温度范围、热效应的大小及正负等信息。了解描述 DTA 曲线的术语很重要，它可帮助准确地利用 DTA 曲线提供的各种信息。在典型的 DTA 曲线上包含：①吸热峰，表示试样转变过程中试样的温度低于参比物的温度，相当于吸热转变；②放热峰，表示试样转变过程中试样的温度高于参比物的温度，相当于放热转变；③峰高，准基线(ΔT 近似于 0 的区段)到热分析曲线峰的最大距离，峰高不一定与试样量成正比，通常以 H_T 或 H_t 表示；④峰宽，峰的起止温度或起止时间之间的距离，通常以 T_W 或 t_W 表示；⑤半宽高，达到峰高度 1/2 时所对应的起止温度或起止时间之间的距离，通常以 $T_{(2/1)W}$ 或 $t_{(2/1)W}$ 表示；⑥峰面积，由峰和准基线所包围的区域的面积，对应于所发生的热效应(吸热或放热)的数值，通常以 Q 表示；⑦外推起始点(出峰点)或结束点(收峰点)，峰前沿最大斜率点切线与基线延长线的交点，通常以 T_{im} 和 T_{fm} 表示。DTA 曲线峰的峰形、高度、宽度、对称性等除与测试条件有关外，还与样品变化过程中的动力学因素有关，所测得的差热图比理想的差热图复杂得多。

DTA 曲线可用于材料的鉴别与成分分析。鉴别的主要依据是物质的相变(包括熔融、升华和晶形转变等)和化学反应(包括脱水、分解和氧化还原等)所产生的特征吸热或放热峰。有些材料具有比较复杂的 DTA 曲线，虽然不能对 DTA 曲线上所有的峰做出解释，但是它们像"指纹"一样表征着材料的特性。差热分析虽不如电子显微镜直观，但制样简单，方便快速。图 2-41 为某凝胶材料烧结过程的 DTA-TG 曲线，它可为凝胶材料的制备提供许多有益的信息。

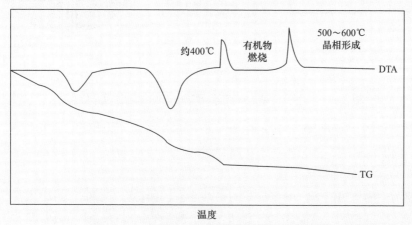

图 2-41　某凝胶材料烧结过程的 DTA-TG 曲线

(三) 差示扫描量热法

1) 原理

差示扫描量热法(differential scanning calorimetry, DSC)是指在程序控制温度下，测量输入到试样和参比物的功率差(如以热的形式)与温度的关系。DSC仪(图 2-42)和 DTA 仪器装置相似，所不同的是在试样和参比物容器下装有两组补偿加热丝，当试样在加热过程中由于热效应与参比物之间出现温差 ΔT 时，通过差热放大电路和差动热量补偿放大器，使流入补偿电热丝的电流发生变化，当试样吸热时，补偿放大器使试样一边的电流立即增大；反之，当试样放热时，则使参比物一边的电流增大，直到两边热量平衡、温差 ΔT 消失为止。即试样在产生热效应时发生的热量变化，由于及时输入电功率而得到补偿，因此实际记录的是试样和参比物下面两个电热补偿的热功率之差随时间 t 的变化关系。如果升温速率恒定，记录的就是热功率之差随温度 T 的变化关系。DSC 仪记录的曲线称为DSC 曲线，它以样品吸热或放热的速率即热流率 dH/dt(单位 $mJ \cdot s^{-1}$)为纵坐标，以温度 T 或时间 t 为横坐标。

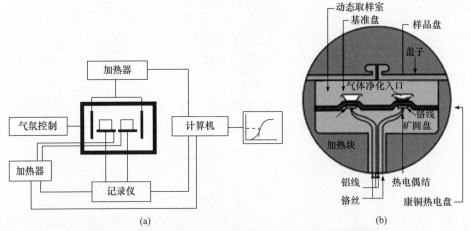

图 2-42　功率补偿型 DSC 工作原理(a)和测试池的基本结构(b)

由于 DSC 技术与 DTA 技术相似，而且更为方便，因此使用更为广泛。通过与各种仪器的联用，热分析技术在新物质的合成与表征中发挥了重要的作用。

2) DSC 曲线提供的信息

差示扫描量热法可以测定物质的多种热力学和动力学参数，如比热容、反应热、转变热、相图、反应速率、结晶速率、高聚物结晶度、样品纯度等。该法使用温度范围宽(-175～725℃)、分辨率高、试样用量少，适用于无机物、有机物和药物分析,广泛应用于石油化工、生物制药、食品加工等各个领域的材料表征及过程研究。

3) 从 DSC 测定到热分析动力学研究

热分析动力学(thermal analysis kinetics)研究目的在于定量表征反应(或相变)过程,确定其遵循的最可几机理函数 $f(\alpha)$,求出动力学参数 E 和 A,以及速率常数 k,可为新材料的稳定性和配伍性的评定,材料的有效使用寿命和最佳生产工艺条件的确定,反应机理的推断,石油和含能材料等易燃易爆物质危险性的评定,以及自发火温度、热爆炸临界温度的计算等提供科学依据。

利用上面提及的各种热分析曲线都可以进行热分析动力学研究。读者可参考胡荣祖等编撰的《热分析动力学》(第二版),其中包含了热分析动力学理论、方法和技术分析,给出了两类动力学方程和三类温度积分式的数学推导,以及最可几机理函数的推断;汇集了大量用微积分法处理热分析曲线的实例;还涉及动力学补偿效应的研究、热爆炸临界温度的估算、动力学参数的数值模拟、诱导温度与诱导时间的关系等,以及等温热分析曲线分析法。《热分析动力学》(第二版)已改写成教材形式,适用于科技工作者、从事热分析的专业人员及高等学校物理化学、分析化学、无机化学专业的教师和硕士、博士研究生参考。

一个典型的应用实例是对配合物脱水过程的热分解动力学研究。首先应用DSC 技术获得化合物在 4 个不同升温速率下的脱水过程曲线(图 2-43),基于多重扫描速率法和非模型等转化率法(图 2-44),采用了 8 种积分法和微分法相结合的热分析动力学方法处理程序进行定量表征,最后获得可靠的配合物脱水阶段动力学三因子数据和相应的动力学方程[109-110]。

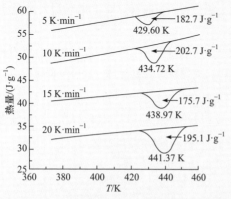

图 2-43 不同升温速率下 $C_8H_3O_6NNa_2 \cdot H_2O$ 脱水阶段的 DSC 曲线

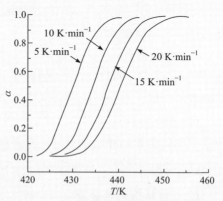

图 2-44 样品不同升温速率下脱水分解过程的 T-α 关系

三、热分析实验的有效实施

原则上，对于大多数固态和液态的物质而言，可以根据实验需要不做或稍做处理即可进行热分析实验，但是要获得一个能反映真实信息并具有好的重复性的实验结果并不容易。实验前、中、后都有一些必要的内容要掌握。

(一) 实验前基本知识储备

(1) 了解试样的基本性质，包括组成、结构、性能、稳定性、可能的反应性、浮力校正等。

(2) 依据实验目的选择适当的热分析方法，了解仪器性能、熟悉软件操作。

(3) 了解和掌握可能影响实验准确性的因素，包括仪器因素、操作条件因素、温度程序(升温/降温速率)的影响、实验气氛的影响等。

(4) 选择适当的温度扫描速率。对于线性加热或降温过程而言，采用较快的升温速率可以有效地提高仪器的灵敏度，但这样会导致分辨率下降，从而使相邻的转变过程难以区分。一般情况下，在实际应用中应综合考虑转变的性质和仪器的灵敏度，选择一个合适的温度扫描速率。

(二) 实验中的注意事项

(1) 必要的仪器状态检查和校准，一定要按国际计量委员会(International Committee of Weights and Measures)1990 年温标定义的 17 个标准温度点执行[111]。利用一水合草酸钙作为检验热分析仪工作状态的标准物质非常理想[112]。

(2) 选择合适的实验条件，包括试样状态(粉末、薄膜、颗粒、块体等)、试样用量、温度范围、实验气氛的种类和流速、温度变化方式(主要包括等温、升温/降温扫描、温度调制)等。

(3) 数据采集频率的选择，对于一些较快速的分解反应，所用的仪器需要有较快速的响应能力，即具有较快的数据采集频率。较慢的数据采集速率下得到的曲线会发生变形，不能反映过程的真实信息。

(4) 如果发现试做实验曲线与理想曲线相差很大，应进行综合分析，结合实验方法、实验条件和样品信息等进行合理修正，重新确定实验方案。

(5) 在相同条件下重复实验，以保证实验结果的再现性。

(三) 实验后的热分析曲线解析

(1) 全面、正确地收集和描述曲线所给予的信息，必要时进行曲线修正(如曲线平滑)。

(2) 曲线中发生的变化与样品结构、成分、处理工艺等信息密切相关,应结合样品信息对曲线中发生的变化进行解释和数据指派,得出合理的结论。

由每种分析手段得到的信息是有限的,通常用其他分析手段来弥补这些不足。为了使结论可靠,需要尽可能地使用联用方式(如红外光谱技术、质谱技术和气相色谱/质谱联用技术)做佐证,同时要借助多种分析技术(如元素分析、X 射线衍射技术、各种光谱分析等)对热分析曲线进行互补分析。

2.4.3 银的重要化合物

银的化合物主要是氧化态为 +1 的化合物,氧化态为 +2、+3 的化合物很少,如 AgO、AgF_2、Ag_2O_3,一般不稳定,是极强的氧化剂。

氧化态为 +1 的银盐的一个重要特点是只有 $AgNO_3$、AgF 和 $AgClO_4$ 等少数几种盐溶于水,其他则难溶于水。值得注意的是,$AgClO_4$ 和 AgF 的溶解度非常高,298 K 时分别为 5570 g·L^{-1} 和 1800 g·L^{-1}。

Ag^+ 和 Cu^{2+} 相似,形成配合物的倾向很大,将难溶盐转化成配合物是溶解难溶银盐的最重要的方法。

1. 氧化银

Ag_2O 微溶于水,293 K 时,1 L 水能溶解 13 mg Ag_2O,溶液呈微碱性。

在 $AgNO_3$ 溶液中直接加 NaOH,首先析出白色 AgOH 沉淀。常温下 AgOH 极不稳定,立即脱水生成暗棕色 Ag_2O 沉淀。如果用溶于 90%乙醇的 $AgNO_3$ 溶液在低于 228 K 下与 KOH 反应,可得到白色的 AgOH 沉淀:

$$2Ag^+ + 2OH^- \Longrightarrow 2AgOH(白)\downarrow$$
$$\longrightarrow Ag_2O(棕黑)\downarrow + H_2O$$

氧化银生成焓很小(31 kJ·mol^{-1}),因此不稳定,加热到 573 K 时就完全分解。氧化银容易被 CO 或 H_2O_2 还原:

$$Ag_2O + CO \Longrightarrow 2Ag + CO_2$$
$$Ag_2O + H_2O_2 \Longrightarrow 2Ag + H_2O + O_2$$

Ag_2O 和 MnO_2、Co_2O_3、CuO 的混合物能在室温下将 CO 迅速氧化成 CO_2,可用在防毒面具中。

2. 硝酸银

$AgNO_3$ 的制法是将银溶于硝酸,然后蒸发并结晶得到:

$$Ag + 2HNO_3(浓) == AgNO_3 + NO_2\uparrow + H_2O$$

$$3Ag + 4HNO_3(稀) == 3AgNO_3 + NO\uparrow + 2H_2O$$

原料银常从精炼铜的阳极泥得到，其中含有杂质铜，因此产品中混有硝酸铜，根据硝酸银与硝酸铜的热分解条件的差异，可将粗产品加热至 473～573 K 之间，这时硝酸铜分解为黑色不溶于水的 CuO，硝酸银不分解：

$$2AgNO_3 \xrightarrow{373\ K} 2Ag + 2NO_2\uparrow + O_2\uparrow$$

$$2Cu(NO_3)_2 \xrightarrow{473\ K} 2CuO + 4NO_2\uparrow + O_2\uparrow$$

将混合物中的 $AgNO_3$ 溶解后滤去 CuO，然后将滤液重结晶得到纯的硝酸银。

硝酸银熔点为 481.5 K，见光分解。如果有微量的有机物存在将促进硝酸银的光分解，因此应将硝酸银晶体或其溶液保存在棕色瓶中。

硝酸银还能被一些中等强度或强还原剂还原成单质银：

$$2AgNO_3 + H_3PO_3 + H_2O == H_3PO_4 + 2Ag + 2HNO_3$$

硝酸银遇到蛋白质即生成黑色蛋白银，因此它对有机组织有破坏作用，使用时注意不要接触皮肤。10%的 $AgNO_3$ 溶液在医药上用作消毒剂和腐蚀剂；硝酸银可与 SCN^-、CrO_4^{2-}、CrO_4^{3-} 及许多有机酸根形成沉淀，因而被广泛用于定性、定量分析。

3. 卤化银

Ag(I)有 4 种卤化物(F、Cl、Br、I)，4 种 AgX 均可由单质直接制备，或在硝酸银溶液中加入卤化物(除氟化物外)生成 AgCl、AgBr 和 AgI 沉淀。

制备 AgF 较简便的方法是将 Ag_2O 溶解在氢氟酸中并蒸发、浓缩可得到晶体：

$$Ag_2O + 2HF == 2AgF + H_2O$$

卤化银的颜色依 Cl、Br、I 的顺序加深。这可从化合物中电荷迁移($X^-Ag^+ \longrightarrow XAg$)所需能量依次降低得到解释。在化合物中，发生在阳离子和阴离子之间的电子跃迁称为电荷迁移跃迁。发生电荷迁移跃迁时吸收频率为 ν 的可见光，而使化合物呈现颜色。在 AgX 中，由于 X^- 的变形性是 $F^- < Cl^- < Br^- < I^-$，所以在 AgX 中发生电荷迁移时吸收光波波长变化的顺序也是 $F^- < Cl^- < Br^- < I^-$。F^- 的荷移过程需要高能光子，即发生在紫外区，Cl^-、Br^-、I^- 所需光子能量依次降低，荷移光谱带的波长向长波方向移动，AgX 显示出与吸收光颜色互补的颜色，以 AgI 的颜色最深。

AgX 都难溶于水，依据 AgCl、AgBr、AgI 的顺序，离子极化作用加强，溶解度依次降低。AgF 为离子型化合物，所以在水中溶解度较大。

AgCl、AgBr、AgI 都不溶于稀硝酸。

AgI 有 α、β、γ 等多种晶形，室温下的稳定形式为 γ-AgI，具有立方闪锌矿结构；β-AgI 具有六方 ZnO 结构，它与冰的结构关系密切，在过冷云中极易使冰形成晶核，从而诱发降雨。在 419 K 时，β-AgI 转变为 α-AgI，由六方型结构变为体心立方型结构。晶体中的 Ag^+ 具有高度的可移动性，电导率由 $3.4 \times 10^{-4} \Omega^{-1} \cdot cm^{-1}$ 猛升到 $1.31 \Omega^{-1} \cdot cm^{-1}$，提高 3853 倍。根据这个原理，以 α-AgI 为主要成分的物质作为固体电解质电池得到广泛应用。其电极反应和电池反应为

正极：
$$2Ag^+ + I_2 + 2e^- \longrightarrow 2AgI$$

负极：
$$Ag \longrightarrow Ag^+ + e^-$$

总反应：
$$2Ag + I_2 \longrightarrow 2AgI$$

AgCl、AgBr、AgI 都具有感光性，可作感光材料，常用于照相术。照相底片上涂有一薄层含有 AgBr 的明胶凝胶，在光的作用下，底片上的 AgBr 分解成极细的银晶核。底片上哪部分感光越强，AgBr 分解越多，哪部分就越黑，这一过程称为曝光产生潜影：

$$2AgBr \xrightarrow{h\nu} 2Ag + Br_2$$

将感光的底片于暗室中用有机还原剂如对苯二酚、4-甲氨基酚硫酸盐等将含有银核的 AgBr 进一步还原为银：

$$HO-\langle\!\!\!\!\bigcirc\!\!\!\!\rangle-OH + 2AgBr + 2OH^- = O=\langle\!\!\!\!\bigcirc\!\!\!\!\rangle=O + 2Ag + 2H_2O + 2Br^-$$

这一处理过程称为显影。经过一段时间的显影后，将底片浸入 $Na_2S_2O_3$ 溶液中，未感光的 AgBr 形成 $[Ag(S_2O_3)_2]^{3-}$ 配离子而溶解，剩下的金属银不再变化，这一过程称为定影：

$$AgBr + 2S_2O_3^{2-} = [Ag(S_2O_3)_2]^{3-} + Br^-$$

通过定影得到一张影像与实物在明暗度上是相反的"负像"(底片)。将底片放在印相纸上，再经过曝光、显影、定影等手续，就得到印有"正像"的照片。定影液中的银可用铁粉置换出来以回收。

碘化银可用于人工降雨。碘化银只要受热后就会在空气中形成许多极细(只有头发直径的 1/1000~1/100)的碘化银粒子。1 g 碘化银可以形成几十万亿个微粒。

这些微粒会随气流运动进入云中，在冷云中产生几万亿到上百亿个冰晶。除了人工降雨外，碘化银还可以用于人工消云雾、消闪电、削弱台风、抑制冰雹等。

4. 配合物

Ag^+ 的重要特征是容易形成配离子，如与 X^-、NH_3、$S_2O_3^{2-}$、CN^- 等形成如 $[AgCl_2]^-$、$[Ag(NH_3)_2]^+$、$[Ag(S_2O_3)_2]^{3-}$、$[Ag(CN)_2]^-$ 等稳定程度不同的配离子。

比较 $[AgCl_2]^-$ ($K_{稳}^{\ominus} = 1.0 \times 10^5$)、$[Ag(NH_3)_2]^+$ ($K_{稳}^{\ominus} = 1.1 \times 10^7$)、$[Ag(S_2O_3)_2]^{3-}$ ($K_{稳}^{\ominus} = 2.9 \times 10^{13}$)、$[Ag(CN)_2]^-$ ($K_{稳}^{\ominus} = 1.3 \times 10^{21}$) 的稳定常数和 AgX 的 K_{sp}：$AgCl(1.77 \times 10^{-10})$、$AgBr(5.35 \times 10^{-13})$、$AgI(8.51 \times 10^{-17})$，可以通过定量计算结果解释以下沉淀生成与溶解的交替等实验现象。

(1) AgCl 能溶于浓氨水、$Na_2S_2O_3$ 和 NaCN 溶液；AgBr 仅微溶于浓氨水，易溶于 $Na_2S_2O_3$ 和 NaCN 溶液；而 AgI 不溶于浓氨水，微溶于 $Na_2S_2O_3$ 溶液，易溶于 NaCN 溶液。

(2) 在 $AgNO_3$ 溶液中加入 Cl^- 产生白色 AgCl 沉淀，向沉淀中加入氨水，沉淀溶解产生 $[Ag(NH_3)_2]^+$ 配离子；在上述溶液中加入 Br^- 产生淡黄色 AgBr 沉淀，加入 $Na_2S_2O_3$ 溶液，沉淀溶解生成 $[Ag(S_2O_3)_2]^{3-}$ 配离子；加入 I^- 则又产生黄色 AgI 沉淀，加入 NaCN 溶液，沉淀又溶解生成 $[Ag(CN)_2]^-$ 配离子。

(3) AgX(包括拟卤化银 AgCN)在相应的酸中的溶解度往往比在水中的大，这是因为生成了 AgX_2^-、AgX_3^{2-}、AgX_4^{3-} 配离子，从其配合物的 $K_{稳}^{\ominus}$，如 $[AgBr_2]^-$ ($K_{稳}^{\ominus} = 2.1 \times 10^7$)、$[AgI_2]^-$ ($K_{稳}^{\ominus} = 5.5 \times 10^{11}$) 可以看出，$Ag^+$ 的卤素配合物的稳定顺序是 Cl^- < Br^- < I^-。AgX、AgCN ($K_{sp} = 1.2 \times 10^{-16}$) 易溶于过量的 KCN 溶液中生成更稳定的 $[Ag(CN)_2]^-$ 配离子。

银配离子还被用于电镀工业中。例如，热水瓶胆上的镀银就是利用 $[Ag(NH_3)_2]^+$ 与甲醛或葡萄糖的银镜反应：

$$2[Ag(NH_3)_2]^+ + HCHO + 2OH^- \Longrightarrow HCOONH_4 + 2Ag + 3NH_3 + H_2O$$

要注意镀银后的银氨溶液不能储存，因放置时(天热时不到一天)会析出有强爆炸性的 Ag_3N 沉淀。通过在银氨溶液中加盐酸将其转化为 AgCl 沉淀可回收银，还可进一步利用 Ag^+ 的氧化性与一些强还原剂如羟氨等将 AgCl 还原成单质银进行回收。

$$2NH_2OH + 2AgCl \Longrightarrow N_2\uparrow + 2Ag\downarrow + 2HCl + 2H_2O$$

2.4.4 金的重要化合物

Au(Ⅲ)化合物最稳定，Au^+ 像 Cu^+ 一样容易发生歧化反应，298 K 时反应的平

衡常数为 10^{13}

$$3Au^+ \rightleftharpoons Au^{3+} + 2Au$$

可见 $Au^+(aq)$ 在水溶液中不能稳定存在。

不溶于水的 Au(Ⅰ)化合物中除 Au_2S 相当稳定外，Au_2O 等稍微加热就会分解。Au^+ 像 Ag^+ 一样，容易形成二配位的配合物，如 $[Au(CN)_2]^-$。Au^+ 与二硫代氨基甲酸根形成的配合物中含有直线形 S—Au—S 配键，它是二聚体。

在最稳定的 +3 氧化态的金化合物中有氧化物、硫化物、卤化物及配合物。

碱与 Au^{3+} 水溶液作用产生一种沉淀，这种沉淀脱水后变成棕色的 Au_2O_3。Au_2O_3 溶于浓碱形成 $[Au(OH)_4]^-$ 配离子的盐。

将 H_2S 通入 $AuCl_3$ 的无水乙醚冷溶液中可得到 Au_2S_3，它遇水后很快分解成 Au(Ⅰ)或 Au。

金在 473 K 时同氯气作用，可得到褐红色晶体 $AuCl_3$。在固态和气态时，该化合物均为二聚体，具有氯桥基结构。

$$\begin{array}{ccccc} Cl & & Cl & & Cl \\ & Au & & Au & \\ Cl & & Cl & & Cl \end{array}$$

$AuCl_3$ 易溶于水，形成一羟三氯合金(Ⅲ)酸：

$$AuCl_3 + H_2O \Longrightarrow H[AuCl_3OH]$$

$AuCl_3$ 加热到 423 K 开始分解成 AuCl 和 Cl_2，在较高温度下分解成单质。将金溶于王水或将 Au_2Cl_6 溶解在浓盐酸中，蒸发后可得到黄色的 $HAuCl_4 \cdot 4H_2O$。据此方法可以制得许多含有平面正方形离子 $[AuX_4]^-$ 的盐(X = F、Cl、Br、I、CN、SCN、NO_3)。氯金(Ⅲ)酸的很多盐不仅能溶于水，还能溶于乙醚或乙酸乙酯等有机溶剂中。由于氯金(Ⅲ)酸铯的溶解度非常小，可被用来分离鉴定金元素。

2.5　铜族元素与碱金属元素性质对比

碱金属元素单质的熔、沸点较低，而铜族金属具有较高的熔、沸点，并且具有良好的延展性、导热性和导电性。

碱金属是极活泼的轻金属，在空气中极易被氧化，能与水剧烈反应，同族内的活泼性随原子序数增大而增加；而铜族元素都是不活泼的重金属，在空气中比较稳定，与水几乎不发生反应，同族内的活泼性随原子序数增大而减小。这些性质与它们的标准电极电势有关，碱金属的 $\varphi^\ominus$ 值很负，是很强的还原剂，能从水中置换出氢气；而铜族元素的 $\varphi^\ominus$ 值为正值，不能从水中和稀酸中置换出氢气。

碱金属所形成的化合物大多是无色的离子型化合物，而铜族元素的化合物中因存在离子极化作用而有相当程度的共价性，大多数显颜色。碱金属的氢氧化物都是极强的碱，且非常稳定；而铜族元素的氢氧化物碱性较弱，并且不稳定，易脱水形成氧化物。碱金属离子一般很难成为配合物的形成体，而铜族元素的离子则有很强的配位能力。

上述单质和化合物性质上的差别都与铜族元素的次外层 d 电子有关。

思考题

2-14　造成铜族元素与碱金属元素性质差别的本质原因是什么？

参 考 文 献

[1] Kuwauchi Y, Yoshida H, Akita T, et al. Angew Chem Int Ed, 2012, 51: 7729-7733.

[2] 曾利辉, 李霖, 李小虎, 等. 工业催化, 2019, 3: 43-45.

[3] Landenna L, Villa A, Zanella R, et al. Chinese J Catal, 2016, 37: 1771-1775.

[4] Konyratbekova S, Baikonurova A, Akcil A. Miner Process Extr M Rev, 2015, 36: 198-212.

[5] Gönen N. J Hydrometallurgy, 2003, 69: 169-176.

[6] Fagan P, Haddad P. J Chromatogr A, 1991, 550: 559-571.

[7] Akcil A, Mudder T. Biotechnol Lett, 2003, 25: 445-450.

[8] 赵庆良, 李伟光. 特种废水处理技术. 哈尔滨: 哈尔滨工业大学出版社, 2004.

[9] Murthy D, Kumar V, Rao K. Hydrometallurgy, 2003, 68: 125-130.

[10] Aylmore M. Gold Ore Processing. 2nd ed. Amsterdam: Elsevier Science, 2016.

[11] Andrew C, Greg W. Hydrometallurgy, 2003, 69(1-3): 1-21.

[12] Orgul S, Atalay U. Hydrometallurgy, 2002, 67(1-3): 71-77.

[13] 屈时汉. 黄金, 1991, (7): 33-36.

[14] 张晓飞, 柴立元, 王云燕. 湖南冶金, 2003, 13(6): 3-7.

[15] Wadsworth M, Zhu X, Thompson J. Hydrometallurgy, 2000, 57: 1-11.

[16] Li J, Miller J. Miner Process Extr M, 2006, 27: 177-214.

[17] 刘小月. 有色矿冶, 1986, (6): 18-21.

[18] 张帅, 曾怀远, 张村, 等. 有色金属科学与工程, 2015, 6(1): 74-78.

[19] 朱忠泗. 硫脲类非氰化浸金药剂的制备及应用研究. 长沙: 中南大学, 2014.

[20] 周文波, 刘涛, 吴卫国等. 矿产综合利用, 2006, (4): 7-9.

[21] 黄晓梅, 李国斌, 胡亮, 等. 稀有金属, 2015, (3): 268-275.

[22] Andryushechkin B, Pavlova T. Surf Sci Rep, 2018, 73(3): 83-115.

[23] 李桂春, 卢寿慈. 北京科技大学学报, 2003, (12): 501-503.

[24] 侯亚楠. 金精矿氯化法多金属综合回收的初步研究. 长春: 吉林大学, 2017.

[25] 彭铁辉. 黄金, 1990, (8): 30-32.

[26] 季桂娟. 3YL 替代氰化浸金清洁生产新工艺的研究. 长春: 吉林大学, 2007.

[27] 周衍波, 代淑娟, 朱巨建. 有色矿冶, 2016, 32(2): 28-31.

[28] 宋双庆, 李云巍. 贵金属, 1997, 18(3): 36-40.

[29] Brent Hiskey J, Atluri V P. Miner Process Extr M, 2007, 4: 95-134.

[30] 张潇尹, 陈亮, 方宗堂. 有色金属, 2009, 61(1): 72-76.

[31] Córdoba E M, Muñoz J A, Blázquez M L. Hydrometallurgy, 2008, 93(3): 81-87.

[32] Konyratbekova S S, Baikonurova A, Akcil A. Miner Process Extr M, 2014, 36(3): 198-212.

[33] Aylmore M G, Muir D M. Miner Eng, 2001, 14: 135-174.

[34] Arslan F, Sayiner B. Miner Process Extr M, 2007, 29: 68-82.

[35] 梁远琴. 元阳褐铁矿型金银矿无氰浸出技术研究. 昆明: 昆明理工大学, 2019.

[36] Thompson D T. Gold Bull, 2001, 34: 133.

[37] Feng D, van Deventer J S J. Int J Miner Process, 2010, 94(1-2): 28-34.

[38] 王琳. 新型壳聚糖螯合树脂对金、银等金属的吸附回收及机理研究. 广州: 中国科学院南海海洋研究所研究生院, 2010.

[39] 余建民, 李奇伟, 陈景. 贵金属, 2001, 22(1): 30-32.

[40] Handley H W, Jones P, Ebdon L. Anal Proc, 1991, 28(2): 37-46.

[41] Camel V. Spectrochim Acta B, 2003, 58(7): 1177-1233.

[42] Villaeseusa I, Salvadó V, Pablo J. React Funct Polym, 1997, 32(2): 125-130.

[43] 卢宜源, 宾万达. 贵金属冶金学. 长沙: 中南大学出版社, 2004.

[44] Yang P, Zhang X. Chem Commun, 2012, 48: 8787-8789.

[45] Mu X, Gao A, Wang D, et al. Langmuir, 2015, 31: 2922-2930.

[46] Yue C, Sun H, Liu W, et al. Angew Chem Int Ed, 2017, 56: 9331-9335.

[47] Blitz M A, Mitchell S A, Hackett P A. J Phys Chem, 1991, 95(22): 8719-8726.

[48] Zheng W, Liu Y, Liu W, et al. Water Research, 2021, (3): 116961.

[49] 王文香. 零价铜调控的可控自由基聚合催化体系研究. 苏州: 苏州大学, 2013.

[50] Souza L P, Graça C A L, Teixeir A C S, et al. Environ Sci Pollut R, 2021, 28: 24057-24066.

[51] Mojtaba F, Amanollah E, Fahime A. Sep Purif Technol, 2021, 258: 118055.

[52] 程永清. 氟喹诺酮类抗生素在纳米零价铜强化氧化体系中的去除效能与机理研究. 杭州: 浙江工业大学, 2018.

[53] Alani O A, Ari H A, Offiong N A, et al. J Polym Environ, 2021, 29: 2825-2839.

[54] Zhou L, Xu Z, Zhang J. Water Sci Technol, 2020, 82(8): 1635-1642.

[55] Kumaravel Dinesh G, Pramod M, Chakma S. J Hazard Mater, 2020, 399: 123035.

[56] 谢俊璞. 纳米零价铜在类 Fenton 体系中对恩诺沙星的去除效果和机理研究. 武汉: 武汉纺织大学, 2020.

[57] 倪永炯, 程永清, 徐梦苑, 等. 环境科学, 2019, 40(1): 295-301.

[58] 王爱德, 冯振东, 覃大禹, 等. 北京大学学报(自然科学版), 2020, 56 (4): 703-709.

[59] 刘秀峰, 叶少佐. 中国资源综合利用, 2017, 35 (12): 24-32.

[60] Zheng W, Liu Y, Liu W, et al. Water Res, 2021, 194: 116961.

[61] 谷威. 氮杂环螯合配体铜(Ⅰ)配合物的设计合成、结构与性质研究. 赣州: 江西理工大学, 2011.

[62] 秦克, 胡树兵, 朱文. 材料保护, 2014, 47: 148-152.

[63] Willert-Porada M A, Burton D J, Baenziger N C. J Chem Commun, 1989, 1633-1665.

[64] Naumann D, Roy T, Tebbe K F, et al. Angew Chem Int Ed, 1993, 32: 1482-1483.

[65] Ribas X, Jackson D A, Donnadieu B, et al. Angew Chem Int Ed, 2002, 41: 2991-2994.

[66] Santo R, Miyamoto R, Tanaka R, et al. Angew Chem Int Ed, 2006, 45: 7611-7614.

[67] Furuta H, Maeda H, Osuka A. J Am Chem Soc, 2000, 122 (5): 803-807.

[68] Hestermann K, Hoppe R. Z Anorg Allg Chem, 1961, 367: 249-270.

[69] Imai K, Koike M. Phys Soc Japan, 1992, 61(5): 1819.

[70] Wu M, Su Q, Hu G, et al. J Solid State Chem, 1994, 110: 389-392.

[71] Demazeau G, Parent C. Mat Res Bull, 1972, 7: 913-920.

[72] Balinkungeri A, Pelletier M. Inorg Chim Acta, 1978, 29: 11-16.

[73] Beurskens P. Cras J Inorg Chem, 1968, 7(4): 810-813.

[74] Wu M, Su Q. J Polyhedron, 1994, 13(17): 2489.

[75] 谢启源, 陈丹丹, 丁延伟. 高分子学报, 2022, 53(2): 193-210.

[76] 陈镜泓, 李传儒. 热分析及其应用. 北京: 科学出版社, 1985.

[77] 李余增. 热分析. 北京: 清华大学出版社, 1987.

[78] 于伯龄, 姜胶东. 实用热分析. 北京: 纺织工业出版社, 1990.

[79] 刘振海. 聚合物量热测定. 北京: 化学工业出版社, 2002.

[80] 蔡正千. 热分析. 北京: 高等教育出版社, 1993.

[81] Tsujiyama S, Miyamori A. Thermochim Acta, 2000, 351: 177-181.

[82] Coni E, Di Pasquale M, Coppolelli P, et al. JAOCS, 1994, 71: 807-810.

[83] Valdes Tabernero M A, CeladaCasero C, Sabirov I, et al. Mater Charact, 2019, 155: 109822.

[84] Kozlovskii Y M, Stankus S V. High Temp, 2014, 52: 536-540.

[85] Cerdeiriña C A, Míguez J A, Carballo E, et al. Thermochim Acta, 2000, 347: 37-44.

[86] McHugh J, Fideu P, Herrmann A, et al. Polym Test, 2010, 29: 759-765.

[87] Kucukdogan N, Aydin L. Thermochim Acta, 2018, 665: 76-84.

[88] Agrawal A, Satapathy A. Int J Therm Sci, 2015, 89: 203-209.

[89] Tsujiyama S, Miyamori A. Thermochim Acta, 2000, 351: 177-181.

[90] Hill J O. For Better Thermal Analysis and Calorimetry Ⅲ, ICTA, 1991.

[91] 中华人民共和国国家质量监督检验检疫总局, 中国国家标准化管理委员会. 热分析术语: GB/T 6425—2008. 北京: 中国标准出版社, 2008.

[92] Bakirtzis D, Tsapara V. Thermochim Acta, 2012, 550: 48-52.

[93] De Santis F, Adamovsky S, Titomanlio G, et al. Macromolecules, 2006, 39: 2562-2567.

[94] Brandts J F, Lin L N. Biochemistry, 1990, 29 (29): 6927-6940.

[95] Bruylants G, Wouters J, Michaux C. Curr Med Chem, 2005,12: 2011-2020.

[96] Freire E. Methods Mol Biol, 1995, 40: 191-218.

[97] Sanchez-Ruiz J M. Subcell Biochem, 1995, 24: 133-176.

[98] 胡荣祖, 高胜利, 赵凤起, 等. 热分析动力学. 2 版. 北京: 科学出版社, 2008.

[99] 杨奇, 陈三平, 谢钢, 等. 中国科学: 化学, 2014, 44(6): 889-914.

[100] Reisman A, Karlak J. J Am Chem Soc, 1958, 80 (24): 6500-6503.

[101] Wendlandt W W. Anal Chem Acta, 1962, 27: 309-314.

[102] Borchardt H J, Daniels F. J Phys Chem,1957, 61: 917-921.

[103] Houte S, Sayed Ali M. Thermochim Acta,1989, 138: 107-114.

[104] 顾运琼, 胡飞龙, 黄志伟, 等. 玉林师范学院学报(自然科学版), 2014, 35(4): 44-46.

[105] 范广. 基于配合物配体策略的新颖配合物的设计合成. 西安: 西北大学, 2008.

[106] 何瑾. 二甲基二硫代氨基甲酸与邻菲咯啉稀土配合物的热力学性质研究. 西安: 西北大学, 2008.

[107] 张克立. 固体无机化学. 武汉: 武汉大学出版社, 2005.

[108] 尹荔松, 王达, 张进修. 中国有色金属学报, 2005, 15 (8): 1267-1271.

[109] 张国春, 焦宝娟, 周春生, 等. 西北大学学报(自然科学版), 2011, 41 (3): 448-454.

[110] 张国春, 乔成芳, 周春生, 等. 陕西师范大学学报(自然科学版), 2012, 46(6): 52-57.

[111] 孙传友. 现代检测技术及仪表. 北京: 高等教育出版社, 2006.

[112] 白正伟, 常晓军. 国外分析仪器, 2002, (4): 19-20.

第3章

锌 族 元 素

3.1 发现和存在

元素周期表中 ds 区的 ⅡB 元素包括锌(Zn)、镉(Cd)、汞(Hg)和鿔(Cn)，通常也称为锌族元素。锌(Zn)、镉(Cd)、汞(Hg)为自然形成的金属元素，鿔(Cn)为人工合成元素。

3.1.1 锌

锌的名称来源于拉丁文 zincum，意思是"白色薄层"或"白色沉积物"，化学符号 Zn 也来源于此，其英文名称是 zinc。人类自远古时就知道锌的化合物。锌矿石和铜熔化制得的合金——黄铜，早就为古代人们所利用。

中国古代文献中的"倭铅"即锌，而锌在我国古代的正名是"窝铅(yuan)"，是因其在冶炼中出自于"铅(yuan)窝"而得名的[1]。根据西方文献记载，锌是德国人马格拉夫在 1746 年首先发现，并确认为金属元素，实际上这比中国发现锌至少迟了 300 年[2]。明朝时的宋应星于 1637 年编撰的《天工开物》一书在"五金卷"的"铜"条目下后附"倭铅"一节，对锌的性质做了简要描述，但锌的实际应用可能比《天工开物》成书年代还早。例如，早在龙山文化时期(约公元前 2500 年至公元前 2000 年)，中国人就已可以生产出锌含量超过 20%的黄铜[3]。中国自明朝嘉靖年间(1522—1566)起采用黄铜铸钱币，1527 年的钱币含锌量为 11.67%～19.24%；而在天启元年即 1621 年，我国开始使用单质锌炼黄铜(锌化黄铜)铸钱币(图 3-1)，1621 年钱币含锌量为 21.54%～33.04%[4]。

自然界中未发现以游离态存在的锌，锌在自然界主要以硫化物的形式存在，少部分以氧化物的形式存在。重要的含锌硫化矿有闪锌矿(ZnS)、纤锌矿(ZnS)、高铁闪锌矿(ZnS、FeS)及常与铅矿(如方铅矿 PbS)共生的铅锌矿(图 3-2)。氧化锌是一种锌的次生矿物,如红锌矿(ZnO)、菱锌矿($ZnCO_3$)、异极矿[$Zn_4(Si_2O_7)(OH)_2 \cdot H_2O$]、硅锌矿($Zn_2SiO_4$)、水锌矿[$3Zn(OH)_2 \cdot 2ZnCO_3$],其中的脉石矿物主要为方解石、白云石、石英、黏土、氧化铁和氢氧化铁等[5]。单一的锌矿床较少,自然界中的锌总是和铅伴生,而大多数锌矿床同时伴生 Cu、Ag、Cd、S、Sb 等元素[6]。自然界锌的主要矿物类型如表 3-1[7]所示。

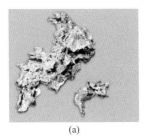 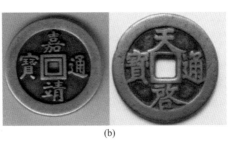

(a) (b)

图 3-1　金属锌(a)和黄铜钱币(b)

(a) (b) (c) (d)

图 3-2　闪锌矿(a)、红锌矿(b)、菱锌矿(c)、异极矿(d)

表 3-1　自然界锌的主要矿物类型

矿物名称	化学式	锌含量/%
闪锌矿	ZnS	67.1
纤锌矿	ZnS	67.1
菱锌矿	$ZnCO_3$	52.1
异极矿	$Zn_4(Si_2O_7)(OH)_2 \cdot H_2O$	54.3
硅锌矿	Zn_2SiO_4	58.6
水锌矿	$3Zn(OH)_2 \cdot 2ZnCO_3$	59.6

我国锌矿资源十分丰富,世界排名第二,主要分布在云南、内蒙古、广西、四川等地区,其中云南的锌矿储量最大,内蒙古次之。著名的锌矿产地有滇西兰坪、滇川、南岭、秦岭-祁连山及内蒙古狼山-渣尔泰山地区。我国的锌矿资源分布

不集中，矿山数量多但小而散，大型铅锌矿的全球占比较低，富矿少而贫矿多，矿床地质条件复杂，开采难度大，而且单一矿少，矿石类型复杂，共伴生组分多。正因如此，我国锌矿资源从开采到加工冶炼所花费的成本代价相对国际而言比较高。长期而言，全球锌矿资源仍将处于供不应求的紧缺状态，中国锌矿资源形势并不乐观，需加大资源保障力度[8]。

3.1.2 镉

镉的英文是 cadmium，元素符号为 Cd，1817 年被发现。首先发现镉的是德国化学家斯特罗迈厄(F. Stromeyer)[9]，从不纯的氧化锌中分离出的褐色粉末状物质与木炭共热，可制得镉。由于发现的新金属存在于锌矿中，就以含锌的矿石菱锌矿的名称 calamine 命名它为 cadmium。镉与它的同族元素汞和锌相比，被发现晚得多。镉在地壳中含量比汞大，在自然界中不存在单质镉。镉总是与锌共生在一起，其沸点比锌低，冶炼锌时很容易挥发，故隐藏在锌矿中未被发现。

镉的用途广泛，但也是对人体健康威胁很大的元素之一。镉在环境中生物毒性强、化学活性高，较易被植物吸收，并经食物链富集最终积累于人类体内，严重损害人类的健康[10]。在世界八大公害事件中，发生在日本的"骨痛病"即是镉污染事件。其实，早在镉发现的四十年后，即在 1858 年就报道了镉对健康的影响，使用碳酸镉粉作为抛光剂导致吸入和口服这种镉化合物的人出现急性胃肠道症状和延迟呼吸症状。人们对镉污染造成的健康伤害的毒理研究从 1919 年就已经开始。很多研究结果均表明，即使是极低的镉暴露水平也可能会在人类人口的敏感亚群体(糖尿病患者)中引起肾功能障碍[11]。

思考题

3-1　为什么自然界中锌、镉不能以单质形式存在，同族元素汞却可以?

3-2　镉、汞的污染途径主要有哪些?

3.1.3 汞

汞是人类发现得最早的金属之一，又是人类发现的第一个超导体金属，在 Hg_2^{2+} 中发现了第一个金属-金属键。汞在常温下呈液态，因其银白色金属光泽在我国俗称为水银。在西方，炼金术士用罗马神话中众神的使者墨丘利来命名它，元素符号 Hg 来自拉丁文 hydrargyrum，这是一个人造的拉丁文词汇，其词根来自希腊文 hydrargyros，两个词根分别表示"水"(hydro)和"银"(argyros)。

我国发现和使用汞的历史较早。汉朝史学家司马迁(约公元前 145—?)编著的《史记·秦始皇本纪》中记述，在埋葬秦始皇时，其墓穴里被灌入水银以防腐蚀。这说明我国在秦始皇时期(公元前 259—公元前 210 年)已经发现了汞[2]。此外，我国古代医药巨著《神农本草经》和东晋著名炼丹家葛洪的《抱朴子·内篇》中都有关于"丹砂"的记载。丹砂又名朱砂，就是红色的硫化汞，将它加热后分解出汞(水银)；汞再与硫化合，又生成红色硫化汞。这可能是人类较早用化学合成法制得的产品之一。这说明人们当时对汞的性质和应用都有所了解。根据考古资料记载，在新石器时期的仰韶文化和龙山文化里均发现"涂朱(砂)"的遗物，表明天然朱砂曾用作朱红色颜料。后来由于汞的毒性，朱砂作颜料终被淘汰。

汞是一种有毒、人体非必需的重金属元素。世界八大公害事件之一的日本"水俣病"事件是最早出现的由于工业废水排放导致的汞污染事件。汞常以蒸气状态污染空气，汞及其化合物可通过呼吸道、皮肤或消化道等不同途径侵入人体。自然界的无机汞可以通过生物的新陈代谢或非生物的甲基化反应转化为剧毒的甲基汞。海洋湖泊中的野生鱼类和贝类具有非常强的富集甲基汞的能力。汞及其化合物毒性都很大，特别是汞的有机化合物毒性更大。毒性最大的是甲基汞，甲基汞进入人体后遍布全身各器官组织中，主要侵害神经系统，尤其是中枢神经系统，其中最严重的是小脑和大脑两半球，并且这些损害是不可逆的。

汞在自然界中分布量极小，被认为是稀有金属。汞极少以纯金属状态存在，多以化合物形式存在。自然界中汞的矿物有 20 多种，常见的主要含汞矿物有朱砂(又名辰砂，HgS)、氯硫汞矿、硫锑汞矿等，此外还有橙汞矿、汞金矿、汞银矿、硒汞矿和自然汞等(图 3-3)。我国的汞矿资源主要分布在西南和西北地区，集中在贵州、湖北、四川、湖南、陕西等省份。汞被列为重点管控的污染物之一，汞矿开采也被列入重点管控行业[12]。随着《关于汞的水俣公约》的签署及我国对重金属污染问题的高度重视，原生汞矿的开采和冶炼活动受到更加严格的监管[13]。

(a)　　　　　　　　(b)　　　　　　　　(c)

图 3-3　汞(a)、朱砂(b)、含硫化汞的鸡血石(c)

3.1.4 鿔

鿔是第 112 号化学元素，命名为 "copernicium"，符号为 Cn。为了纪念著名天文学家哥白尼，GSI 于 2009 年向 IUPAC 提出了命名建议，"是为了向有影响的但在他的一生中尚未收到任何嘉奖的科学家哥白尼致敬，并且想要特别强调并突出天文学与核化学领域之间的联系"[14]。该新元素的最初命名符号为 Cp。由于 Cp 已有其他科学含义，为避免歧义，IUPAC 理事会于 2010 年 2 月正式将 112 号元素命名为 Cn[15]。Cn 的相对原子质量约为氢相对原子质量的 277 倍，是人类迄今发现的最重的人工合成元素[15]。

^{277}Cn 于 1996 年由 GSI 的霍夫曼和尼诺夫研究组利用高速运行的 ^{70}Zn 原子束轰击 ^{208}Pb 目标体而得[16]：

$$^{70}_{30}Zn + ^{208}_{82}Pb \longrightarrow ^{277}_{112}Cn + ^{1}_{0}n$$

Cn 具有强放射性。由 ^{70}Zn 原子束轰击 ^{208}Pb 靶获得的 ^{277}Cn 的半衰期仅为 0.24 ms 左右[16]，而同位素 ^{285}Cn 经 α 衰变后半衰期为 34 s 左右[17]。

3.2 矿石冶炼和单质提取

3.2.1 锌

锌矿石和铜熔化制得的黄铜合金虽然使用历史较早，但单质锌的获得比铜、铁、锡、铅要晚得多。这是由于碳和锌矿共热时，熔炉温度高达 1000℃以上，而金属锌的沸点是 907℃，故锌以蒸气状态随烟散失[18]，不易为古代人们所察觉，只有掌握了冷凝气体的方法后，单质锌才有可能被获得。例如，《天工开物》中记载的倭铅不与铜结合，"入火即成烟飞去"。中国古代的传统炼锌技术大约始于明朝万历年间(16 世纪)，它是从传统的炉甘石(碳酸盐类矿物方解石族菱锌矿，主要含碳酸锌)点化黄铜工艺中发展出来的[19]。在《天工开物》一书中指出锌由炉甘石冶炼而得，并附有升炼图。

现代炼锌的方法可分为火法(蒸馏法)和湿法(电解法)两大类。在锌单质提取原料中，大部分是硫化物矿和氧化物矿，其中闪锌矿占 95%的比例[20]。

1. 火法炼锌

火法炼锌过程中 3 个主要的流程分别为焙烧、氧化还原蒸馏和精馏。例如，可将闪锌矿通过浮选法得到含有 40%～60% ZnS 的精矿石,焙烧使其转化为 ZnO,再将 ZnO 和焦炭混合,在鼓风炉中加热至 1373～1573 K,使锌以蒸气逸出,冷凝得到含量为 98%的锌粉。

$$2ZnS + 3O_2 \xlongequal{\quad} 2ZnO + 2SO_2\uparrow$$

$$2C + O_2 \xlongequal{\quad} 2CO$$

$$ZnO + CO \xlongequal{\quad} Zn\uparrow + CO_2\uparrow$$

火法炼锌的精炼方法是利用锌和杂质金属(铅和镉)的沸点不同,采用蒸馏的方法来提纯的,称为锌精馏。将锌浇铸成锌锭,其纯度在 99.99%以上。火法炼锌的一般工艺流程如图 3-4 所示。

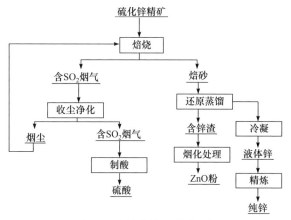

图 3-4　火法炼锌工艺流程图

2. 湿法炼锌

湿法炼锌是指将锌焙砂或其他硫化锌物料和硫化锌精矿中的锌溶解在溶液中,从中提取金属锌或锌化合物的过程[21]。湿法炼锌工艺的标准流程一般分为锌精矿焙烧、浸出、净化、电积、熔铸五个阶段,工艺流程如图 3-5 所示[22]。有些原料不需焙烧,可直接进行浸出。浸出工艺分为热酸浸出工艺、直接加压浸出工艺及碱浸出工艺等湿法炼锌工艺。现在较先进的湿法炼锌是 20 世纪 80 年代出现的,即直接将精矿加压浸出的全湿法工艺:

$$2ZnS + 2H_2SO_4 + O_2 \xlongequal{\quad} 2ZnSO_4 + 2H_2O + 2S$$

所得 $ZnSO_4$ 溶液经净化后电解,可得到纯度为 99.5%的锌。再经熔炼,可获得纯度为 99.9999%的锌[23]。

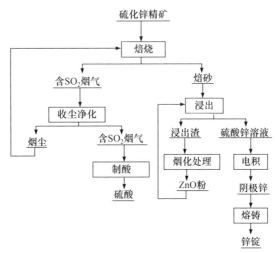

图 3-5 湿法炼锌工艺流程图

酸浸法多采用以硫酸为浸出剂直接处理，使锌以硫酸锌的形式进入溶液中[24]，比较成熟的工艺有老山工艺(Vieille-Montagne)和中和凝聚法等[25]。酸法处理提取率较高，如用浓硫酸焙烧法处理低品位的云南兰坪氧化锌矿，锌的提取率可达99%[26]。现在研究较多的碱法提取工艺主要有 NaOH 浸出体系，氨水、铵盐及氨-铵盐等氨性体系。其中，氨-铵盐体系主要包括氨-碳铵、氨-碳酸氢铵、氨-硫铵、氨-氯铵体系[27]。

常规酸浸法对氧化锌矿处理的反应机理如下：

$$ZnCO_3 + H_2SO_4 == ZnSO_4 + H_2O + CO_2\uparrow$$

$$Zn_4Si_2O_7(OH)_2 \cdot H_2O + 4H_2SO_4 == 4ZnSO_4 + 2Si(OH)_4 + 2H_2O$$

$$Zn_2SiO_4 + 2H_2SO_4 == 2ZnSO_4 + Si(OH)_4\downarrow$$

3.2.2 镉

镉在自然界丰度很低，属分散元素(dispersed element)。在自然界中主要以硫镉矿(CdS)形式存在(图 3-6)，除此之外还有菱镉矿(CdCO₃)、方镉矿(CdO)等，但均不形成单独矿床。镉也有少量赋存于锌矿、铅锌矿和铜铅锌矿石中。我国已探明的镉矿分布在 23 个省、市、自治区，云南省的镉矿资源最为丰富，其次依次是甘肃省、福建省和四川省。1988 年报道的广西壮族自治区大厂矿田首次发现了镉黄锡矿，矿田中含量最高、分布最广的稀散元素是镉，而且品位稳定[28]，在青海省锡铁山铅锌矿床氧化带中我国首次发现的镉银黝铜矿中镉含量也相对较高[29]。

总体来看，镉矿资源分布相对集中。虽然镉在地壳中高度分散且含量极低，但是我国镉矿的品位相对较高，超过 60% 的镉矿品位高于 900 mg·kg^{-1}。另外，我国镉矿中以中、大型矿为主，并且已探明的储量占全国已探明镉总储量的比重大，大约为 88%[30]。

  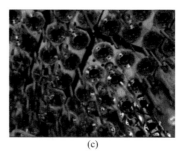

(a)　　　　　　　　　(b)　　　　　　　　　(c)

图 3-6　金属镉(a)、硫镉矿(b)及镉作种子吸收剂(c)

硫镉矿(六方晶系，橙黄色)含镉 77.81%，在所有矿物中含镉量最高，是提炼镉的重要原料。硫镉矿的晶体可呈粒状、粉末状甚至土状，它们往往像是一层皮壳覆盖在闪锌矿或其他锌矿物上。硫镉矿主要是含镉闪锌矿遭受风化后所形成的次生矿物，常与闪锌矿相伴出现于铅锌矿床半氧化矿石中。2017 年，有报道称在我国青海省赛什塘铜矿床中发现了 Zn-Cd-S 矿物[31]。根据 2004 年文献报道，在贵州省牛角塘镉锌矿床中发现既有次生硫镉矿的存在，也有原生硫镉矿。该矿床中原生硫镉矿主要分布在原生矿石或弱氧化的矿石中，次生硫镉矿分布于氧化矿石晶洞中或矿石表面和裂隙面上[32]。

菱镉矿含氧化镉 74.47%，三方晶系，颜色为白色至黄棕色、红色，系铅锌矿床的表生矿物。国外菱镉矿早在 1951 年前就已被发现，而在贵州省牛角塘镉锌矿床中发现的菱镉矿为我国首次报道。菱镉矿的晶粒微小，一般只有几微米，大的有几十微米，常与菱锌矿、硫镉矿共生或伴生在一起，呈疏松集合体、皮壳或薄膜状产出[33]。

镉的主要矿物如硫镉矿等由于赋存于锌矿、铅锌矿和铜铅锌矿中，选矿(浮选)时，镉主要进入锌精矿，冶炼焙烧中富集于烟尘。在湿法炼锌的硫酸锌溶液净化过程中产生的铜镉渣，火法炼锌所得的粗锌精馏过程中产生的镉灰，以及某些铜、铅冶炼产生的富镉灰中均可提取金属镉。

铜镉渣中含有的镉、铜、锌等均具有很高的回收价值，不但可以充分利用二次资源，而且有利于环境保护。

湿法炼镉是生产中较为成熟完善的方法，如采用酸浸-锌粉置换方法对有色冶炼铜镉渣中的镉进行提取，镉生成工艺流程如图 3-7 所示[34-35]。

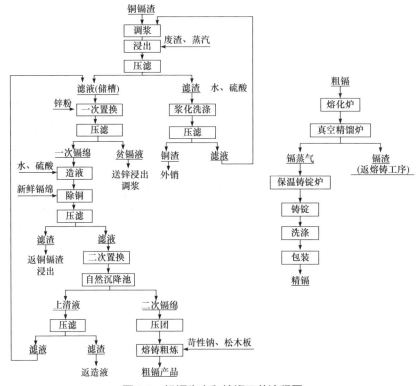

图 3-7　粗镉生产和精馏工艺流程图

在波兰西里西亚的一个燃烧煤堆的小烟道中曾经发现了橙黄色的 CdS 聚集体[图 3-8(a)]，Nowak 等采用多种技术对其进行了研究，以确定其化学性质、形态，尤其是晶体生长的机制[36]。而以酸浸法处理锌烟道粉尘也可制备得到微球形高纯镉，310℃还原时得到的球形镉颗粒的晶体结构呈立方结构[图 3-8(b)]，回收的镉粉纯度可达 99.99%以上[37]。

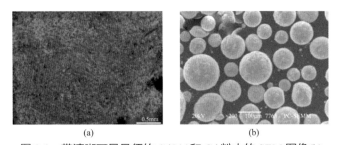

(a)　　　　　　　　　(b)

图 3-8　带清晰可见晶须的 CdS(a)和 Cd 粉末的 SEM 图像(b)

3.2.3　汞

汞的冶炼方法也分为火法和湿法两种。火法炼汞是在一定温度下焙烧汞矿石，直接将汞的硫化物还原，金属汞呈气态与矿石分离，再冷凝成固态汞。汞矿石的直接火法冶炼是我国多年来的传统生产方法，生产工艺主要有选矿-蒸馏、原矿高炉和原矿沸腾焙烧炉三种流程[38]。朱砂矿石经粉碎、浮选富集之后，在空气中焙烧或与石灰共热，然后使汞蒸馏出来：

$$HgS + O_2 === Hg + SO_2\uparrow$$
$$4HgS + 4CaO === 4Hg + 3CaS + CaSO_4$$

粗制的汞中含有 Pb、Cd、Cu 等杂质，可将空气鼓入热的液态粗汞中，使它们氧化成浮渣，再减压蒸馏以提纯汞。

火法炼汞对环境的污染主要是含汞废气造成的。相较于火法，湿法工艺在常温下即可生产汞产品，无汞蒸气等高温废气产生，且汞的回收率高。湿法炼汞是用硫化钠或次氯酸盐溶液浸泡汞精矿，浸出液经净化后用电解或置换等方法获得高纯度金属汞[39]。湿法炼汞工艺流程分为破碎、磨粉、浮选、浸出、电解五个工段，生产工艺流程见图 3-9[40]。

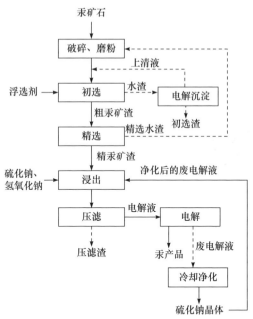

图 3-9 湿法炼汞工艺流程图

思考题

3-3 锌族元素在新材料、新技术研究中有至关重要的意义，而且有很高的经济价值。然而它们的开采和提纯造成的环境污染损害着人类的根本利益。你如何看待这一问题？

历史事件回顾

3 重金属污染及其治理

一、重金属的污染触目惊心

(一) 重金属污染的危害

重金属(heavy metal)通常指密度大于 4.5 g·cm⁻³ 的金属,如铁、锰、锌、铜、镉、铬等共 45 种金属。大量的重金属或其化合物进入环境中给环境造成的污染称为重金属污染,此处的重金属是指具有较大生物毒性的镉、铅、镍、汞、铬等[41]。

"越王勾践剑"千年不锈的原因在于剑身镀了一层含铬的合金镀层[42]。但铬元素若以离子状态赋存于水中会是一种极大的危害。铬元素的生物毒性与其氧化态有关,六价铬的致癌危害是三价铬的 100 倍以上[43]。按照国家标准 GB 5749—2006 规定,污水中的六价铬含量最高不得超过 0.05 mg·L⁻¹。由于重金属离子污染具有隐蔽性、长期性和不可逆性,且具有生物积累等特点,对生态系统有着潜在的危害(图 3-10)。重金属进入水体系及土壤后,通过饮食、饮用水、呼吸和皮肤吸收暴露于人体。

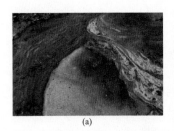

图 3-10　重金属污染的土壤(a)、水体(b)和鱼(c)

重金属在人体内能与蛋白质及各种生物酶发生强烈的相互作用,使其失去活性,也可能在人体的某些器官中富集,如果超过人体所能耐受的限度,会造成人体急性中毒、亚急性中毒、慢性中毒等,极大地危害人类健康。例如,20 世纪中叶在日本发生的水俣病(汞污染事件)[44]和骨痛病(镉污染事件)[45],1971 年伊拉克麦粒汞中毒事件(汞污染)[46],以及 2013 年中国的镉大米超标事件[47]等公共卫生事件都是由重金属污染引起的(图 3-11)。因此,从污水中去除有害重金属离子一直是世界性环保研究的热点课题[48-49]。

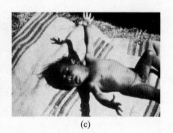

图 3-11 水俣病(a)、骨痛病(b)和伊拉克麦粒汞中毒(c)症状表现

(二) 重金属的污染来源

随着经济及科学技术的不断发展，金属尤其是重金属的使用量越来越大，重金属的污染也日益加剧。重金属污染的来源较为广泛，除了传统工农业的污染以外，还有城市及重大的污染事故等。重金属的污染来源主要有：

(1) 在农业生产中，过度使用农药、化肥以及使用污水灌溉农田等，目前的磷肥生产中还不能有效地将镉提取出来。

(2) 石油、煤炭的生产过程是重金属污染的重要来源，同时，铅、汞、砷等的冶炼、加工、选矿运输等工业生产环节也会导致重金属污染。

(3) 生活垃圾、汽车尾气等所产生的重金属污染也严重威胁到人们的生命健康。

(4) 此外，社会突发的重金属污染事故频发，使得局部的重金属浓度严重超标，破坏了生态环境。

二、重金属污染的治理

重金属污染的治理需要根据重金属污染的性质实施不同的方案。目前，重金属污染的治理技术主要分为化学法、物理化学法、生物修复法三类(图 3-12)[50]。

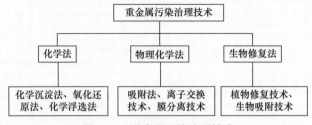

图 3-12 重金属污染治理技术

(一) 污水中重金属离子的去除

常用的治理方法有离子交换法、化学沉淀法、电解法、膜过滤法、生物法和

吸附法等[51]。传统的化学除汞常采用硫化钠法，但形成的硫化汞沉淀颗粒小，难以沉降分离，加入过量的硫化钠会形成多硫化物并返溶于溶液中，导致硫化钠的使用量难以准确控制，废水中汞的去除率难以保持稳定。

螯合吸附法是基于重金属捕捉剂(trapping agent)与重金属离子的强力螯合作用以吸附和去除重金属离子的一种方法，能在常温和很宽的 pH 范围内与废水中的 Cu^{2+}、Cd^{2+}、Hg^{2+}、Pb^{2+}、Mn^{2+}、Ni^{2+}、Zn^{2+}、Cr^{3+}等各种重金属离子发生螯合反应，并在短时间内迅速生成不溶性、低含水量、容易过滤去除的絮状沉淀，从而从污水中去除重金属离子，也可用于回收重金属或对重金属进行预处理。螯合吸附法中采用的高分子等重金属捕捉剂具有生成的金属配合物不溶于水，凝结块大，沉淀速度快，药剂及被处理物对酸碱的反应相对稳定，耐热性好及在低温水溶液中也处于稳定状态，药剂添加量少，处理成本低等诸多优点，因而被广泛使用[52]。

重金属离子螯合吸附法的吸附机理主要为螯合配位机制[53]，利用吸附剂表面所含官能团对重金属离子的选择性吸附来分离和去除重金属离子。螯合吸附剂为多齿配体，依靠自身含有的官能团上的具有路易斯碱性的 N、O、S 等原子为配位原子，与重金属离子螯合，实现对重金属离子的深度去除和选择性吸附。目前对螯合吸附剂吸附金属离子的机理大多通过红外光谱进行推断，根据吸附剂吸附金属离子前后红外光谱的变化推断金属离子与吸附剂的作用位点，金属离子与吸附剂表面的配位行为尚缺少直观、可视化的图像予以证实。通过单晶培养及配合物的晶体结构解析可以提供所有原子的精确空间位置，包括原子的连接形式、分子构象、准确的键长和键角等数据[54]。重金属离子螯合吸附法主要利用吸附剂表面或所含官能团对重金属离子选择性吸附分离，具有可再生利用、吸附量大、抗干扰能力强等优点，已成为现有优势污控技术[55-56]。

传统的镉废水处理法一般有化学沉淀法、离子交换法、膜分离法、化学法等，技术比较见表 3-2，其他土壤重金属污染修复也可参考表 3-2[57-58]。

表 3-2　镉污染修复技术比较[57-58]

修复技术	优点	缺点
植物修复法	成本低廉、无二次污染	需预先对植物进行筛选，植物种类少
生物絮凝法	安全无毒、无二次污染	生物絮凝剂活体保存不易、批量生产困难
化学沉淀法	工艺简单、操作方便，适用于重金属浓度较高的水体	沉渣难处理、无法实现重金属回收、易造成二次污染

续表

修复技术	优点	缺点
混凝沉淀法	周期短、见效快	无机絮凝剂(铝盐类)若沉积物处理不当，易造成二次污染
电化学法	能同时实现多种污染物的去除、去除效果好、污泥产量少	能耗高，易出现电极极化、钝化、结垢现象
离子交换法	处理量大、选择性高、无二次污染	树脂易受污染、清洗再生费用高
膜分离法	效率高、能耗低、可实现重金属浓缩回收	膜组件工艺复杂、寿命短且易受污染

汞是一种剧毒的重金属，主要以单质汞、无机汞与有机汞三种形态存在。汞蒸气和汞盐(除了一些溶解度极小的如硫化汞)都是剧毒的，口服、吸入或接触后可以导致脑和肝损伤。有机汞的毒性显著高于无机汞的毒性。甲基汞可以通过肠道吸收进入生物体并随血液到达器官和组织，作用于中枢神经系统引起神经毒性和神经发育毒性，对大脑和小脑造成不可逆转的损伤[59]。此外，甲基汞具有很强的生物富集和生物放大作用，水生食物链顶端的鱼类中甲基汞含量比水体中高 $10^6 \sim 10^7$ 倍[60]。排放到大气中的汞可通过大气环流在全球范围内进行长距离传输，并沉降到陆地和水生生态系统，对生态环境和人体健康造成威胁[61]。2016 年，我国批准加入《关于汞的水俣公约》，国家对汞污染排放的要求越来越高，各个涉汞行业开发出了不同的处理工艺来降低污水中的汞排放量，这一举措能在一定程度上降低我国汞的排放量。当前，围绕土壤汞污染的修复已经形成多种修复技术，其中，固化/稳定化技术和热解析技术属于常用技术，植物修复技术、纳米技术、基因工程技术属于新兴修复技术。目前，单一修复技术逐渐被多种修复技术联合使用所代替，纳米技术等新兴技术受到越来越多的重视[62]。主要除汞类型及特点如表 3-3 所示。

表 3-3　含汞污水处理方法[63]

除汞技术	除汞类型	特点
絮凝/沉降法	单质汞、离子汞、有机汞	成本低，出水汞含量可低于 $2\ \mu g \cdot L^{-1}$
吸附法	单质汞、离子汞、有机汞	成本较高，出水汞含量可低于 $2\ \mu g \cdot L^{-1}$
离子交换法	离子汞	出水汞含量可低于 $5\ \mu g \cdot L^{-1}$
膜分离法	单质汞、含汞悬浮物	出水汞含量可低于 $5\ \mu g \cdot L^{-1}$
生物方法	离子汞	技术复杂，管理难度大，耗时长

(二) 土壤中重金属污染的修复

近几年，很多土地受到了严重的重金属污染[64]。土壤重金属的污染会破坏土壤系统原来稳定的微生物群落结构和多样性，进而影响土壤耕作价值。以镉污染为例，镉污染所涉及的农作物主要是大麦、小麦、水稻、蚕豆、蔬菜等大田作物[65]。稻田生态系统是由土壤-水稻-生物体构造的一个人工生态系统，其频繁的淹水、排水等农业活动，使得稻田中的镉具有很强的迁移转化特性和对人体高度危害特性。土壤中的重金属很难被自然降解和清除。目前常用的修复方法如图 3-12 所示，它们都是通过各自不同的方式将重金属从土壤中转移出去，至于其回收则需要与去除方法相结合。

植物修复是在生物修复之后兴起的又一项新兴的环境污染治理技术，是指利用植物转移或转化环境中有害有毒污染物，从而达到去除、减毒或稳定污染物，最终使被污染环境得到改善与修复目的。这种方法主要是基于植物对重金属的富集，技术发展的关键在于寻找对重金属有超富集作用的植物。天蓝遏蓝菜(*Thlaspi caerulescens*)是世界公认的镉、锌等重金属超富集植物，具有极高的重金属累积和耐受能力[66]；挺水植物香蒲、菖蒲、黄菖蒲、花叶芦竹和千屈菜可作为砷、汞复合污染水体潜力净水植物。蜈蚣草、苣荬菜和野艾蒿可视为汞污染土壤植物修复的先锋植物[67]。龙葵是一种新发现的镉耐受植物，其根、茎、叶、果实对镉的富集量大小规律为根＞茎＞叶＞果实。龙葵作为一种在全国广泛分布、生物量大、生长速度快的植物，在未来有望对大面积的重金属污染土壤的修复发挥巨大的作用(图 3-13)[68]。

(a)   (b)

图 3-13　天蓝遏蓝菜(a)和龙葵(b)

微生物修复也是针对重金属污染稻田的处理技术，主要包括三个方面：微生物原位钝化、微生物-植物联合修复及微生物与土壤调理剂(固定剂)联合修复。例如，阿氏芽孢杆菌 T61 是一株具有植物促生性的耐镉细菌，它可以定殖在水稻植株内部，在种子萌发期可以促进根的生长，在水稻营养期可以缓解镉过量导致的氧化胁迫，降低水稻"728B"(籼稻品种)和"内香 1B"(籼稻品种)籽粒中的镉含量[69]。

植物提取修复技术发展前景十分诱人，由于纳米粒子具有高的比表面积和小尺寸效应，其对土壤中的 Hg^{2+} 具有强吸附性。例如，以壳聚糖、聚乙烯醇和膨润土为原料可制备出壳聚糖-聚乙烯醇/膨润土(CTS-PVA/BT)纳米复合材料，该材料对 Hg(Ⅱ)离子具有较高的吸附容量和选择性，能有效去除不同初始浓度和 pH 的汞盐中的 Hg(Ⅱ)。纳米复合材料具有尺寸分布窄的介孔结构，且膨润土的加入能在一定程度上提高材料热稳定性[70]。

金属污染的来源广，毒性大，对人类及自然环境有很大危害。未来环境污染的治理过程中，重金属污染仍是重要的课题，任重道远。将传统处理技术与光催化、基因工程及纳米技术等新兴技术相结合是处理重金属污染的新的发展方向，处理过程本身对环境更加友好。

思考题

　　3-4　你在实验室中是如何处理重金属废弃溶液的?

3.3　单质的性质和用途

3.3.1　物理性质

如表 3-4 所示，锌、镉、汞均为银白色金属，刚生成时的锌和镉是带浅蓝色光泽的白色固体。金属锌和镉为畸变的六方紧密堆积，汞为三方晶系、菱方晶胞(面心立方畸变型)，原子层间距大，相互作用力小。

表 3-4　**Zn、Cd、Hg 单质的物理性质**

性质	Zn	Cd	Hg
颜色	蓝白色	银白色	银色
密度/(g·cm^{-3})	7.133	8.65	13.546
莫氏硬度	2.5	2.0	—
T_f/K	692.58	593.9	234.16
T_b/K	1180	1038	629.58

锌族金属密度较大，但抗拉强度较低。原因是锌族元素的原子半径大，且次外层 d 轨道全充满，不参与形成金属键，这种 d 电子全满造成的稳定性使得锌族元素自上而下金属键逐渐减弱。另一方面，这种金属键的减弱还表现在锌、镉、

汞的熔点和沸点都较低，且按锌、镉、汞的顺序降低，与 p 区金属单质类似，而比 d 区和铜族元素单质低得多。汞原子由于受相对论效应的影响，成键轨道和反键轨道全部占满，原子间几乎没有成键效应，因此汞的熔点最低，在常温下以液态存在，而且是少见的气态时以单原子分子形式存在的金属元素。

锌是一种比较软的金属，比铅和锡稍硬。常温下性脆，延展性差，但加热到 100～105℃时就具有很高的延展性，能压成薄板或拉成丝[71]。锌能与许多金属形成合金，其中最为主要的是与铜形成的黄铜，与铝、镁等形成压铸合金等。锌的熔点较低，具有液态流动性好的特点，使得其在压力浇铸时能充满模内很多精细结构，所以常作为精密铸件的原料。

汞在常温下具有可蒸发、吸附性强、容易被生物体吸收等特性，其蒸气无色无味。汞蒸气吸入人体会产生慢性中毒，如牙齿松动、毛发脱落、听觉失灵、神经错乱等。因此，使用汞时必须非常小心，避免将汞滴撒在实验桌上或地面上。汞撒开后，表面积增大，极易挥发。在室温下达平衡时，1 m³ 的空气中含有 14 mg 汞的蒸气[72]，就大大超过空气中允许汞蒸气的排放浓度(0.012 mg · m⁻³)[73]。一旦撒落，应该先尽量收集起来。对于遗留在缝隙处的汞，可撒盖硫磺粉使其生成难溶的 HgS，也可倒入饱和的铁盐溶液使其氧化除去。储藏汞时必须密封，实验室临时存放在广口瓶中的少量汞，应覆盖一层水或 10% NaCl 溶液，以保证汞不挥发。

Cn 的性质和聚集态多年来一直是人们猜测的对象。基于自由能计算探讨 Cn 的物理化学性质，Cn 的熔点和沸点分别为 283 K ± 11 K 和 340 K ± 10 K。Cn 实际上是一种挥发性液体，密度与汞相似[74]。在元素周期表的第 12 列元素原子中，Zn、Cd 和 Hg 直到 Cn，由于相对论效应，元素原子状态保持不断稳定的趋势(图 3-14)[75]。

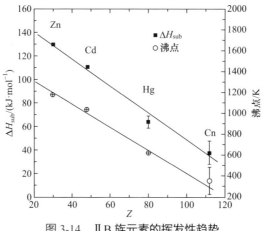

图 3-14　ⅡB 族元素的挥发性趋势

基于相对论效应确定 Cn 元素可以在两种可能的稳定状态下存在，即体心立方结构(焓最低)和简单立方结构，前提是相的体积可以扩大(负压)[76]。简单立方结构和体心立方结构两稳定相之间会因压力诱导结构转变。从元素周期表的单个元素来看，基态体心立方结构具有最高的弹性各向异性。而且发现体心立方结构的 Cn 元素是金属，在压力影响下可以达到的第二稳定的简单立方结构相表现出金属行为。Cn 元素是一种具有两种稳定状态的金属，这与前期的理论预测一致[77]。基于波函数和密度泛函理论可以计算 Cn 二聚体的键长和解离能。与较轻的锌族元素二聚体的对应数据比较发现，Cn_2 分子的键距最小，解离能最大[78]。

3.3.2　化学性质

锌族元素的化学活性随 Zn、Cd、Hg 原子序数增大而递减。锌族元素单质在常温下很稳定。三种金属中，锌和镉的化学性质相似，而汞的化学活泼性差很多。三种金属离子/金属电对的标准电极电势对比如下。

酸性介质中：

$$\varphi^{\ominus}(Zn^{2+}/Zn) = -0.7618\ V < 0$$

$$\varphi^{\ominus}(Cd^{2+}/Cd) = -0.4029\ V < 0$$

$$\varphi^{\ominus}(Hg^{2+}/Hg) = +0.851\ V > 0$$

碱性介质中：

$$\varphi^{\ominus}(ZnO_2^{2-}/Zn) = -1.245\ V < 0$$

$$\varphi^{\ominus}[Cd(OH)_2/Cd] = -0.809\ V < 0$$

$$\varphi^{\ominus}(HgO/Hg) = +0.0977\ V > 0$$

1. 与非金属单质作用

锌在加热条件下可与大多数非金属元素单质反应。锌在干燥空气中相对稳定，需加热至 1000℃时可燃烧生成白色的固体氧化锌。

$$2Zn + O_2 = 2ZnO$$

在潮湿且含有 CO_2 的空气中，锌表面会形成一层碱式碳酸锌。这层薄膜较致密，使锌具有防腐蚀性能。

$$4Zn + 2O_2 + 3H_2O + CO_2 = ZnCO_3 \cdot 3Zn(OH)_2$$

镉在潮湿的空气中缓慢氧化并失去金属光泽，加热时表面形成棕色的氧化物层。

汞需要加热至沸才缓慢与氧气作用生成氧化汞，在 500℃以上又分解为氧气和汞单质。

$$2Hg + O_2 \rightleftharpoons 2HgO$$

锌、镉、汞可与氯气反应。室温时锌与卤素作用缓慢,在加热条件下能与卤素反应。

$$Zn + X_2 = ZnX_2 \quad (X = F、Cl、Br、I)$$
$$Cd + X_2 = CdX_2 \quad (X = F、Cl、Br、I)$$

锌粉与硫粉在加热条件下可生成硫化锌,而汞与硫粉研磨即能生成硫化汞,这是因为研磨时液态汞与硫粉接触面积大,且二者亲和力较强,反应容易进行。

$$M + S = MS \quad (M = Zn、Cd、Hg)$$

2. 与水作用

锌在常温下不与水反应,在红热时能分解水蒸气,生成氧化锌。汞与水不反应。

$$Zn + H_2O = ZnO + H_2\uparrow$$

3. 与酸作用

从锌、镉、汞的标准电极电势来看,锌和镉位于氢前,汞位于铜与银之间。在稀盐酸和稀硫酸中,锌易反应,镉反应较慢。汞与稀盐酸和稀硫酸则完全不反应,但可以与热的浓硫酸作用。

$$M + 2H^+ = M^{2+} + H_2 \quad (M = Zn、Cd)$$
$$Zn + 2H_2SO_4(浓) = ZnSO_4 + SO_2\uparrow + 2H_2O$$
$$Hg + 2H_2SO_4(热、浓) = HgSO_4 + SO_2\uparrow + 2H_2O$$

锌、镉、汞都易溶于硝酸。锌是比较强的还原剂,与氧化性酸反应,可将对应的元素还原至最低氧化态。汞在过量的硝酸中溶解汞产生硝酸汞(Ⅱ),但用过量的汞与冷的稀硝酸反应,生成的是硝酸亚汞(Ⅰ)。

$$Zn + 4HNO_3(浓) = Zn(NO_3)_2 + 2NO_2\uparrow + 2H_2O$$
$$4Zn + 10HNO_3(稀) = 4Zn(NO_3)_2 + N_2O + 5H_2O$$
$$4Zn + 10HNO_3(极稀) = 4Zn(NO_3)_2 + NH_4NO_3 + 3H_2O$$
$$3Hg + 8HNO_3(过量) = 3Hg(NO_3)_2 + 2NO\uparrow + 4H_2O$$
$$6Hg(过量) + 8HNO_3 = 3Hg_2(NO_3)_2 + 2NO\uparrow + 4H_2O$$

4. 与碱作用

锌、镉、汞中仅锌具有两性,不仅可与酸反应,而且可与碱反应。镉可溶于酸,但不溶于碱。汞也不与碱反应。

锌与铍、铝相似，都是两性金属，溶于强碱溶液中。

$$Zn + 2NaOH + 2H_2O == Na_2[Zn(OH)_4] + H_2\uparrow$$

锌也溶于过量氨水。但铝不能与氨水生成配离子，因此不溶于氨水。

$$Zn + 4NH_3 + 2H_2O == [Zn(NH_3)_4]^{2+} + 2OH^- + H_2\uparrow$$

对于𫓧的化学性质，强相对论效应使𫓧具有化学惰性，匹查(K. S. Pitzer，1914—1997)在 1975 年提出 112 号元素具有闭合的 s^2 壳层，是挥发性的和相对惰性的，基本形式是气体或非常易挥发的液体，仅受色散力的约束[79]。通过计算锌族元素中的汞和𫓧在羟基化石英和金表面的吸附能发现，在室温下𫓧不与二氧化硅发生相互作用，与金的相互作用弱于汞，其原因是它对价电子层的相对论效应最强，使𫓧元素具有惰性[80]。但在 2008 年的研究中指出，与使用物理吸附模型[81]预测的吸附焓相比，观察到的𫓧在金表面的吸附焓增强，表明其与金之间的吸附作用涉及金属键特征。因此，𫓧在化学上不像 Pitzer 在 1975 年提出的像惰性气体那样具有惰性。

3.3.3 用途

锌广泛应用于钢铁、汽车、机械制造、建筑、航天、船舶、医药、交通运输、化工和电子产品等领域。

锌最大的应用领域是镀锌工业，全球锌消费的一半左右是用于镀锌(图 3-15)。与其他金属相比，锌是相对易镀而又较廉价的金属，故被广泛用于钢铁镀锌，以防止大气腐蚀。长期以来，采用挂镀锌或滚镀锌对金属表面进行防腐，都是在"高氰"镀液(含氰化物 75~100 $g \cdot L^{-1}$)中进行的。氰化物镀锌工艺稳定，镀液分散性能和深镀能力好，产品质量好，但由于氰化物这种剧毒物质对环境危害巨大，国家发展和改革委员会发布的《产业结构调整指导目录(2005 年本)》明令淘汰"含氰沉锌工艺"。20 世纪 60 年代末期到 70 年代初期，采用锌酸盐和氯化锌镀锌相继在工业上大规模应用。

(a) 盛橡胶用的镀锌铁桶　　(b) 锌基涂料处理过的澳大利亚悉尼海湾大桥的一角

图 3-15　镀锌应用

近年来，热浸镀锌是一种为钢铁产品提供高耐蚀性的工艺，特别是在连续镀锌线上形成的镀锌钢板由于低成本和大规模生产而被广泛应用于汽车制造和结构钢中[81-84]。

锌质软且熔点低，熔体流动性好，适用于浇铸对机械强度要求不高的精密铸件；锌能与很多金属形成合金，如制作黄铜和青铜。这些合金耐化学腐蚀性强，且切削加工的机械性能好，可用于制备无缝管、阀门和管道配件等，广泛用于机械制造、交通运输、印刷、国防等领域。黄铜由于具有优良的力学性能、耐腐蚀、易于铸造和成形，被广泛应用于卫浴和电工电气器件中[85]。

锌还是制造干电池的重要材料，如锌-锰干电池，早在 1888 年就已出现锌-锰干电池。现在常用的干电池是碱性锌-锰干电池，与传统锌-锰干电池不同的是，负极结构用锌粉代替了锌片。近年来，锌-氧化银电池因其比能量高，内阻小、工作电压高而平稳，被广泛应用于军事、宇航、潜艇及各种宇宙空间技术领域中。锌-银扣式电池则主要用作电子手表、助听器、计算器、微型收音机、照相机、音乐卡片等小型日用电子器具的电源。

锌粉可作为还原剂应用于金属镉、金、银的冶炼以及化工制药等行业，超细锌粉主要作为富锌涂料和其他防腐、环保等高性能涂料的关键原料，被广泛应用于大型钢铁构件、船舶、集装箱、航空、汽车等行业。

锌是人体内必需的微量元素，有"生命的元素"之称。它对人体蛋白质的合成、机体生长、大脑发育等都具有举足轻重的作用。锌肥(硫酸锌、氯化锌)有促进植物细胞呼吸、碳水化合物的代谢等作用。

镉对盐水和碱液有良好的耐腐蚀性，可用于钢件镀层防腐，以抵抗碱液和盐水的浸蚀。镉的化合物被用于制造颜料、塑料稳定剂和荧光粉等。硫化镉、硒化镉、碲化镉具有较强的光电效应，可用于制造光电池。此外，镉还被广泛应用于镉镍、镉银等干电池制造业[86-87]。

汞被人类使用的历史较早，如在秦始皇的墓室中有大量的汞。汞在常温下有流动性，在 253～573 K 之间体积膨胀系数很均匀且不润湿玻璃，因此被用于制作温度计，但由于汞的毒性，2026 年将禁止使用含汞体温计和含汞血压计；而利用汞密度大和蒸气压低，又可将其用于气压计和不同类型的压强计的制造。汞的蒸气在电弧中能导电，并辐射高强度的可见光和紫外线，可将其应用于制造医疗太阳灯；利用汞的高密度、导电性和流动性，在实验工作中也可将其用作液封和大电流断路继电器等。许多形式的有机汞也是常用的抗腐剂，常用作医疗仪器的消毒溶液。

思考题

3-5　查阅资料，说明水银温度计、酒精温度计、煤油温度计有哪些优缺点。

汞能溶解许多金属，如银、金、钠、钾、锌、镉、锡(铁除外)等形成汞齐。因组成不同，汞齐可以呈液态或固态。汞齐在化学、化工和冶金中都有重要用途。例如，钠汞齐、锌汞齐在有机合成工业中常用作还原剂；锡汞齐常用来对铜镜进行表面处理；银锡汞齐能在很短的时间内硬化，并有很好的强度，用作补牙的填料；钛汞齐一般适用于制造荧光灯或冷阴极灯，含 8.5% Ti 的钛汞齐在 213 K 才凝固，可作低温温度计。此外，利用汞能溶解银、金的性质，可将其用于冶金工业中提炼这些贵金属，"水银能消化金银成泥"。铁族金属不生成汞齐，因此可用铁制容器盛水银。

3.4 锌族元素的重要化合物

3.4.1 正常氧化态化合物

锌族元素基态原子核价层电子组态为$(n-1)d^{10}ns^2$，由于$(n-1)d$ 电子未参与形成金属键，锌和镉的常见氧化态为 +2，汞的常见氧化态有 +1 和 +2。汞的 +1 和 +2 两种不同氧化态的化合物都非常重要。由于稳定的 7s 轨道和相对论效应造成 6d 的不稳定性，Cn^{2+}很可能有$[Rn]5f^{14}6d^87s^2$的电子构型。在水溶液中，Cn 很可能形成 +2 和 +4 氧化态，后者可能更稳定。

锌族元素的重要化合物有氧化物、硫化物、卤化物及锌族元素配合物。在氧化态为+2 的化合物中，锌族元素的$(n-1)d$ 轨道是全满的，因此不能发生 d-d 跃迁，故一般化合物多为无色，固体为白色。汞能形成稳定的 +1 氧化态的化合物，但Hg_2^{2+}的 5d 轨道也是全满的，所以Hg_2^{2+}化合物多数也是无色的。但并非所有锌族元素形成的化合物都是无色，这归因于离子极化作用。由于Zn^{2+}、Cd^{2+}、Hg^{2+}阳离子的极化作用和变形性依次增大，尤其是Hg^{2+}与易变形的阴离子如 S^{2-}、I^-等形成的化合物具有明显的共价性，化合物呈现较深的颜色。例如，硫化汞有红色和黑色两种；氧化镉常温时为棕红色；氧化锌在室温下为白色，在高温下，由于离子极化加强而显黄色。同时，锌族元素 M^{2+}离子化合物还具有特征的抗磁性。常见的盐都含有结晶水。形成配合物的倾向也较大。

1. 氧化物

ZnO、CdO 可以通过金属在氧气中燃烧得到，也可以通过 $Zn(OH)_2$、$Cd(OH)_2$ 受热脱水得到，还可以由相应的碳酸盐、硝酸盐热分解得到。汞在氧气中燃烧、$Hg(NO_3)_2$ 受热分解、碳酸钠与硝酸汞反应等均可以得到红色 HgO，汞盐与强碱反应后得不到 $Hg(OH)_2$ 而是在溶液中生成黄色的 HgO。黄色 HgO 受热即变成红色。黄色 HgO 和红色 HgO 是 HgO 的两种不同颜色的变体，二者的晶体结构相同，只是晶粒大小不同，黄色 HgO 颗粒细小。

$$2M + O_2 == 2MO \quad (M = Zn、Cd、Hg)$$

$$M(OH)_2 == MO + H_2O \quad (M = Zn、Cd)$$

$$MCO_3 == MO + CO_2\uparrow \quad (M = Zn、Cd)$$

$$Hg^{2+} + 2OH^- == HgO\downarrow + H_2O$$

$$2Hg(NO_3)_2 == 2HgO + 4NO_2\uparrow + O_2\uparrow$$

$$Hg(NO_3)_2 + Na_2CO_3 == HgO + CO_2\uparrow + 2NaNO_3$$

HgO 的热稳定性远低于 ZnO 和 CdO。HgO 在 500℃时发生分解反应，ZnO 和 CdO 相对较稳定，共价性较强，受热升华但不分解，锌族元素氧化物的性质见表 3-5。

$$2HgO == 2Hg + O_2\uparrow$$

表 3-5 金属氧化物的一些基本性质

性质	ZnO	CdO	HgO
颜色	白色粉末	棕灰色粉末	红色或黄色晶体
水溶性	不溶	不溶	不溶
热稳定性	稳定	稳定	分解(500℃)
密度/(g·cm⁻³)	5.6	8.15	11.14
$\Delta_f H^\ominus$/(kJ·mol⁻¹)	−348.0	−256.9	−90.0

ZnO 晶体结构属硫化锌型，有立方闪锌矿结构、六边纤锌矿结构及比较罕见的 NaCl 结构。纤锌矿结构在三者中稳定性最高，因而最稳定(图 3-16)。

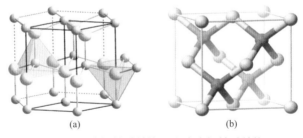

(a)   (b)

图 3-16 六边纤锌矿结构(a)和立方闪锌矿结构(b)

ZnO 为两性氧化物，溶于酸、碱分别形成锌盐、锌酸盐。

CdO 具有 NaCl 型晶体结构。CdO 属碱性氧化物。CdO 具有良好的热稳定性和化学稳定性，1559℃条件下升华但不易分解[88]。1907 年，Badeker 等[89]报道 CdO

薄膜的透明导电特性，证实其在光电子器件领域具有广阔应用前景，如太阳能电池、气敏元件、光探测器等[90-92]。

HgO 为碱性氧化物，溶于稀盐酸、稀硝酸。HgO 是制备多种汞盐的原料，还用作医药制剂、分析试剂、陶瓷颜料等。

ZnO 俗名锌白，纯 ZnO 为白色，加热则变为黄色，冷却后又变为白色。ZnO 可用作白色颜料，它的优点是无毒，遇到 H_2S 气体不变黑(因为 ZnS 也是白色)。ZnO 能改善玻璃的稳定性，可用于生产特种玻璃、搪瓷和釉料，用于橡胶生产时能缩短硫化时间，还可用作油漆的催干剂、塑料的稳定剂及杀菌剂。

氧化锌经表面活化处理后得到活性氧化锌，一般为白色或微黄色的球状细粉末。根据中华人民共和国化工行业标准 HG/T 2572—2012，活性氧化锌的比表面积不小于 45 $m^2 \cdot g^{-1}$。目前工业化生产活性氧化锌的主要方法是先合成前驱体碳酸锌，然后煅烧分解得活性氧化锌。也可以由锌固体废料作为锌源提取活性氧化锌，如采用氨法浸出-微波蒸氨-火法焙解工艺可制得粒度分布均匀的球状活性氧化锌，这种方法被用于冶锌废渣中锌资源的再利用[93]。采用湿法生产工艺制备活性氧化锌，是采用锌锭与硫酸反应生成硫酸锌，再将硫酸锌与碳酸钠反应，以制得的碳酸锌为原料制氧化锌[94]。反应式如下：

$$Zn + H_2SO_4 == ZnSO_4 + H_2\uparrow$$
$$ZnSO_4 + Na_2CO_3 == ZnCO_3 + Na_2SO_4$$

以碳酸锌为原料，经水洗、干燥、煅烧、粉碎制得产品氧化锌。反应式如下：

$$ZnCO_3 == ZnO + CO_2\uparrow$$

与普通氧化锌相比，活性氧化锌由于粒度小、比表面积大、表观密度小，反应性更强、活性更高，性能更为优良。而且活性氧化锌具有无毒性、非迁移性、荧光性、压电性，以及较强的吸水和散射紫外线的能力。这些独特的性能使活性氧化锌具有广泛的应用前景。

在橡胶行业中使用活性氧化锌作为橡胶硫化活性剂，其用量仅为等级氧化锌用量的 30%～50%，活性氧化锌在橡胶中分散性好，它的强伸性等物理机械性能远优于普通氧化锌[95]。

ZnO 具有成本低、结晶度高、吸收系数高、形貌各异等优点，是目前应用最广泛的传统光催化剂之一[96]，已被应用于光催化降解染料艳绿[97]、甲基橙等[98]。ZnO 基纳米复合材料在光催化制氢和降解有机污染物方面也取得了显著的效果，拓展了光催化在能量转换和环境修复领域的应用。纳米氧化锌在紫外线照射下能分解出自由移动的电子，因而具有杀菌性能[99]。例如，人们发现基于氧化锌纳米粒子构建的污泥厌氧消化反应器对有机物降解效率和污泥减量率存在明显抑制作用[100-101]。ZnO 是 II-VI 族半导体材料，其较高的激子束缚能可以使激子在室温或更高温度下稳定存在。作为宽带隙半导体，ZnO 是固态蓝光和紫光光电子学的主体，包括应用于激光器开发、高密度数据储存、固态照明、安全通信等[102]。以氧化锌纳米粒子-活性炭纳米复合电极为原料还可以制备超级电容器电池[103]，应用于超级电容器等储能设备，装置具有良好的寿命周期和电化学可逆性[104]。掺杂过渡金属的 ZnO 基复合材料作为一种极具发展前景的纳米材料正在受到越来越多的重视，如以氧化锌为基础的材料被广泛应用于制造气体传感器，其中可以通过有针对性地修饰表面催化位点来提高检验气体的灵敏度[105]。

2. 氢氧化物

在锌盐溶液中加入适当的强碱溶液得到氢氧化锌白色沉淀。氢氧化锌也是一种两性物质，既能溶于酸，也能溶于碱。氢氧化锌溶于氨水。

$$ZnCl_2 + 2NaOH \Longequal Zn(OH)_2\downarrow + 2NaCl$$

$$Zn(OH)_2 + 2H^+ \Longequal Zn^{2+} + 2H_2O$$

$$Zn(OH)_2 + 2OH^- \Longequal [Zn(OH)_4]^{2-}$$

$$Zn(OH)_2 + 4NH_3 \Longequal [Zn(NH_3)_4]^{2+} + 2OH^-$$

例题 3-1

解释不断在 $ZnCl_2$ 溶液中加入 NaOH 的现象。能说明 $Zn(OH)_2$ 的什么性质？还有哪些化合物可以得到下图中类似的曲线？

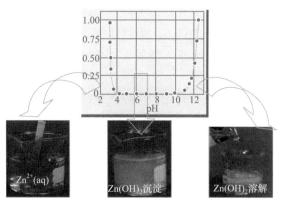

解 提示：$Zn(OH)_2$ 具有两性，既能溶于酸，又能溶于碱。溶液的 pH 决定其存在形式。类似的化合物只要具有两性均可得到类似曲线，如 $Cu(OH)_2$、$Al(OH)_3$、$Cr(OH)_3$ 等。

氢氧化镉也是两性物质，偏碱性，难溶于水。与氢氧化锌一样，氢氧化镉也能溶于氨水。

$$Cd(OH)_2 + 4NH_3 = [Cd(NH_3)_4]^{2+} + 2OH^-$$

两种氢氧化物受热脱水分别生成 ZnO 和 CdO：

$$Zn(OH)_2 = ZnO + H_2O$$

$$Cd(OH)_2 = CdO + H_2O$$

$Zn(OH)_2$ 的热稳定性强于 $Cd(OH)_2$。

在汞盐溶液中加入强碱溶液不能得到氢氧化汞，氢氧化汞在水溶液中不能稳定存在，转化生成 HgO。

3. 硫化物

Zn^{2+}、Cd^{2+}、Hg^{2+} 的水溶液中通入 H_2S 时生成相应的硫化物沉淀 ZnS、CdS 和 HgS，在水中溶解度大小为 ZnS>CdS>HgS。

ZnS 可溶于稀盐酸。CdS 不溶于稀酸，但溶于浓盐酸、浓硫酸及热稀硝酸。HgS 的溶解度是金属硫化物中最小的，既不溶于浓盐酸，也不溶于浓硝酸，只能溶于王水、HCl 与 KI 的混合物及过量的浓 Na_2S 溶液。

$$ZnS + 2H^+ = Zn^{2+} + H_2S\uparrow$$

$$3HgS + 12HCl + 2HNO_3 = 3H_2[HgCl_4] + 3S\downarrow + 2NO\uparrow + 4H_2O$$

$$HgS + 2H^+ + 4I^- = [HgI_4]^{2-} + H_2S\uparrow$$

$$HgS + Na_2S = Na_2[HgS_2](二硫合汞酸钠)$$

可以通过控制酸度(如通入 H_2S 气体)分离锌和镉；可用 Na_2S 浓溶液将汞与铜、银、金、锌、镉分离。

ZnS 为白色，见光逐渐变色，长期放置在潮湿空气中易变成硫酸锌。ZnS 可用于制作白色颜料及玻璃、荧光粉、橡胶、塑料、发光油漆等。ZnS 与 $BaSO_4$ 共沉淀形成的混合晶体 $ZnS \cdot BaSO_4$ 称为锌钡白(俗称立德粉)，是一种优良的白色颜料。

CdS 为黄色，俗称镉黄。CdS 主要用作玻璃釉、瓷釉及黄色颜料。高纯度硫化镉是良好的半导体，对可见光有强烈的光电效应，可用于制光电管、太阳能电池。纯的 CdS 是制备荧光物质的重要基质。

天然硫化汞是制造汞的主要原料，也用作生漆、印泥、印油、朱红雕刻漆器和绘画等的红色颜料。

4. 卤化物

1) 氯化锌

无水氯化锌为白色固体，可由金属锌与氯气直接合成，也可将干燥的氯化氢通过金属锌在 973 K 时反应得到，还可以利用氯化锌水合物与氯化亚砜一起加热制备：

$$ZnCl_2 \cdot xH_2O + xSOCl_2 == ZnCl_2 + 2xHCl + xSO_2\uparrow$$

蒸发氯化锌的水溶液或加热氯化锌水合物得不到无水氯化锌，因为氯化锌会发生水解反应而只能得到碱式氯化锌[Zn(OH)Cl]。为了防止其水解，必须在 HCl 气体氛围下加热脱水，才可制得无水氯化锌。

思考题

3-6 由蒸发氯化锌的水溶液或加热氯化锌水合物得不到无水氯化锌，你能得到什么结论?

氯化锌熔点低，具有明显的共价性，固体极易吸潮。氯化锌极易溶于水，25℃时，每 100 g 水中溶解 432 g 氯化锌。氯化锌在甲醇、乙醇、甘油、丙酮等溶剂中也能溶解。

$ZnCl_2$ 在浓溶液中因形成配位酸而使其水溶液显酸性。

$$ZnCl_2 + H_2O == H[ZnCl_2(OH)]$$

该配位酸酸性很强，足以溶解金属氧化物。例如：

$$FeO + 2H[ZnCl_2(OH)] == Fe[ZnCl_2(OH)]_2 + H_2O$$

$ZnCl_2$ 浓溶液被用于金属焊接中清除金属表面的氧化物，焊接时不损害金属表面，当水分蒸发后，熔盐覆盖在金属表面使之不再氧化，能保证焊接金属的直接接触。

$ZnCl_2$ 具有很强的吸水性，在有机合成中用作脱水剂。$ZnCl_2$ 具有较强的活化造孔作用，可用作活性炭活化剂，增大活性炭表面积。有机工业用作聚丙烯腈的溶剂，石油工业用作净化剂，印染工业用作媒染剂，冶金工业用于处理金属表面，焊接时作为除锈剂。此外，$ZnCl_2$ 在干电池、电镀、医药、木材防腐等方面也有广泛的用途。

2) 氯化汞和氯化亚汞

氯化汞($HgCl_2$)又称升汞(corrosive sublimate)，是白色(略带灰色)针状结晶或粉末颗粒。其熔点低(277℃)，因易升华而得名。其本身有剧毒，但稀溶液有杀菌作用，在医疗中常用作外科非金属器具的消毒剂。$HgCl_2$ 为共价型化合物，氯原子和汞原子以共价键结合成直线形分子 Cl—Hg—Cl。升汞稍溶于水，但在水中的解离度很小，几乎以分子形式存在，这是无机盐少有的性质，又被称为"假盐"。

$HgCl_2$ 可在过量的氯气中加热金属汞而制得，也可由 $HgSO_4$ 与 $NaCl$ 作用经升华制得：

$$HgSO_4 + 2NaCl \xrightarrow{\triangle} HgCl_2 + Na_2SO_4$$

$HgCl_2$ 在过量 Cl^- 存在时形成 $[HgCl_4]^{2-}$ 配离子：

$$HgCl_2(aq) + 2Cl^-(aq) == [HgCl_4]^{2-}(aq)$$

$HgCl_2$ 在水中稍有水解，在氨中发生氨解。

$$HgCl_2 + H_2O == Hg(OH)Cl + HCl$$

$$HgCl_2 + 2NH_3 == Hg(NH_2)Cl(s，白色) + NH_4Cl$$

$HgCl_2$ 在酸性溶液中是较强的氧化剂。$SnCl_2$ 在酸性溶液中可将 $HgCl_2$ 还原为 Hg_2Cl_2，$SnCl_2$ 过量时，Hg_2Cl_2 进一步被还原为金属汞，使沉淀变为黑色。

$$2HgCl_2 + SnCl_2 + 2HCl == Hg_2Cl_2(s，白色) + H_2SnCl_6$$

$$Hg_2Cl_2 + SnCl_2 + 2HCl == 2Hg(l，黑色) + H_2SnCl_6(aq)$$

这两个反应用于定性检验 Hg^{2+} 或 Sn^{2+}。

氯化亚汞(Hg_2Cl_2)因味略甜又称甘汞(calomel)。微溶于水，无毒。所有亚汞化合物都是反磁性的，因为在所有汞(Ⅰ)化合物中，汞总是以双聚体 Hg_2^{2+} 的形式出现，而没有单个 Hg^+，双聚体中每个 Hg 原子以 sp 杂化轨道成键，所以 Hg_2Cl_2 是直线形结构。亚汞盐多数为无色化合物，微溶于水，只有少数盐如硝酸亚汞是易溶的，但易发生水解。

$$Hg_2(NO_3)_2 + H_2O == Hg_2(OH)NO_3\downarrow + HNO_3$$

Hg_2Cl_2 可用汞单质与 $HgCl_2$ 研磨制得，也可以由硝酸亚汞溶液中加入盐酸得到。

$$Hg + HgCl_2 == Hg_2Cl_2$$

$$Hg_2(NO_3)_2 + 2HCl == Hg_2Cl_2\downarrow + 2HNO_3$$

Hg_2Cl_2 不如 $HgCl_2$ 稳定，见光易分解，应保存在棕色瓶中。

$$Hg_2Cl_2 \xrightarrow{h\nu} Hg + HgCl_2$$

Hg_2Cl_2 与氨水反应可生成氨基氯化汞和汞：

$$Hg_2Cl_2 + 2NH_3 == Hg(NH_2)Cl\downarrow + Hg\downarrow + NH_4Cl$$

白色的氨基氯化汞和黑色的金属汞微粒混在一起，使沉淀呈黑灰色。这个反应可用来鉴定 Hg_2^{2+} 的存在。

氯化亚汞可用来制作甘汞电极，此外曾用作轻泻剂和利尿剂。

例题 3-2

为什么氯化亚汞分子式要写成 Hg_2Cl_2 而不能写成 $HgCl$?

解 Hg 原子电子构型为 $5d^{10}6s^2$。若氯化亚汞分子式写成 $HgCl$，则意味着在氯化亚汞的分子中，汞还存在着一个未成对电子，这是一种很难存在的不稳定构型；另外，它又是反磁性的，这与 $5d^{10}6s^2$ 的电子构型相矛盾。因此，应该写成 $Cl—Hg—Hg—Cl$ 才与分子磁性一致，实验证明其中的汞离子是 $\{Hg—Hg\}^{2+}$，而不是 Hg^+。

这一结论还可以通过很多实验方法证明，如平衡常数法、浓差电池法、电导法、拉曼光谱法、X 射线晶体衍射法等。

3) 碘化汞和碘化亚汞

向含有 Hg^{2+} 的水溶液中加入 I^- 时，先生成红色 HgI_2 沉淀，过量 I^- 导致 HgI_2 溶解生成无色 $[HgI_4]^{2-}$ 配离子：

$$Hg^{2+} + 2I^- \longrightarrow HgI_2\downarrow$$

$$HgI_2 + 2I^- \longrightarrow [HgI_4]^{2-}$$

向含有 Hg_2^{2+} 的水溶液中加入 I^- 时，先生成浅绿色 Hg_2I_2 沉淀，继续加入 I^- 则生成无色 $[HgI_4]^{2-}$ 和汞单质：

$$Hg_2^{2+} + 2I^- \longrightarrow Hg_2I_2\downarrow$$

$$Hg_2I_2 + 2I^- \longrightarrow [HgI_4]^{2-} + Hg\downarrow$$

$K_2[HgI_4]$ 的 KOH 溶液称为奈斯勒(Nessler)试剂，与 NH_3 反应生成红褐色沉淀，可用于鉴定 NH_4^+：

$$NH_3 + 2[HgI_4]^{2-} + 3OH^- \longrightarrow O{\underset{\diagdown Hg}{\overset{\diagup Hg}{\diagup}}}NH_2I\downarrow + 7I^- + 2H_2O$$

5. 硝酸汞和硝酸亚汞

$Hg(NO_3)_2$ 和 $Hg_2(NO_3)_2$ 都可由金属汞和 HNO_3 作用制得，主要在于两种原料的比例不同：使用 65% 的浓 HNO_3 并且过量，在加热下反应得到 $Hg(NO_3)_2$，反之，

用冷的稀 HNO_3 与过量 Hg 作用则得到 $Hg_2(NO_3)_2$。

$$Hg + 4HNO_3(浓) = Hg(NO_3)_2 + 2NO_2\uparrow + 2H_2O$$

$$6Hg + 8HNO_3(稀) = 3Hg_2(NO_3)_2 + 2NO\uparrow + 4H_2O$$

$Hg(NO_3)_2$ 也可由 HgO 溶于 HNO_3 制得：

$$HgO + 2HNO_3 = Hg(NO_3)_2 + H_2O$$

将 $Hg(NO_3)_2$ 溶液与金属汞一起振荡也可得 $Hg_2(NO_3)_2$：

$$Hg(NO_3)_2 + Hg = Hg_2(NO_3)_2$$

$Hg(NO_3)_2$ 和 $Hg_2(NO_3)_2$ 都溶于水，是常用的化学试剂，是制备其他含汞化合物的主要原料。$Hg(NO_3)_2$ 和 $Hg_2(NO_3)_2$ 易水解生成碱式盐沉淀，因此在配制两种盐的水溶液时应先溶于硝酸中。

$$2Hg(NO_3)_2 + H_2O = HgO \cdot Hg(NO_3)_2\downarrow + 2HNO_3$$

$$Hg_2(NO_3)_2 + H_2O = Hg_2(OH)NO_3\downarrow + HNO_3$$

$Hg(NO_3)_2$ 和 $Hg_2(NO_3)_2$ 均可以与氨水反应生成碱式氨基硝酸汞白色沉淀，后一反应中同时生成黑色的汞单质，导致溶液显灰色：

$$2Hg(NO_3)_2 + 4NH_3 + H_2O = HgO \cdot NH_2HgNO_3\downarrow + 3NH_4NO_3$$

$$2Hg_2(NO_3)_2 + 4NH_3 + H_2O = HgO \cdot NH_2HgNO_3\downarrow + 2Hg\downarrow + 3NH_4NO_3$$

6. 配合物

锌族元素离子有较强的形成配合物的倾向，只有 Hg_2^{2+} 形成配合物的倾向较小。

Zn^{2+} 和 Cd^{2+} 常见的配位数为 4、6，Hg^{2+} 常见配位数为 4。锌族元素与卤素离子中 F^- 形成配合物的倾向较小；Zn^{2+} 和 Cd^{2+} 都能与氨水反应，生成稳定的配合物。除此之外，Cd^{2+} 常与 CN^-、SCN^-、Cl^-、Br^-、I^-、OH^- 等离子生成 $[ML_4]^{2-}$ 配离子，Zn^{2+} 常与 CN^-、SCN^-、Cl^-、OH^- 等离子生成 $[ML_4]^{2-}$ 配离子，Hg^{2+} 常与 CN^-、SCN^-、Cl^-、Br^-、I^- 等离子生成 $[ML_4]^{2-}$ 配离子；Zn^{2+} 可与 $P_2O_7^{4-}$ 生成 $[Zn(P_2O_7)_2]^{6-}$ 配离子、Hg^{2+} 可与 $S_2O_3^{2-}$ 生成 $[Hg(S_2O_3)_3]^{4-}$ 配离子等。

$$Zn^{2+} + 4NH_3 = [Zn(NH_3)_4]^{2+} \qquad K_稳^\ominus = 2.9 \times 10^9$$

$$Cd^{2+} + 4NH_3 = [Cd(NH_3)_4]^{2+} \qquad K_稳^\ominus = 1.4 \times 10^5$$

$$Zn^{2+} + 4CN^- = [Zn(CN)_4]^{2-} \qquad K_稳^\ominus = 5.0 \times 10^{16}$$

$$Cd^{2+} + 4CN^- = [Cd(CN)_4]^{2-} \qquad K_稳^\ominus = 6.0 \times 10^{18}$$

$$Hg^{2+} + 4CN^- = [Hg(CN)_4]^{2-} \qquad K_稳^\ominus = 2.5 \times 10^{41}$$

$$Zn^{2+} + 4Cl^- \rightleftharpoons [ZnCl_4]^{2-} \qquad K_{稳}^{\ominus} = 1.6$$

$$Cd^{2+} + 4Cl^- \rightleftharpoons [CdCl_4]^{2-} \qquad K_{稳}^{\ominus} = 6.3 \times 10^2$$

$$Hg^{2+} + 4Cl^- \rightleftharpoons [HgCl_4]^{2-} \qquad K_{稳}^{\ominus} = 1.2 \times 10^{15}$$

$$Hg^{2+} + 4Br^- \rightleftharpoons [HgBr_4]^{2-} \qquad K_{稳}^{\ominus} = 1.0 \times 10^{21}$$

$$Hg^{2+} + 4I^- \rightleftharpoons [HgI_4]^{2-} \qquad K_{稳}^{\ominus} = 6.8 \times 10^{29}$$

$$Hg^{2+} + 4SCN^- \rightleftharpoons [Hg(SCN)_4]^{2-} \qquad K_{稳}^{\ominus} = 5.0 \times 10^{21}$$

在这些配离子中，Zn^{2+}、Cd^{2+}、Hg^{2+} 与 CN^- 生成的配离子最稳定；在与同种阴离子形成配位数相同的配合物时，Hg^{2+} 生成的配合物最稳定；卤素离子与 Hg^{2+} 生成的配离子中，配合物的稳定性按 Cl^-、Br^-、I^- 的顺序依次增强。

思考题

3-7 铜和汞都有正一价，但是它们在水溶液中的稳定性相反。你能给予正确的解释吗?

3.4.2 非正常氧化态化合物

在锌族元素中，Zn 和 Cd 的+2 氧化态和 Hg 的+1、+2 氧化态是最常见的。但 Zn 和 Cd 也有+1、+3 氧化态。通过计算，科学家还发现 Cn 能呈稳定的+4 氧化态，而汞仅能在极端条件下呈+4 氧化态，Zn 和 Cd 则不能呈+4 氧化态。

1. Zn 和 Cd 的+1 氧化态化合物

Zn 的氢化物在天体物理、复杂催化、化学吸附和金属储氢中有着重要的应用。ZnH 分子是一种简单的 Zn 的氢化物，它的价电子非常少，成为光谱精密测量等领域的研究热点[106]，用密度泛函理论 B3LYP/6-311++g(d, p) 方法也证实了 ZnH 能稳定存在[107]。ZnH 分子的电子结构特征以及相应的跃迁性质无论是在实验领域还是在理论计算方面都受到了持续的关注[108-109]。CdH 分子的电子结构和 ZnH 的极为类似。1930 年，Paul 等通过研究气体对光激发 Cd(Ⅰ)光谱的影响发现[110]，氢对光激发的镉辐射非常有效，激发态的 2^3P_1 镉原子与氢分子的碰撞产生一个普通的 CdH 分子和一个氢原子。而早在 20 世纪 20 年代，通过对太阳光在可见光和近紫外光附近的光谱观察发现了锌的氢化物 ZnH 分子，而在 1926 年已有科学家对 ZnH、CdH 和 HgH 的光谱进行了研究[111]。对于 Zn 为+1 价的卤化锌分子 ZnX(X: F、Cl、Br、I)，Elmoussaoui 等利用标准泛函的方法，对四种单卤化锌 ZnX 分子三个最低束缚态的振动能级和振动态的几个常数进行了研究[112]。

锌和镉也存在+1 价的多聚离子。Zn_2^{2+} 和 Cd_2^{2+} 可能极不稳定，在熔融的氯化物中溶解金属时可生成 Zn_2^{2+} 和 Cd_2^{2+}，但在水中立即歧化为+2 价离子和金属。但近年来，关于 Zn_2^{2+} 和 Cd_2^{2+} 的文献报道不断出现，Zn_2^{2+} 和 Cd_2^{2+} 的化合物甚至可以被分离得到。

2004 年，Resa 等[113]合成出了一种 Zn(Ⅰ)配合物 $Cp^*Zn\text{-}ZnCp^*$(Cp^* = $C_5Me_5^-$)(图 3-17，化合物 **1**)，并从−10℃的乙醚中成功地分离出来。稳定$[Zn\text{-}Zn]^{2+}$单元并不需要存在 Zn—C 键，这也意味着以 Zn_2^{2+} 为中心离子的经典配位化合物是未来合成和结构研究的目标。Stasch[114]以二亚氨基膦$[Ph_2P(NDip)_2]$为配体合成了一种二聚体 Zn(Ⅰ)配合物。Zn(Ⅱ)配合物通过二聚体镁(Ⅰ)试剂的还原，同样生成了存在 Zn—Zn 键的二聚体 Zn(Ⅰ)配合物。

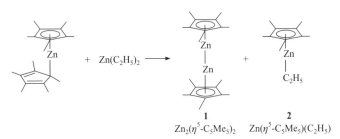

图 3-17　$[Zn\text{-}Zn]^{2+}$配合物的生成

此外，$[L^*ZnMg(^{Mes}Nacnac)]$与 $ZnBr_2$ 或 $ZnBr_2(tmeda)$反应可以生成混合价、二配位线性三锌配合物$[L^*Zn^IZn^0Zn^IL^*]$和 Zn(Ⅰ)配合物$[L^*ZnZnBr(tmeda)]$。该文献还报道了类似物$[L^*ZnMZnL^*]$(M = Cd 或 Hg)，配合物中含有 Zn—Cd 键[115]。其中，$L^* = N(Ar^*)(SiPr_3^i)$，$Ar^* = C_6H_2\{C(H)Ph_2\}_2Me\text{-}2,6,4$，$^{Mes}Nacnac = [(MesNCMe)_2CH]^-$，Mes = mesityl 异亚丙基丙酮，Nacnac = β-diketiminate 双烯酮亚胺，tmeda = tetramethylethylenediamine 四甲基乙二胺。

关于 Cd_2^{2+} 化合物的研究也很早。1986 年，Faggiani 等[116]通过 X 射线晶体衍射对 $Cd_2(AlCl_4)_2$ 进行结构表征表明，分子中 Cd(Ⅰ)离子为 Cd_2^{2+}，$Cd_2(AlCl_4)_2$ 由 Cd_2^{2+} 阳离子和近似四面体 $AlCl_4^-$ 阴离子组成。2020 年，Juckel 等[117]报道了用两个体积很大的硼基/硅基取代的酰胺配体，—$N\{B(DipNCH)_2\}(SiR_3)$(R = Me ^{TBo}L，R = Ph^{PhBo}L，Dip = 2,6-二异丙基苯基)，制备了锌族元素 M_2^{2+} 金属配合物(图 3-18)。此外，通过对$\{^{PhBo}LCd(\mu\text{-}I)\}_2$的还原也得到了 Cd(Ⅰ)配合物 ^{PhBo}LCd—$Cd^{PhBo}L$。

在 Zn(Ⅰ)多聚体的研究文献中甚至出现了 Zn_8^{8+} 多聚体。2015 年报道了由 Zn(Ⅰ)离子和 Zn—Zn 短键[2.2713(19)Å]组成的具有特殊立方结构的$[Zn_8^1(HL)_4(L)_8]^{12-}$(L =

四唑二阶阴离子)簇核多锌化合物(图 3-19)[118]。含 $[Zn_8^1]$ 的化合物在空气和溶液中具有惊人的高稳定性。量子化学研究表明，$[Zn_8^1]$ 原子团簇中的 8 个 Zn 的 $4s^1$ 电子完全占据了 4 个成键分子轨道，而 4 个反键轨道则完全空着，这导致电子在立方体上的广泛离域和显著的稳定性。

L′M—ML′
1
M - Zn、Cd 或 Hg

L*Zn—Mg(Mes Nacnac)
2

L*Zn—M—ZnL*
3
M = Zn、Cd 或 Hg

L*Zn—Zn
4 Br

R = Pr^i, R′ = Me(L*)
R = Me, R′ = Pr^i(L′)

图 3-18　体积庞大的芳酰/硅酰氨基稳定的锌族元素 M_2^{2+} 配合物

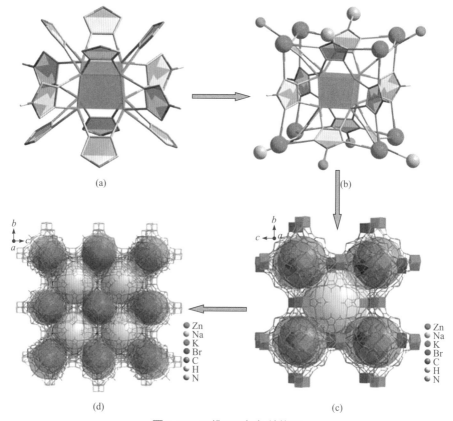

图 3-19　三维(3D)框架结构图

(a) $[Zn_8^1(HL)_4(L)_8]^{12-}$ 团簇和 $[Zn_8^1]$ 立方体结构(蓝色立方体)；(b) 团簇与 Na$^+$、K$^+$、Zn^{II} 的连接；(c) 每个聚体与八个聚体相邻；(d) 设有交替排列的封闭笼(绿色)和开放笼(粉色)的立体框架

2. Zn 的+3 氧化态化合物

锌族元素 Zn、Cd 和 Hg 以+3 或更高的氧化态存在的可能性已经吸引了化学家几十年的注意力。经过近 20 年的实验才证实了理论预测，Zn、Cd 的 +3 氧化态、汞的 +4 氧化态确实可以存在。虽然 Hg 的这种不寻常的性质是由于相对论效应，但 Zn 的质量比 Hg 小得多，并没有预料到它的氧化态比 +2 高。元素高氧化态的发现有助于新反应的形成，研究成果对元素氧化态的拓展及元素成键特性的理解具有重要科学意义，也为进一步宏观合成高氧化态化合物及其在材料和化学反应体系中的应用提供了重要基础。

关于 +3 氧化态的锌化合物，目前的文献报道并不多，但是其存在的可能性可以用现代量子化学的计算方法来进行评估。Chachkov 等[119]用密度泛函理论 OPBE/TZVP 方法计算了锌与脱质子形式的酞菁(Pc)和 F⁻ "自组装" 形成的金属大环化合物的分子结构(图 3-20)。计算结果证明了锌与 Pc 和 F⁻的配合物即[Zn(Pc)]F

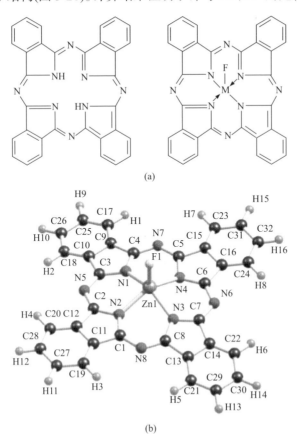

图 3-20　H₂Pc 和[M(Pc)]F 结构(a)及基于量子化学计算的 Zn(Ⅲ)配合物结构(b)

存在的可能性，其中锌的氧化态为 +Ⅲ。Mikhailov 等[120]也用密度泛函理论 (OPBE/TZVP 和 B3PW91/TZVP)进行了量子化学计算，提出了锌与 3,7,11,15-四氮杂卟吩和氟离子生成的配合物中具有锌(Ⅲ)氧化态的可能性。但对推算结论的有效性，仍需经过实验证实。

根据密度泛函理论计算，推断 Zn 的 +3 氧化态可以通过选择特定的配体来实现。Devleena 等[121]系统研究了 Zn 与配体 F、BO$_2$ 和 AuF$_6$ 之间的相互作用发现，F、BO$_2$ 和 AuF$_6$ 配体的电子亲和能逐渐升高(分别为 3.4 eV、4.5 eV 和 8.4 eV)，得到的 Zn(AuF$_6$)$_3$ 化合物中锌确实呈现 +3 氧化态(图 3-21)。该研究也证明，使用具有大电子亲和能的配体可以实现金属更高和非正常的氧化态。

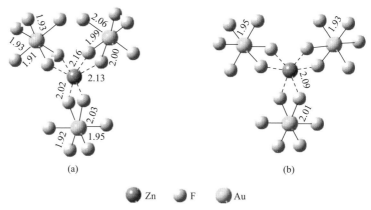

● Zn   ● F   ● Au

图 3-21　Zn(AuF$_6$)$_3$ 的中性(a)和阴离子(b)优化结构(键长单位为 Å)

3. Hg 的其他氧化态和 Hg、Cn 的 +4 氧化态化合物

已知汞还可以形成 Hg$_3^{2+}$、Hg$_4^{2+}$ 一类的多聚金属阳离子，其中汞的氧化态分别为 +2/3 和 +1/2。早在 1971 年的文献[122]中就有报道，通过汞与五氟化砷在液态 SO$_2$ 中反应，得到了含 +2/3 氧化态汞的化合物 Hg$_3$(AsF$_6$)$_2$。当汞在氟磺酸中溶解时，也可以得到线性对称的 Hg$_3^{2+}$；汞与五氟化砷在 SO$_2$ 液体中反应得到了含氧化态 +1/2 的汞化合物 Hg$_4$(AsF$_6$)$_2$。X 射线晶体衍射表明，在 Hg$_4^{2+}$ 离子中 Hg—Hg 距离为 2.57 Å 和 2.70 Å 时，它们之间非常接近线性[123]。1985 年的文献报道中给出了多汞阳离子 Hg$_3^{2+}$ 和 Hg$_4^{2+}$ 化合物的制备方法和一系列含 Hg$_3^{2+}$ 和 Hg$_4^{2+}$ 化合物的结构[124](图 3-22)。

根据锌族元素的价电子层结构特征，这组元素的最高氧化态为 +Ⅱ。对于任何更高的氧化态，其次外层的 d 轨道都必须参与成键。1976 年的文献[125]曾报道了一种瞬间存在的 Hg(Ⅲ)物种，但从未得到证实；1994 年，Kaupp 等[126]报道称

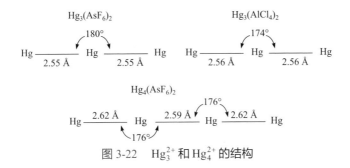

图 3-22 Hg_3^{2+} 和 Hg_4^{2+} 的结构

量子化学计算表明 HgF_4 是一种稳定的气相分子，汞处于+4 氧化态。HgF_4 分解的气相反应 $HgF_4 \rightleftharpoons HgF_2 + F_2$ 被认为是吸热的，即 HgF_4 在气相中应该是一种热化学稳定的物质。HgF_4 的稳定性来自于相对论效应，这是由于重汞原子核的高正电荷以及随后电子在原子核附近通过时的高平均速度。因此，通过计算表明，同源的、较轻的、"不那么相对的" ZnF_4 和 CdF_4 分子以强放热的方式消除 F_2，因此 ZnF_4 和 CdF_4 不太可能存在。相比之下，HgF_4 的"更相对"的类汞物质 CnF_4 被预测甚至比 HgF_4 更稳定[127]。

过渡金属中包含汞的问题很容易引起争论。虽然气相合成 HgF_4 分子已有报道，但分子表现出强烈的不稳定性和解离性。分子 HgF_4 是在低温惰性气体中合成的，但汞生成超过 +2 氧化态化合物的稳定固体仍未实现。Botana 等[128]提出用高压技术来制备汞基化合物的特殊氧化态，将汞氧化为 +4 和+3，生成了热力学稳定的化合物 HgF_4 和 HgF_3。在 38～73 GPa 的高压下，HgF_4 可以稳定存在，从 73 GPa 到 200 GPa，HgF_3 和 HgF_4 都是稳定的。HgF_4 分子的平面几何构型是典型的 d^8 构型，表明 5d 电子参与了 Hg—F 键的形成(图 3-23)。图 3-24 为 HgF_2(左)和 HgF_4(右)的电子定域函数(electronic localization function，ELF)图。

HgF_4 作为探索 Hg 的高氧化态一直受到化学家们的持续关注。在+4 氧化态 Hg 形成的 HgF_2X_2 类型的化合物中，化合物 $HgF_2(OEF_5)_2(E = Se、Te)$ 从理论计算的角度也具有热化学稳定性[129]。因此，对 Hg^{IV} 进行的理论研究都将为进一步的实验研究提供更多的动力。

第 12 族元素 Cn 同样可以以 +4 氧化态存在，例如，存在 HgF_4 同类化合物 CnF_4，而且通过理论计算表明，与相对较轻的 HgF_4 相比，CnF_4 在热力学上比 HgF_4 更稳定[130]。值得强调的是，热力学稳定性不同于动力学稳定性，二者仅大致相关，且有许多例外。例如，$CnCl_4$ 的热力学不稳定性并不一定意味着该化合物不存在；事实上，$CnCl_4$ 分解为 $CnCl_2$ 和 Cl_2 可能存在明显的动力学障碍。

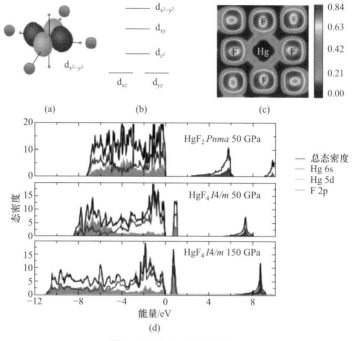

图 3-23　HgF₄ 的电子结构

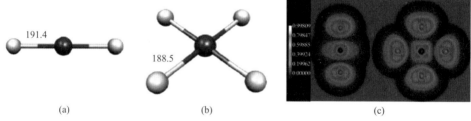

图 3-24　(a)(b)理论计算 HgF_2 和 HgF_4 的结构(键长单位 pm);

(c)HgF_2 和 HgF_4 的电子定域函数的彩色标绘图

思考题

3-8　了解元素的非正常氧化态意义。你还知道哪些元素有非正常氧化态化合物?

3.4.3　Hg^{2+} 和 Hg_2^{2+} 的相互转化

从汞的元素电势图可以看出，酸性介质中 $\varphi_{右}^{\ominus} < \varphi_{左}^{\ominus}$ ，表明 Hg_2^{2+} 歧化为 Hg^{2+} 和 Hg 的趋势很小，即亚汞离子不易发生歧化反应。

$$\mathrm{Hg^{2+}} \xrightarrow{\ +0.920\ } \mathrm{Hg_2^{2+}} \xrightarrow{\ +0.7973\ } \mathrm{Hg}$$
$$\underbrace{\qquad\qquad\qquad}_{+0.851}$$

$$\mathrm{Hg^{2+}} + \mathrm{Hg} \rightleftharpoons \mathrm{Hg_2^{2+}}$$

$$K^{\ominus} = \frac{c(\mathrm{Hg_2^{2+}})}{c(\mathrm{Hg^{2+}})} \approx 117$$

$$K^{\ominus} = c(\mathrm{Hg_2^{2+}})/c(\mathrm{Hg^{2+}}) \approx 117$$

由于 $\varphi^{\ominus}(\mathrm{Hg^{2+}}/\mathrm{Hg_2^{2+}})$ 大于 $\varphi^{\ominus}(\mathrm{Hg_2^{2+}}/\mathrm{Hg})$，在溶液中可用 Hg 与 $\mathrm{Hg^{2+}}$ 反应生成 $\mathrm{Hg_2^{2+}}$。该反应的平衡常数较大，因此 $\mathrm{Hg^{2+}}$ 化合物可用金属汞还原得到 $\mathrm{Hg_2^{2+}}$ 化合物。前面提到的硝酸亚汞和氯化亚汞即根据此反应制备得到。

$$\mathrm{Hg(NO_3)_2} + \mathrm{Hg} = \mathrm{Hg_2(NO_3)_2}$$
$$\mathrm{Hg} + \mathrm{HgCl_2} = \mathrm{Hg_2Cl_2}$$

除用汞作还原剂将 $\mathrm{Hg^{2+}}$ 还原为 $\mathrm{Hg_2^{2+}}$，还可以用其他还原剂。

在溶液中，可以通过降低 $\mathrm{Hg^{2+}} + \mathrm{Hg} \rightleftharpoons \mathrm{Hg_2^{2+}}$ 可逆反应中的 $\mathrm{Hg^{2+}}$ 浓度来使反应向左移动，以达到 $\mathrm{Hg_2^{2+}}$ 转化为 $\mathrm{Hg^{2+}}$ 的目的。而降低 $\mathrm{Hg^{2+}}$ 的浓度，可通过生成 $\mathrm{Hg^{2+}}$ 的难溶物或 $\mathrm{Hg^{2+}}$ 的配合物来实现。

$$\mathrm{Hg_2^{2+}} + 2\mathrm{OH^-} = \mathrm{Hg_2(OH)_2} = \mathrm{HgO}\downarrow + \mathrm{Hg}\downarrow + \mathrm{H_2O}$$

$$\mathrm{Hg_2^{2+}} + \mathrm{H_2S} = 2\mathrm{H^+} + \mathrm{Hg_2S} \rceil$$
$$\qquad\qquad\qquad\qquad\qquad \longrightarrow \mathrm{HgS} + \mathrm{Hg}$$

$$\mathrm{Hg_2^{2+}} + 2\mathrm{CN^-} = \mathrm{Hg(CN)_2}\downarrow + \mathrm{Hg}\downarrow$$

$$\mathrm{Hg_2^{2+}} + 4\mathrm{I^-} = [\mathrm{HgI_4}]^{2-} + \mathrm{Hg}\downarrow$$

当用氨水处理 $\mathrm{Hg_2Cl_2}$ 时，$\mathrm{Hg_2Cl_2}$ 首先发生歧化反应，生成的 $\mathrm{HgCl_2}$ 随即发生氨解反应，生成灰色沉淀。

$$\mathrm{Hg_2Cl_2} + 2\mathrm{NH_3} = \mathrm{Hg(NH_2)Cl}\downarrow(白色) + \mathrm{Hg}\downarrow(黑色) + \mathrm{NH_4Cl}$$

这是 $\mathrm{Hg_2Cl_2}$ 的特征反应，用以区分 $\mathrm{Hg^{2+}}$ 和 $\mathrm{Hg_2^{2+}}$。

如果向硝酸亚汞溶液中加入浓盐酸，开始生成沉淀，随即转化生成四氯合汞(Ⅱ)氢酸和单质汞。

$$\mathrm{Hg_2(NO_3)_2} + 2\mathrm{HCl} = \mathrm{Hg_2Cl_2}\downarrow + 2\mathrm{HNO_3}$$
$$\mathrm{Hg_2Cl_2} + 2\mathrm{HCl} = \mathrm{H_2[HgCl_4]} + \mathrm{Hg}\downarrow$$

这个过程既有配位反应，又有歧化反应，两反应同时发生，属于耦合反应(coupling reaction)。

汞在大气中的存在形态可分为元素态(Hg^0)、氧化态(Hg^{2+})和颗粒态(Hg_p),不同形态的汞之间可以相互转化。在雷电、紫外线等作用下,大气中部分 Hg^0 可被氧化成 Hg^{2+},同时大气中 SO_x 等还原性物质可将 Hg^{2+} 还原成 $Hg^{0[131]}$。

3.5 锌族元素与碱土金属的性质对比

锌族元素的价层电子组态为$(n-1)d^{10}ns^2$,最外层与碱土金属一样,只有 2 个 s 电子。但锌族元素原子次外层有 18 个电子,而碱土金属元素原子次外层只有 8 个电子(Be 只有 2 个电子)。次外层电子构型的不同导致锌族元素与碱土金属元素性质差异很大,但这种差异和铜族元素与碱金属元素相比要小一些。

(1) 熔点、沸点、升华焓、熔化焓和气化焓。Zn、Cd、Hg 的熔点、沸点、升华焓、熔化焓和气化焓比其他 ds 区金属低,甚至比同周期的碱土金属还低。汞在常温下为液体,这是由于 d 轨道不参与成键(或成键较弱)导致金属-金属键较弱。

(2) 元素的氧化态。碱土金属元素的原子易失去最外层的两个电子,仅呈现 +2 氧化态。锌族元素原子的次外层 d 轨道已填满,很难失去,ns 电子与$(n-1)d$ 电子的电离能差值远比铜族元素大,因此通常只能失去最外层的 2 个 s 电子而呈现出 +2 氧化态,但也有氧化态为 +1 的化合物。氧化态为 +1 的亚汞离子 Hg_2^{2+} 的存在,可能是汞原子中 4f 电子对 6s 电子的屏蔽较小,使得汞元素的第一电离能特别大($1013\ kJ \cdot mol^{-1}$),与 Rn 的第一电离能($1037\ kJ \cdot mol^{-1}$)相近,于是 6s 电子较难失去,形成 $[-Hg:Hg-]^{2+}$。或者称汞原子的外 3 层电子组态为 32、18、2,是一种封闭的饱和结构,在 Hg_2^{2+} 中每个汞原子仍保持着这种封闭结构。

(3) 键型和配位能力。由于锌族元素为 18 电子构型,具有很强的极化力和明显的变形性,形成共价化合物和配离子的倾向比碱土金属强得多。

(4) 金属活泼性。由于 18 电子构型对原子核的屏蔽作用较小,因此锌族元素原子作用在最外层 s 电子上的有效核电荷较大,原子核对最外层电子吸引力较强。与同周期碱土金属相比,锌族元素的原子半径和离子半径较小,所以锌族元素的电负性和电离能都比碱土金属大,金属活泼性比碱土金属元素差,且金属活泼性按 Zn、Cd、Hg 的顺序减弱,而碱土金属的活泼性随着原子序数递增逐渐增强。锌族元素单质在常温下和干燥的空气中都不发生反应,都不能从水中置换出氢气。在稀盐酸或硫酸中,锌与稀酸反应,镉反应较慢,汞完全不与稀酸反应。

(5) 氢氧化物的酸碱性及变化规律。锌族元素的氢氧化物是弱碱性的,且易脱水分解;而 Ca、Sr、Ba 的氢氧化物则是强碱性的,不脱水分解。$Zn(OH)_2$ 和 $Be(OH)_2$ 都是两性氢氧化物。锌族元素的氢氧化物碱性按 Zn、Cd、Hg 的顺序增强,而金属活泼性却是减弱的；碱土金属的活泼性及氢氧化物的碱性从上到下都是增强的。

(6) 盐的性质。锌族元素和碱土金属的 M^{2+} 的盐几乎都是无色，但由于离子极化作用，易变形的阴离子如 S^{2-}、I^- 等与 Cd 和 Hg 形成的化合物有颜色。两族元素的硝酸盐都易溶于水，锌族元素的硫酸盐是易溶的，而 Ca、Sr、Ba 的硫酸盐则是微溶的。两族元素的碳酸盐难溶于水。锌族元素的盐在溶液中都有一定程度的水解，而 Ca、Sr、Ba 的盐则不水解。

历史事件回顾

4 锌、镉在高能电池中的应用

一、高能电池的概念

从 200 年前人类发明第一块锌-银电池以来，陆续出现了锰干电池、碱性电池、镍-镉电池、镍-氢电池及锂电池等。为适应未来的发展需要，理想的电池体积更小，重量更轻，容量更大，可以反复充电且反复充电次数更多；电池可以做成各种形状，可以有任意的容量，甚至可以弯曲折叠。对电池的新需求及不断更新的材料带动了电池的发展。

高能电池(high-energy battery)是具有较高比能量的电池。从电极活性材料的角度，参与电极反应的单位质量的电极材料放出电能的大小称为该电池的比能量；从电池器件的角度，比能量是指单位质量/体积的器件可提供的能量。比能量用 $Wh \cdot kg^{-1}$ 表示，能量密度用 $Wh \cdot L^{-1}$ 表示。

二、几种锌、镉作电极的高能电池

(一) 高能镍-镉电池

在高能电池中，镍-镉电池是一种直流供电电池。镍-镉电池可重复 500 次以上的充放电，经济耐用。其内部抵制力小，既内阻很小，可快速充电，又可为负载提供大电流，而且放电时电压变化很小，是一种非常理想的直流供电电池。

镍-镉电池的正极为 NiO(OH)，负极是金属镉，电解液是一定浓度的 KOH 溶液。反应方程式为

负极：$$Cd + 2OH^- - 2e^- \longrightarrow Cd(OH)_2$$

正极：$$2NiO(OH) + 2H_2O + 2e^- \longrightarrow 2Ni(OH)_2 + 2OH^-$$

总反应：$$Cd + 2NiO(OH) + 2H_2O \rightleftharpoons 2Ni(OH)_2 + Cd(OH)_2$$

镍-镉电池于 1899 年被发明，比当时唯一可充电的铅酸电池拥有更多优势。镍-镉电池是最早应用于手机、笔记本电脑等高科技设备的电池类型。虽然它经济耐用，充放电循环次数达 500 次，但镍-镉电池本身由于存在能量密度低、镉毒性高、记忆效应和自放电高等问题，应用范围受到限制[132]。例如，镍-镉电池存在的"记忆效应"，导致长期不彻底充电、放电，会出现降低电池容量的现象。镉是有毒重金属，镍-镉电池会污染水源、土壤，对生态环境和人类健康造成威胁，2020年起，根据《中华人民共和国固体废物污染环境防治法》第二次修订版中固体废物污染环境防治的原则，电池行业污染防治从源头控制，实行电池产品无害化，污染物减量化，要求禁止生产含镉材料的铅蓄电池，限制生产民用镍-镉电池。该类型的电池正在被更加环保的电池取代[133]。

(二) 高能锌基电池

自从 1796 年伏特(A. G. A. A. Volta，1745—1827)以锌为阳极材料发明了第一个电池以来，金属锌一直是许多电池的负极材料，如锌-碳电池、锌-二氧化锰电池、锌-镍电池和锌-空气电池(zinc air battery)。金属锌具有丰富的储量、质量轻、比能量高、可逆性强、毒性低、在水和碱性介质中不易腐蚀等特点，其在电池领域的应用中被广泛研究[134]。

1) 锌-空气电池

锌-空气电池又称锌氧电池，是金属-空气电池的一种，是以锌为负极，以活性炭吸附空气中的氧或纯氧作为正极活性物质，以氯化铵或苛性碱溶液为电解质的一种原电池。在储存时一般保持密封，所以基本上没有自放电。

锌-空气电池放电期间在碱性条件下的电化学反应为

放电时：负极 $$Zn + 2OH^- \longrightarrow ZnO + H_2O + 2e^-$$

正极 $$O_2 + 2H_2O + 4e^- \longrightarrow 4OH^-$$

总反应 $$2Zn + O_2 \longrightarrow 2ZnO$$

锌-空气电池充电期间在碱性条件下的电化学反应为

充电时：负极 $$2ZnO + 2H_2O + 2e^- \longrightarrow 2Zn + 4OH^-$$

正极 $$4OH^- \longrightarrow O_2 + 2H_2O + 4e^-$$

总反应 $$2ZnO \longrightarrow 2Zn + O_2$$

锌-空气电池的发明已经有一百多年的历史。1879 年人们成功制备出首个以锌板为负极,碳粉和铂粉的共混物为正极材料,以氯化铵水溶液为电解液的锌-空气电池。将电解液由中性改为碱性,可以提高电解液的导电性,降低溶液电阻,延长电池使用寿命[135]。1995 年,以色列电燃料(Electric Fuel)有限公司首次将锌-空气电池用于电动汽车上,使得空气电池进入了实用化阶段。美国 Dreisback Electromotive 公司以及德国、法国、挪威、西班牙等多个国家也都在电动汽车上积极地推广应用锌-空气电池。上海博信于 1996 年开始锌-空气电池及其全套锌能源的研发,2010 年北京锌-空气电池研究中心成立[136]。2011 年,全国首辆锌-空气电池纯电动城市公交车在湖北汉川成功下线。图 3-25 为锌-空气电池示意图[137]和美国 EOS 公司千瓦级锌-空气电池原型[138]。

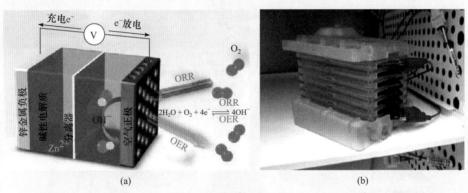

图 3-25　锌-空气电池示意图(a)和美国 EOS 公司千瓦级锌-空气电池原型(b)

为满足智能手表、眼镜、医疗诊断等功能的电子产品,可穿戴电池已经实现了集成化和小型化,并开始应用到生活中。各种柔性的储能设备正在蓬勃发展,由于柔性锌-空气电池相对较高的能量密度和较长的使用寿命,被认为是为未来的储能设备供电的最有前途的产品[139-140]。通过具有极性端基的可调节高导电性水凝胶,可以抵消温度降低引起的电化学性能收缩,柔性锌-空气电池甚至可呈现 $-20\,^{\circ}C$ 的低温适应性[141]。纤维状的柔性锌-空气电池还可以承受各种严重的变形而不会牺牲电化学性能,可应用于可穿戴电子产品中[142]。

锌-空气电池的优势主要体现在:

(1) 比能量大。理论比能量可达 1350 Wh · kg^{-1}[143],目前实际比能量只达到 $180\sim230$ Wh · kg^{-1},是铅酸电池的 4～5 倍。能量密度达 230 Wh · L^{-1},是铅酸电池的 2～3 倍。采用锌-空气电池后,电动车辆能够明显地提高车辆的续航里程。

(2) 安全性好。锌-空气电池能够有效地防止因泄漏、短路引起的起火或爆炸。锌没有腐蚀作用，可以完全实现密封免维护，对人体不会造成伤害和危险。空气电极唯一的原料为来自空气中的 O_2，不仅降低了空气电极的成本，也使空气电极的质量降至最低，从而极大地提升了锌-空气电池的比能量。同时，锌-空气电池的空气阴极为开放结构，与大气相通，故不会出现发生爆炸等安全问题[144]。

(3) 价格低廉，环境友好。锌的来源丰富，生产成本较低，同时回收再生方便，且回收再生的成本较低，可以建立废电池回收再生工厂。锌在循环使用过程中不会污染环境[145]。

锌-空气电池在应用前景和研究价值上具有很大潜力(图 3-26)[146-147]。

图 3-26　锌-空气电池作为能源和存储系统的应用

2) 锌-锰电池

锌-锰电池是以二氧化锰为正极，锌为负极，氯化铵水溶液、$ZnCl_2$ 水溶液或碱性的水溶液为电解液的原电池。1868 年，法国的乔治·勒克朗谢采用二氧化锰和碳粉作正极，锌棒作负极，氯化铵作电解液，制成了第一个锌-锰电池，这种电池也被称为勒克朗谢电池。

锌-锰电池与其他类型的电池相比有无可比拟的优越性。从理论上讲，锌-锰电池的比能量很高，而且它的制作原料来源丰富、制作工艺简单、成本低廉，电池对温度的适应性强[148]。可充电锌-锰电池不仅具备一次性锌-锰电池的优点，还有储存性能好、容量大、充放电无记忆效应、自放电率低、不含有毒物质等优点。但在传统的碱性电解液中的循环稳定性差，难以实现连续多次充放循环，限制了锌-锰电池的应用。而在中性电解液中，锌-锰电池可以有上千次的循环寿命[149]。

锌-锰电池是目前国内外用量较大的一种电池，它从最初的糊式发展到今天的纸板式和碱性可充式经历了 100 多年的历史[150]。1986 年，首次用中性硫酸锌电解质代替碱性电解质研究了锌-二氧化锰可充电电池系统[151]。2011 年，发生在 MnO_2 阴极上的 Zn^{2+} 嵌入/脱出机制被揭示出来，锌离子电池的概念也同时被提出来[152]。在含 $ZnSO_4$ 或 $ZnCl_2$ 的弱酸性电解液中，可大大提高锌-锰电池的可充电性[图 3-27(a)][153]。与传统的碱性锌基电池不同，锌离子电池是"摇椅"电池，如图 3-27(b)所示，充电过程依赖于两个电极之间的锌离子迁移。最近，许多致力于设计阴极材料、新型凝胶电解质、更灵活组装方式的研究也取得了显著进展[154]。

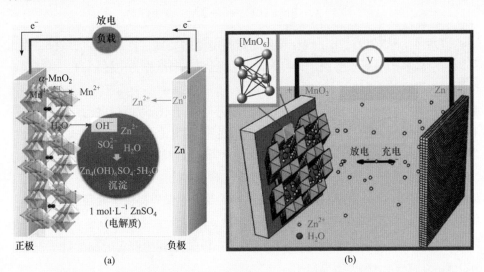

图 3-27　MnO_2/Zn 电池放电过程中反应示意图(a)和 Zn^{2+} 在阴极、阳极隧道之间的迁移(b)

3) 锌-银电池

锌-银电池是锌系列电池的另一个代表。锌-银电池具有大电流放电电压平台稳定的特性。锌-银电池放电电压非常平稳，工作电压稳定和高倍率大电流放电性能好，可放出约 90% 的额定容量。锌-银电池的自放电小，并具有良好的机械强度。在具有抗高压结构设计的基础上，单体电池比能量最高可达 180 Wh·kg^{-1}，能量密度最高可达 300 Wh·L^{-1}。干态储存寿命可达 5 年以上。在 71 MPa 海水应用环境中，锌-银电池从加注电解液起，可保证 12 个月内循环 30 次，最高可循环使用 50 次[155]。

锌-银电池以银氧化物(AgO 和 Ag$_2$O)的混合物为正极，以高纯度的锌为负极，高浓度(30%～45%)氢氧化钾溶液为电解液。电池放电时正极活性物质发生还原反应，由银的氧化物最终变成单质银；负极活性物质发生氧化反应，金属锌转变成氢氧化锌或氧化锌。

正极：
$$2AgO + H_2O + 2e^- \longrightarrow Ag_2O + 2OH^-$$

$$Ag_2O + H_2O + 2e^- \longrightarrow 2Ag + 2OH^-$$

负极：
$$Zn + 2OH^- \longrightarrow Zn(OH)_2 + 2e^-$$

总反应：
$$AgO + Zn + H_2O \longrightarrow Ag + Zn(OH)_2$$

$$Ag_2O + Zn + H_2O \longrightarrow 2Ag + Zn(OH)_2$$

1799 年，伏特设计出了现在被称为伏打电池的装置，装置中锌为负极，银为正极，用盐水作电解质溶液。1941 年，安德烈将玻璃纸作为电池隔膜，以减缓正极活性物质的"银迁移"导致的负极性能变差，推出了第一个具有应用价值的锌-银电池。20 世纪 60 年代末，人们研制出了第一款具有化学加热功能并且能够自动激活的锌-银电池组[156]。如今，我国各领域的锌-银电池的开发和生产能力已经接近世界先进水平。2012 年，蛟龙号载人潜水器(简称蛟龙号)在马里亚纳海沟下潜至 7062 m(图 3-28)，创造了当时作业型载人潜水器的记录。作为蛟龙号"心脏"的电池即锌-银电池，为潜水器水下作业、通信及应急保障提供了充足的电力供应。但由于银电极的价格昂贵，目前锌-银原电池、蓄电池主要应用于航空、军事、国防等领域作为动力电源或储备电源(图 3-28)。锌-银纽扣电池也应用于日常生活，如手表、计算器中使用的电池(图 3-28)。

目前的锌基电池也有高低温性能不太理想的缺点，但主要的问题是循环寿命，即在锌电极上存在的各种过程导致电池容量的衰减。锌电极的问题是所有锌基电池循环寿命低的主要原因。提高锌基电池循环性能的方法主要包括：①隔膜改进，如以聚乙烯醇隔膜、接枝的和交联的聚乙烯隔膜、微孔聚丙烯隔膜等替代纤维素隔膜；②改性锌电极，锌电极由于具有比氢析出反应更负的电势，因此需要对锌电极改性来抑制氢气析出的副反应，提高锌的放电容量。

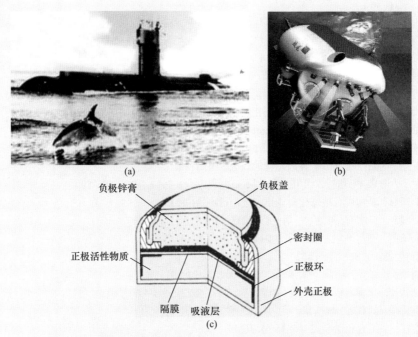

图 3-28 美国"海豚"号潜艇[(a)，330 块锌-银电池作为动力]、
蛟龙号载人潜水器(b)和银-锌纽扣电池结构(c)

参 考 文 献

[1] 周卫荣. 中国科技史料, 1997, 18(2): 86-96.

[2] 叶铁林. 化工学报, 2013, 64(5): 1560, 1565, 1591, 1600, 1634.

[3] Alam I. Studies in People's History, 2020, 7(1): 23-29.

[4] 戴志强, 周卫荣. 中国钱币, 1993, (4): 20-25, 81.

[5] 陈爱良, 赵中伟, 贾希俊, 等. 矿冶工程, 2008, 28(6): 62-66.

[6] 华一新. 有色冶金概论. 北京: 冶金工业出版社, 2007.

[7] 刘红召, 杨卉芃, 冯安生. 矿产保护与利用, 2017, (1): 113-118.

[8] 潘志君, 夏鹏, 朱清, 等. 地球学报, 2021, 42(2): 258-264.

[9] Matović V, Buha A, Bulat Z, et al. Arh Hig Rada Toksikol, 2011, 62: 65-76.

[10] 唐秋香, 缪新. 环境工程, 2013, 31(S1): 747-750.

[11] Nordberg G F. Toxicol Appl Pharm, 2009, 238: 192-200.

[12] 中华人民共和国环境保护部. 重金属污染综合防治"十二五"规划. 2011-02.

[13] 王祖光, 蓝虹, 吴建民, 等. 地球与环境, 2014, 42(5): 659-662.

[14] 才磊. 中国科技术语, 2011, 13(3): 54-56.

[15] Tatsumi K, Corish J. Pure Appl Chem, 2010, 82(3): 753-755.

[16] Hofmann S, Ninov V, Hessberger F P, et al. Hadrons & Nuclei, 1996, 354: 229-230.

[17] Oganessian Y T, Utyonkov V K, Lobanov Y V, et al. Phys Rev C, 2004, 70: 064609.

[18] Craddock P T. Endeavour, 1987, 11(4): 183-191.

[19] 周卫荣. 自然科学史研究, 1991, (3): 259-266.

[20] 贾兆霖. 世界有色金属, 2018, (14): 13-14.

[21] 翟秀静. 重金属冶金学. 北京: 冶金工业出版社, 2011.

[22] 程良娟. 湿法炼锌中除镁及资源化新工艺研究. 昆明: 昆明理工大学, 2017.

[23] 天津大学无机化学教研室. 无机化学. 4 版. 北京: 高等教育出版社, 2018.

[24] Ramazanova R A, Seraya N V, Samoilov V I. Metallurgist, 2020, 64(1-2): 169-175.

[25] 陈家镛. 北京: 冶金工业出版社, 2005.

[26] 王乐. 低品位氧化锌矿提取铅锌的研究. 沈阳: 东北大学, 2017.

[27] 黄平, 李来才, 张远. 四川大学学报(自然科学版), 2017, 54(3): 595-599.

[28] 李锡林. 矿物岩石地球化学通讯, 1988, (2): 121-123.

[29] 贾殿武, 符增有, 张惠文, 等. 矿物学报, 1988, 8(2): 136-137.

[30] 余德彪, 王建平, 徐乐, 等. 中国矿业, 2015, 24(4): 5-8.

[31] Liu J, Zhang S. Minerals, 2017, 7: 132.

[32] 刘铁庚, 张乾, 叶霖, 等. 矿物学报, 2004, 24(2): 191-196.

[33] 刘铁庚, 叶霖, 王兴理, 等. 中国地质, 2005, 32(3): 443-446.

[34] 卢荣华, 刘有才, 林清泉, 等. 矿冶工程, 2016, 36(1): 92-96.

[35] 李江. 中国有色冶金, 2016, 45(6): 36-39.

[36] Nowak K, Galuskina I, Galuskin E. Minerals, 2020, 10: 470.

[37] Liu Y, Zheng Y, Sun Z. T Nonferr Metal Soc, 2015, 25: 2073-2080.

[38] 陈远心. 有色矿山, 1983, (4): 37-40, 7.

[39] 阎嘉禾. 有色金属(冶炼部分), 1966, (2): 39-42.

[40] 王蓓蓓. 钢铁技术, 2009, (1): 52-54.

[41] 徐鸽. 新乡市镉污染农田固定细菌群落组成及其功能研究. 南阳: 南阳师范学院, 2020.

[42] 曹锦炎, 马承源, 李学勤, 等. 文物, 1996, (4): 4.

[43] 党丽妮. 科技创新导报, 2011, (2): 126.

[44] (日)石牟礼道子. 苦海净土——我们的水俣. 东京: 株式会社讲谈社, 1969.

[45] 黄吉厚. 辽宁教育学院学报, 2000, (5): 29-31.

[46] Hightower J M. Diagnosis Mercury: Money, Politics & Poison. Washington, DC: Island Press/ Shearwater Books, 2009.

[47] 黄显明. 攀枝花科技与信息, 2013, 38(4): 22-24.

[48] Sholl D S, Lively R P. Nature, 2016, 532(7600): 435.

[49] Ali I. Chem Rev, 2012, 112(10): 5073.

[50] 孙维锋, 肖迪. 能源与节能, 2012, 13(2): 49.

[51] 杨敏, 王丽娟, 宋岩. 硅酸盐通报, 2019, 38(11): 3445-3449, 3464.

[52] 吴桂萍, 郑波, 赵玉凤, 等. 中南民族大学学报(自然科学版), 2017, 36(3): 18-21.

[53] 中国新闻网. 陕西商洛尾矿堆积量逾 4400 万吨 资源综合利用解难题. http://www.chinanews. com/ny/2011/12-15/3535488.shtml. [2011-12-15].

[54] Zhang L, Di Y, Tan Z. Sol Energ Mat Sol C, 2012, 101: 79-86.

[55] Li B, Liu F, Wang J, et al. Chem Eng J, 2012, 195-196 (7): 31-39.

[56] Lachowicz J I, Delpiano G R, Zanda D, et al. J Environ Chem Eng, 2019, 7(4): 103205.

[57] 罗文文. 含钙生物吸附剂及其改性材料对 Cd(Ⅱ)吸附效应及机理研究. 北京: 中国农业科学院, 2019.

[58] 赵国强. 绿色科技, 2020, (18): 62-63, 66.

[59] Clarkson T W, Magos L. Crit Rev Toxicol, 2006, 36(8): 609-662.

[60] 冯新斌, 史建波, 李平, 等. 中国科学院院刊, 2020, 35(11): 1344-1350.

[61] Liang L, Xu X, Han J, et al. Environ Sci Pollut Res, 2019, 26(36): 37001-37011.

[62] 谷邵伟. 含汞污水处理工艺改进研究. 成都: 西南石油大学, 2017.

[63] 王立辉, 邹正禹, 张翔宇, 等. 现代化工, 2015, 35(5): 43-47.

[64] 路思祺. 中国经贸导刊, 2012, 25: 64.

[65] 张金彪, 黄维南. 生态学报, 2000, (3): 514-523.

[66] Liu G Y, Zhang Y X, Chai T Y. Plant Cell Rep, 2011, 30: 1067-1076.

[67] 杨倩. 砷、汞污染对水芹的毒害效应及其富集转移特性研究. 金华: 浙江师范大学, 2020.

[68] 杨春燕. 不同品种龙葵对重金属镉的富集能力与耐性机理研究. 西安: 陕西科技大学, 2020.

[69] 范美玉, 黎妮, 贾雨田, 等. 农业环境科学学报, 2021, 40(2): 279-286.

[70] Wang X H, Yang L, Zhang J P, et al. Chem Eng J, 2014, 251(9): 404-412.

[71] 雷霆, 陈利生, 余宇楠. 锌冶金. 北京: 冶金工业出版社, 2013.

[72] 北京师范大学, 华中师范大学, 南京师范大学无机化学教研室. 无机化学. 4 版. 北京: 高等教育出版社, 2003.

[73] 生态环境部. 大气污染物综合排放标准: GB 16297—1996.

[74] Mewes J M, Smits O R, Kresse G, et al. Angew Chem Int Ed, 2019, 58: 17964-17968.

[75] Eichler R, Aksenov N V, Belozerov A V, et al. Angew Chem Int Ed, 2008, 47: 3262-3266.

[76] Čenčariková H, Legut D. Physica B, 2018, 536: 576-582.

[77] Yakushev A, Gates Ja M, Türler A, et al. Inorg Chem, 2014, 53(3): 1624-1629.

[78] Hangele T, Dolg M. Chem Phys Lett, 2014, 616-617: 222-225.

[79] Pitzer K S. J Chem Phys,1975, 63(2): 1032-1033.

[80] Pershina V. Phys Chem Chem Phys, 2016, 18(26): 17750-17756.

[81] Eichler R, SchMdel M. J Phys Chem B, 2002, 106: 5413-5420.

[82] Tomohiro T, Koki W, Kotaro I, et al. Compu Mater Sci, 2021, 187: 110077.

[83] 邵大伟, 贺志荣, 张永宏, 等. 热加工工艺, 2012, (6): 100-103.

[84] 布莱恩·奈普. 锌镉汞. 济南: 山东教育出版社, 2005.

[85] 杨超, 陶鲭驰, 丁言飞. 材料导报, 2019, 33(7): 2109-2118.

[86] Lu Di, Jin Z, Shi L, et al. Miner Eng, 2014, 64: 1-6.

[87] 席多祥. 湿法炼锌铜镉渣综合回收工艺改进与工业化应用. 兰州: 兰州理工大学, 2018.

[88] 宋天佑, 徐家宁, 程功臻, 等. 无机化学(下册). 3 版. 北京: 高等教育出版社, 2015.

[89] Badeker K. Annalen der Physik, 1907, 22: 749-766.

[90] Mane R S, Pathan H M, Lokhande C D, et al. Solar Energy, 2006, 80(2): 185-190.

[91] Salunkhe R R, Lokhande C D. Sensor Actuat B: Chem, 2008, 129(1): 345-351.

[92] Liu X, Li C, Han S, et al. Appl Phys Lett, 2003, 82(12): 1950-1952.

[93] 孙强强, 王书民. 材料科学与工艺, 2017, 25(5): 68-74.

[94] Kumar S, Kumar A, Kumar A, et al. Catal Rev, 2020, 62(3): 346-405.

[95] 王金城. 化工新型材料, 2013, 41(10): 196-198.

[96] Xie H, Le Y. Mater Technol, 2020, 35(9-10): 642-649.

[97] Syuleiman Sh A, Yakushova N D, Pronin I A, et al. Tech Phys, 2017, 62(11): 1709-1713.

[98] Zheng H, Wu D,Wang Yu, et al. J Alloy Compd, 2020, 838: 155219.

[99] Jones N, Ray B, Ranjit K T, et al. FEMS Microbiol Lett, 2008, 279(1): 71-76.

[100] 王树涛, 陈玲波, 张真瑞, 等. 中国环境科学, 2017, 37(1): 174-180.

[101] Zakharova O V, Gusev A A. Nanotechnologies in Russia, 2019, 14(7-8): 311-324.

[102] 黄波. 溶胶凝胶 ZnO-CdO 薄膜的晶体生长及性能研究. 武汉: 武汉理工大学, 2017.

[103] Talalah Ramli N I, Rafaie Ha A, Kasim M F, et al. Recent Innov Chem Eng, 2020, 13: 223-231.

[104] Yadav M S, Singh N, Kumar A. J Mater Scie-Materi El, 2018, 29: 6853-6869.

[105] Pronin I, Yakushova N, Averin I, et al. Coatings, 2019, 9(11): 693.

[106] 陈晓康, 王冰岩, 邓学岑, 等. 阜阳师范学院学报(自然科学版), 2018, 35(4): 18-21.

[107] 王玲, 刘议蓉, 曹勇, 等. 原子与分子物理学报, 2010, 27(4): 673-678.

[108] 梁桂颖. ZnH 及其离子激发态电子结构与耦合. 长春: 吉林大学, 2016.

[109] 赵书涛, 梁桂颖, 李瑞, 等. 物理学报, 2017, 66(6): 72-81.

[110] Paul B I. Physical Review, 1930, 36: 1535-1542.

[111] Mulliken R S. P Natl Acade Sci USA,1926, 12: 151-158.

[112] Elmoussaoui S, El-Kork N, Korek M. Comput Theor Chem, 2016, 1090: 94-104.

[113] Resa I, Carmona E, Gutierrez-Puebla E. Science, 2004, 305: 1136-1138.

[114] Stasch A. Chem Eur J, 2012, 18: 15105-15112.

[115] Hicks J, Underhill E J. Angew Chem Int Ed, 2015, 54: 10000-10004.

[116] Faggiani R, Gillespie R J, Vekris J E. Chem Commun, 1986, (7): 517-518.

[117] Juckel M, Dange D, de Bruin-Dickason C, et al. Z Anorg Allg Chem, 2020, 646(13): 603-608.

[118] Cui P, Hu H S, Zhao B, et al. Nature Commun, 2015, 6: 6331.

[119] Chachkov D V, Mikhailov O V. Inorg Chem Commun, 2019, 108: 107526.

[120] Mikhailov O V, Chachkov D V. J Porphyr Phthalocya, 2019, 23: 685-689.

[121] Devleena S, Puru J. J Am Chem Soc, 2012, 134: 8400-8403.

[122] Davies C, Dean P, Gillespie R, et al. J Chem Soc D: Chem Commun,1971, (15): 782.

[123] Cutforth B, Gillespie R, Ireland P. Chem Commun,1973, (19): 723.

[124] Macdiarmid A G, Gillespie R J. Phil Trans R Soc A, 1985, 314: 105-114.

[125] Deming R L, Allred A L, Dahl A R, et al. J Am Chem Soc, 1976, 98: 4132.

[126] Kaupp M, Dolg M, Stoll H, et al. Inorg Chem, 1994, 33: 2122-2131.

[127] Wang X F, Andrews L, Riedel S, et al. Angew Chem Int Ed, 2007, 46: 8371-8375.

[128] Botana J, Wang X, Hou C, et al. Angew Chem Int Ed, 2015, 54: 9280-9283.

[129] Riedel S, Straka M, Kaupp M. Chem: A Europ Jl, 2005, 11: 2743-2755.

[130] Ghosh A, Conradie J. Eur J Inorg Chem, 2016, 2016: 2989-2992.

[131] 李子良, 徐志峰, 张溪, 等. 有色金属(冶炼部分), 2020, (6): 1-7.

[132] 吕璐阳. 新型碱性二次电池研究. 武汉: 武汉大学, 2019.

[133] 李会丽. 锌银电池隔膜纸面积电阻影响因素的研究. 北京: 中国制浆造纸研究院, 2017.
[134] 刘培涛. 过渡金属基材料在锌-空气电池中的应用. 兰州: 兰州大学, 2020.
[135] 高亮. 金属/杂化碳复合电催化剂的制备及其在锌空气电池中的应用. 青岛: 青岛大学, 2020.
[136] 张雪江. 应用于锌-空气燃料电池的空气电极的制备和性能研究. 北京: 北京化工大学, 2020.
[137] Meng F L, Liu K H, Zhang Y, et al. Small, 2018, 14: 1703843.
[138] 刘春娜. 电源技术, 2012, 36(6): 782-783.
[139] Li Y, Dai H. Chem Soc Rev, 2014, 43: 5257.
[140] Fu J, Zhang J, Song X, et al. Energy Environ Sci, 2016, 9: 663-670.
[141] Pei Z, Yuan Z, Wang C, et al. Angew Chemie Int Ed, 2020, 59: 4793-4799.
[142] Li Y, Zhong C, Liu J, et al. Adv Mater, 2018, 30: 1703657.
[143] 汤坤. 非贵金属双功能催化剂用于可充电锌空气电池. 合肥: 安徽大学, 2020.
[144] 张纪廷. 生物质碳基氧气催化剂的制备及其锌空气电池性能研究. 武汉: 华中师范大学, 2020.
[145] Worku A K, Ayele D W, Habtu N G. Mater Today Adv, 2021, 9: 100116.
[146] Tran T N T, Clark M P, Ivey D G, et al. Batteries & Supercaps, 2020: 118344.
[147] Huang B, Yang D H, Han B H. J Mater Chem A, 2020, 8(9): 4593-4628.
[148] 张翠芬, 贾铮, 钟潮盛. 电池, 1998, 28(2): 60-63.
[149] 张思兰, 邸江涛, 李清文. 可充锌锰电池的研究进展, 2019, 43(4): 720-723.
[150] 高效岳, 曹国庆. 电池, 1993, 23(6): 277-279.
[151] Yamamoto T, Shoji T. Inorganica Chimica Acta, 1986, (117): L27-L28.
[152] 李清馨. 准固态锌锰电池的组装与性能研究. 哈尔滨: 哈尔滨工业大学, 2019.
[153] Lee B, Seo H R, Lee H R, et al. Chem Sus Chem, 2016, 9(20): 2948-2956.
[154] Ming J, Guo J, Xia C, et al. Mat Sci Eng R, 2019, 135(2): 58-84.
[155] 齐海滨, 杨磊, 程斐, 等. 电池, 2019, 49(6): 515-516.
[156] 姚杰. 基于 FCM 最小二乘支持向量机锌-银电池分选方法. 哈尔滨: 哈尔滨理工大学, 2019.

第4章

ds 区元素的纳米材料

4.1　ds 区金属基纳米复合材料

金、银、铜等 ds 区金属基纳米粒子由于尺寸非常小,与体相金属材料的性质有比较大的差异。例如,体相 Au 是非常化学惰性的金属[1],但 20 世纪 80 年代人们发现了纳米尺寸的 Au 在多种催化反应中都具有超高的催化活性[2-3]。

ds 区金属基纳米复合材料是基体为 ds 区金属或者合金,增强体为一种或多种纳米级金属或者非金属粒子构成的新型复合材料[4]。此类材料的界面结合力更强,增强体在基体中均匀分布,因而更易得到性能优良的复合材料。ds 区金属基纳米复合材料具有小尺寸效应、界面效应、量子尺寸效应、宏观量子隧道效应等独特效应,能够赋予材料一些独特的性质,如高膨胀、磁性、吸波特性等。

4.1.1　ds 区金属基纳米复合材料的特性

1. 力学性能

ds 区金属基纳米复合材料能够通过添加不同的增强相获得特殊的性能,这种可设计性使得此类纳米复合材料具有广阔的应用空间。在金属基体中添加增强体材料特别是碳纳米材料能显著提高材料的力学性能。作为一种新型的碳纳米材料,石墨烯是由碳原子以 sp^2 杂化构成的一种二维蜂窝状单质材料,在室温下可以稳定存在。具有优异的物理性质和力学性能的石墨烯可以作为增强体应用于 ds 区金属基纳米复合材料中,以提升金属材料的性能,满足现代工业的迫切需求[5]。尤其是石墨烯具有优异的力学性能,是作为增强相提高复合材料强度的理想材料[6]。

2. 电学性能

在 ds 区金属基体中添加电学性能优良的增强体材料可改善材料的电学性能。石墨烯的载流子特性使其电阻率小、内电子抗干扰性强且有室温霍尔效应，在导电领域有着很好的应用前景[7]。例如，研究者采用"同步还原法"制备的准二维的石墨烯基银纳米粒子复合膜，在反应体系中，吸附在石墨烯边缘的银纳米粒子不仅起到在石墨烯片层之间电子传输的桥梁作用，而且使石墨烯薄片相互连接成膜，可有效阻止石墨烯纳米薄片团聚，表现出良好的导电性和热力学稳定性[8]。

3. 热学性能

通过添加不同含量的增强体可以得到具有不同热容、热导率、热膨胀、高温特性的 ds 区金属基纳米复合材料，能够满足不同工作条件的要求。此类纳米复合材料在电子元件、集成电路的散热等方面有重要应用。采用粉末冶金法制备的石墨烯-铜基复合材料导热系数达到 $396 \, W \cdot m^{-1} \cdot K^{-1}$，相对于纯铜提高了 10%[9]。

4. 催化性能

ds 区金属基纳米复合材料具有良好的耐腐蚀性能与催化性能等化学特性。采用溶剂热法制备的 $Ag-TiO_2$ 光催化剂，在可见光和紫外光下，Ag 在摩尔分数是 5% 时体现了更优的光催化效应[10]。基于泡沫铜三维多孔结构和具有良好的类金属特性的过渡金属磷化物设计合成的 $NiCoP@Cu_3P/CF$ 多层次杂化纳米结构复合物，在碱性电解质溶液中分别作为电化学催化产氢和产氧催化剂时都表现出了优异的电催化活性和良好的稳定性[11]。尤其是其中的贵金属基复合材料在不饱和键还原中所起的作用。例如，对芳香族硝基化合物的还原[12]、腈类化合物的还原[13]和 α,β 不饱和醛的选择性还原[14-17]等。负载型 Au 基纳米复合材料中高度分散的纳米金对低温 CO 氧化具有很好的催化性能，因而在密闭空间里(飞机、潜艇、航天器等)低浓度 CO 的消除、汽车尾气和空气净化、燃料电池原料气和 CO 激光器中气体的纯化等诸多方面得到应用[18-20]。

5. 功能性

ds 区金属基纳米复合材料对特定元素具有的选择性、高响应特性也得到了重要应用。用此类纳米复合材料作气敏材料对特定气体具有很好的灵敏性和选择性。例如，Cu_xO 半导体传感器已经吸引了许多研究者的兴趣，主要可用来检测有毒有害气体。Shishiyanu 等[21]研究了 150℃ 薄膜 Cu_2O 对 NO_2 的气敏性能。Zhao 等和 Sonawane 等[22-23]研究了铜掺杂氧化锌对 H_2S 和 H_2 的气敏性能的影响。此外，纳米银的抑菌性能在医学上得到应用，保证了生物的相容性与抑菌效果达到医用的要求[24-25]。

思考题

4-1　较之传统的 ds 区金属基复合材料，ds 区金属基纳米复合材料具有哪些独特的材料效应？

4.1.2　ds 区金属基纳米粒子及其复合材料的制备方法

1. 化学还原法

化学还原法是合成 ds 区金属基纳米催化剂最常见的方法。金属盐溶解于水或有机溶剂中，在表面活性剂和还原剂的作用下，在一定的反应条件下可得到金属纳米粒子。其中硼氢化钠作为一种强还原剂能够迅速还原金属(特别是贵金属)离子，使其快速成核形成金属纳米粒子[26-27]。Gu 等[28]以 PVP 为保护剂，硼氢化钠为还原剂，获得了胶体金纳米粒子高度分散在氧化锰纳米棒上的复合材料，金纳米粒子的平均粒径为 1.9 nm。然而，强还原剂的使用会导致反应速率过快，金属纳米粒子形貌难以控制，且容易团聚。为了更好地控制反应速率，一些温和的还原剂，如乙二醇[29]、柠檬酸/柠檬酸钠[30]、抗坏血酸[31]、水合肼[32]、甲酸[33]等被应用于合成 ds 区金属基纳米复合材料中，尤其是这些温和的还原剂可以促使形成核壳结构的 ds 区金属基纳米复合材料。以抗坏血酸为还原剂，以硝酸铁和氯金酸为原料，在室温条件下可合成 Fe@Au 纳米粒子[34]。将 Fe@Au 纳米粒子负载在氧化石墨烯上，在芳香族硝基化合物的还原过程中展现出较高的催化活性。

还原剂的选择决定了 ds 区金属基纳米复合催化剂的形貌和性能。除了传统的还原剂，近年来出现了许多新型的还原剂。例如，利用富氢试剂吗啉硼烷作为还原剂可合成具有形貌和特定元素比例可控的铜镍合金纳米粒子[35]。这主要归因于吗啉硼烷在分解过程中快速产氢可以使金属离子快速成核。由于吗啉硼烷分解过程中产生的化学物质(氢气、吗啉)起到了封端剂的作用，并选择性吸附在金属纳米粒子的(110)晶面上，使这些晶面趋于热力学稳定。

2. 热分解法

高温热分解有机金属化合物法被广泛应用于合成 ds 区金属基纳米粒子及其复合物，该方法通常在惰性气氛中进行。相比于其他方法，该方法可以很好地控制纳米粒子的粒径，改变各种组分的比例，能够得到在液相条件下无法合成的金属纳米材料。

在热分解过程中，通过改变金属前驱体和形貌控制剂，可以调控其产物的结构、形貌，合成出不同结构的 ds 区金属基纳米复合材料[36]。通过改变铜前驱体的种类及不同的形貌控制剂，可合成不同形貌的 Cu-ZnO 纳米复合材料，如纳米多枝形、纳米棱锥、核壳纳米线。该合成策略为合成不同形貌的金属纳米复合材料提供了一个新的策略。

3. 微乳液法

微乳液法通常是指两种互不相溶的溶剂在表面活性剂的作用下形成微乳液，金属离子在微乳液中经过成核、生长、热处理后得到纳米粒子[37-38]。微乳液法是制备单分散纳米粒子的重要手段，与传统的制备方法相比，微乳液法制备的金属基纳米材料展现出良好的粒子单分散和界面性。为了获得具有特殊结构的 ds 区金属基纳米复合催化剂，如果将微乳液法与氧化还原共沉淀法结合，可制备 Au@CeO$_2$核壳结构的纳米粒子[39]。

4. 化学气相沉积法

化学气相沉积是利用气态或蒸气态的物质在气相或者气固界面上反应生成固态沉积物的技术。该方法不仅可应用于薄膜的生长，而且在纳米材料的合成中也得到了广泛的应用[40-41]。通过对气相沉积过程中各种参数进行调控(如基底、前驱体、生长温度、生长时间、压力等)可以制备出高质量的 ds 区金属基纳米复合材料。例如，通过化学气相沉积法合成的 Cu/C 的核壳结构纳米粒子[42-44]；采用乙酰丙酮铜为原料，通过化学气相沉积可以大批量制备出 Cu/C 核壳纳米粒子和纳米线，通过控制沉积温度可对 Cu/C 核壳纳米材料的形貌和结构进行很好的控制[45]。如图 4-1 所示，沉积温度为 400℃时可获得直径约 200 nm 的 Cu/C 核壳纳米线；沉积温度为 450℃时可获得直径约 200 nm 的 Cu/C 核壳纳米粒子和纳米棒的混合产物；沉积温度为 600℃时可获得直径约 22 nm 的 Cu/C 核壳纳米粒子。

5. 其他方法

在传统的 ds 区金属基纳米材料合成过程中，往往会使用一些价格昂贵的还原剂和有毒的有机试剂。因此，发展绿色环保的合成方法显得尤为重要。例如，以来源丰富的生物质衍生物(如可溶性淀粉、蔗糖等)为黏合剂，可以与金属离子形成网状结构的高分子金属配合物(图 4-2)[46]。该网状的配合物在氮气气氛中热分解可制备出 Cu-Pt、Ag、Cu 等金属纳米粒子。金属纳米粒子的制备分为两个阶段。

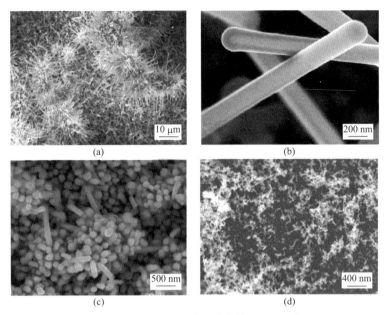

图 4-1 不同沉积温度下产物的 SEM 形貌

(a)400℃的 SEM 图；(b)400℃的 HRSEM 图；(c)450℃的 SEM 图；(d)600℃的 SEM 图

第一个阶段，高分子金属配合物在 147～277℃之间在氮气氛围下热分解产生 H_2、CH_4、H_2O、NH_3 和 CO_2 等气体；第二个阶段，在 327～427℃之间，C—O 官能团消除，配合物继续分解。在还原气氛下，晶核形成和不断生长，最后形成金属纳米粒子。

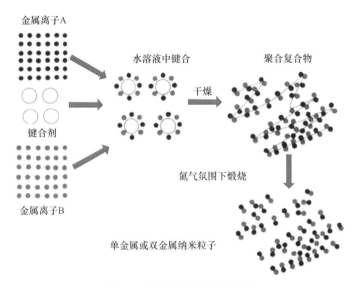

图 4-2 聚合物复合法示意图

金属纳米粒子具有较低的塔曼温度和高表面能，导致其热稳定性较低，在催化反应中容易发生团聚和失活的现象[47]。提高金属纳米粒子的稳定性一直以来都是金属纳米复合材料合成方法发展的趋势之一。例如，有报道提出了一种在高温氧化过程中稳定金属纳米粒子的合成策略[48]：以 Au/TiO$_2$ 复合材料的制备为例。第一步，在 Au/TiO$_2$ 制备过程中引入多巴胺，多巴胺具有优异的黏附性，使得多巴胺在 Au 纳米粒子和 TiO$_2$ 载体表面形成有机层。第二步，在氮气氛围中煅烧，将有机层转变成碳层，在碳化过程中由于碳层的存在可以有效地隔离金纳米粒子，进而阻止其被烧结，并且粒径可以保持不变。其中更重要的是，Au 纳米粒子和 TiO$_2$ 载体之间的相互作用显著增加。最后，在空气中进行高温焙烧，碳层消失从而暴露出金属活性中心。由于在氮气焙烧过程中 Au 纳米粒子和 TiO$_2$ 载体之间的相互作用得到加强，因此在空气高温焙烧过程中，Au 纳米粒子发生烧结的可能性大大降低。其他的制备金属纳米复合材料的方法还有很多，如沉淀法、水热合成法、溶胶-凝胶法等。

思考题

4-2　ds 区金属基纳米复合材料制备中的共性问题是什么？

4.2　金属纳米团簇 MNCs(M = Cu、Ag、Au)

由几个到几百个金属原子组成的单层配体保护的金属纳米团簇(metal nanoclusters, MNCs)，由于其原子级精度的结构信息、不连续的电子能级赋予的优异光电性能、大的比表面积给予的催化领域的应用潜力等，已经成为材料、化学、生物等领域的研究热点，尤其是关于团簇向纳晶转变的临界尺寸附近的金属纳米粒子的结构研究更是重中之重，也是难点之一[49-51]。

4.2.1　MNCs 的基本概念

1. MNCs 的定义

根据报道，MNCs 的尺寸在 0.1～5.0 nm 之间(通常认为应小于 2 nm)，接近费米(Fermi)波长(约 0.7 nm)，因此属于金属纳米簇[52-54]，如图 4-3 所示。有人把它称为"小不点"不无道理。因为一根头发丝的直径约为 60000 nm(图 4-4)，它却不到一根头发丝直径的 1/30000。

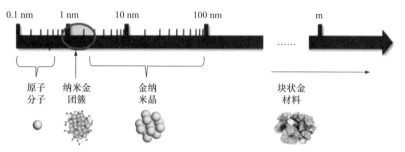

图 4-3　材料从微观到宏观尺度的递变

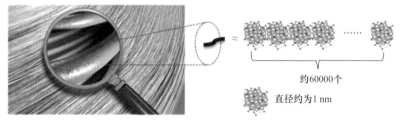

图 4-4　一根头发丝与 MNCs 直径的比较

思考题

4-3　你能从图 4-3 了解到为什么尺寸对材料的类别划分很重要吗?

2. MNCs 的结构框架和分类

1) MNCs 的结构框架

这些超小的 MNCs 可看作由三部分构成:内核(科学家称其为"心")、外层金属原子和表面配体。后两者在一起形成"长钉"(staple)一样的结构,阻止高活性的内核分解或团聚。例如,伍志鲲研究小组[55]通过化学方法实现了一种银-铂二元纳米团簇 $Ag_{24}Pt$ 的"变心",这种银-铂纳米团簇含有 24 个银(Ag)原子和 1 个铂(Pt)原子,团簇直径仅约为 0.9 nm。图 4-5 对它们的结构框架进行了比较。

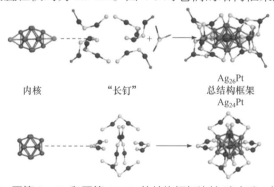

图 4-5　团簇 $Ag_{26}Pt$ 和团簇 $Ag_{24}Pt$ 的结构框架比较(略去碳、氢原子)

思考题

　　4-4　MNCs 的结构和纳米晶的结构框架区别在哪里？

2) MNCs 的分类

　　MNCs 结构框架可分为三类：①按金属内核分类则分为金、银、铜等单金属纳米团簇或者金银、金铜等合金纳米团簇；②按金属纳米团簇外壳配体种类分类有硫醇、膦、炔、硒等单配体保护的纳米团簇或者硫醇/膦等多配体保护的金属纳米团簇；③按配体分子大小分类，有像苯乙硫醇、谷胱甘肽等小分子保护的金属纳米团簇，也有像蛋白质(牛血清白蛋白)、聚合物等大分子保护的 MNCs，不过一般大分子保护的纳米团簇结构很难检测到精确水平。

3) MNCs 的构效关系研究

　　由于量子尺寸效应，MNCs 表现出与结构和尺寸密切相关的物化性质，往往一个原子的改变就会导致团簇材料电子结构与物化性质的剧变，这为这类纳米材料的理论研究和实际应用提供了巨大的样本库，研究的关注点聚焦在 MNCs 的结构性能之间的构效关系研究，如图 4-6 所示。

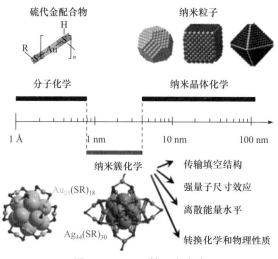

图 4-6　MNCs 的研究内容

4.2.2　MNCs 的功能性

　　MNCs 中金属原子内的电子被限制在分子尺寸和离散能级范围内，因此其表现出独特的光[56]、电[57]、磁[58]及催化[59]等特性。

1. MNCs 的光学性质

MNCs 具有尺寸效应，粒径越小，电子在能级跃迁时需要的能量越高。在光作用下，不同粒径的 CuNCs 可产生不同波长的吸收光谱和荧光光谱，其发光强度取决于铜原子个数、NCs 制备条件、NCs 粒径大小、配体的选择及配体与中心核的相互作用力。图 4-7 描述了它的跃迁特性。其发光机理是有机配体中所含的供体基团具有供电子效应，诱导配体中心的跃迁，使得分子的跃迁轨道从原子团簇单元转移至配体上，彻底有效地除去纳米簇中心的激发态，从而产生发光，获得高量子产率的纳米簇发光材料[60-61]。

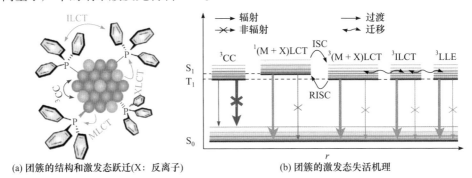

(a) 团簇的结构和激发态跃迁(X：反离子)　　　(b) 团簇的激发态失活机理

图 4-7　MNCs 的跃迁特性

1) 光致发光

光致发光(photoluminescence，PL)是冷发光的一种，指物质吸收光子(或电磁波)后重新辐射出光子(或电磁波)的过程。根据量子力学理论，这一过程可以描述为物质吸收光子跃迁到较高能级的激发态后返回低能态，同时放出光子的过程。光致发光可按延迟时间分为荧光(fluorescence)和磷光(phosphorescence)。

大多数 MNCs 表现出低荧光量子产率(<1%)，但是少数 MNCs 能表现出较高的荧光量子产率(如 5%～10%)，包括 $Au_{15}(SG)_{13}$、$Au_{18}(SG)_{14}$、$Au_{22}(SG)_{18}$ 和 $Au_{24}(SCH_2Ph\text{-}t\text{Bu})_{20}$。目前常用来增强金属纳米团簇发光效率的策略有：①用不同类型的配体封盖金属内核表面[62-67]；②改变内核尺寸或用其他金属原子掺杂核心[68-69]；③利用聚集诱导发光(aggregation induced emission，AIE)增强发射[70]。

2) 非线性特性

MNCs 的非线性光学性质包括双光子吸收(two-photon absorption，TPA)、双光子荧光(two-photon fluorescence，TPF)和二次/三次谐波产生(second harmonic generation/third harmonic generation，SHG/THG)。例如，Ramakrishna 等[71]报道了在 1290 nm 处具有 2700 GM(1 GM = 10^{-50} cm⁴·s·photon⁻¹)的横截面的 $Au_{25}(SR)_{18}$

的有效双光子吸收，发射峰在 830 nm 处(图 4-8)。

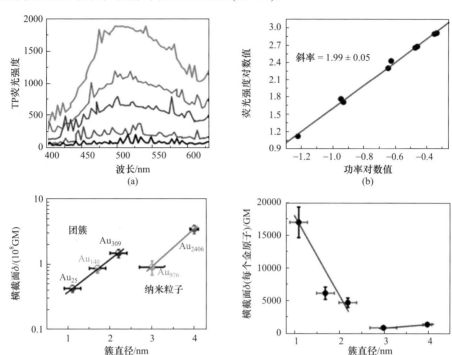

图 4-8　(a)Au$_{25}$ 的双光子发射；(b)荧光强度对功率的关系(表明其为双光子发射)；(c)不同尺寸的金属纳米团簇的双光子吸收横截面；(d)每个金原子的双光子吸收横截面随金属纳米团簇尺寸的变化

$$1 \text{ GM} = 10^{-50} \text{ cm}^4 \cdot \text{s} \cdot \text{光子}^{-1}$$

2. MNCs 的催化性质

MNCs 的超小尺寸提供了几个不同的特征，包括高比表面积、高比例的低配位原子、量子尺寸效应、可调组成和独特的表面结构(如口袋状位点)，使纳米团簇成为一类独特的催化剂，可以催化诸多类型的反应，如催化氧化、催化加氢、C-C 偶联反应等。从催化类型来看，包括电子转移催化、电催化、光催化、光电化学水分解和光伏等各种类型。

例如，安徽大学的朱满洲联合法国波尔多大学 Didier 教授设计和制备了[72]新型夹层复合材料 ZIF-8@Au$_{25}$@ZIF-67 和 ZIF-8@Au$_{25}$@ZIF-8，发现与简单组分 Au$_{25}$/ZIF-8 和 Au$_{25}$@ZIF-8 相比，ZIF-8@Au$_{25}$@ZIF-67 在室温下对 4-硝基苯酚的还原和与 CO$_2$ 的端炔羧基化反应均有明显的催化活性和稳定性增强，催化剂的活性高达 99%(图 4-9)。这些复合夹心催化剂的性能可以由壳的厚度调控，这个工作为有针对性地设计具有增强活性和稳定性的纳米催化剂提供了一种新的策略。

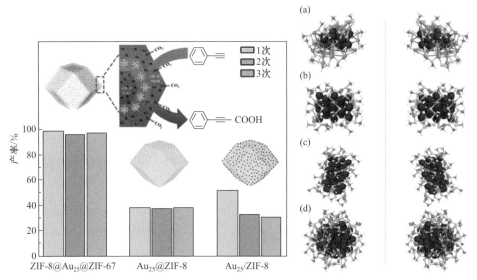

图 4-9　复合夹心催化剂与简单组分催化剂的催化活性比较　　图 4-10　手性金纳米团簇的结构

3. MNCs 的手性

MNCs 的手性一直很神秘：当结构具有反转中心或对称平面时，簇是非手性的，如 $Au_{18}(SR)_{14}$(其包含对称平面)。

在了解了 MNCs 的晶体结构之后，可将 MNCs 的手性总结为表面单元的手性排列、手性核、碳尾的手性排列、非手性金核的手性诱导等四种类型(图 4-10)[73]。

4.2.3　MNCs 的合成

1. MNCs 合成的困难性

MNCs 具有量子尺寸效应，往往一个原子的改变就会导致结构和性质剧变。因此，尺寸可调的 MNCs 的高效合成策略比较缺乏，阻碍了这类独特纳米材料的快速发展，尤其是合成具有光电催化性能的 MNCs 非常困难。这是因为：①与 MNCs 具有合适能级匹配的半导体较少；②MNCs 的载流子寿命极短，导致其光生载流子的精细调控难以实现；③MNCs 本征不稳定性，在光照下原位自转变为金属纳米晶，导致其光响应能力大幅下降；④由于 MNCs 结构的复杂性，其在光催化和光电催化反应过程中的电荷传输机制至今尚不明确。

2. MNCs 合成的策略

经过多年努力，MNCs 的合成从一般的探索性合成向结构-性能精准合成方向发展。

合成策略一般是首先用还原剂将金属还原为 M(0) 原子，用保护剂使其稳定进行有序度和形貌可控自组装(减小表面自由能)；注意利用各种"效应"赋予目标产物特殊的功能性；团簇尺寸分布的展宽主要来源于前驱体还原动力学(较快)与金属核刻蚀动力学(较慢)的不匹配。因此，借助高分辨率的组成和结构表征手段(如核磁共振、X 射线单晶衍射、电喷雾电离质谱及串联质谱等)捕获和追踪在团簇生长中所涉及的重要中间体，从而揭示金属纳米团簇在还原成核、种子生长、合金化及配体交换反应中的精确反应机理是极为必要的。经过这样的努力，就有可能获得"全合成"路径[74-75]。如图 4-11 所示，它描述的是通过确知的合成路径将简单易得的原料精准地(精确到原子)转化为所需的高附加值目标物的合成过程(以保护剂硫醇为例)。

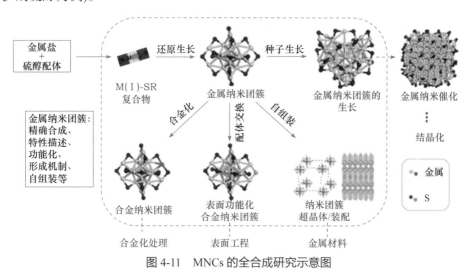

图 4-11　MNCs 的全合成研究示意图

3. MNCs 合成的普适方法

这里重点介绍 MNCs 的四种普适性的合成方法。

1) 还原生长法

还原生长(reduction growth)法重点在于还原，即采用还原剂将金属盐中有氧化态的金属离子还原。还原过程的快慢、还原剂的强弱对反应成功与否至关重要，强还原剂硼氢化钠、温和还原剂氰基硼氢化钠、CO 等都是常用的制备 MNCs 的还原剂(图 4-12)。

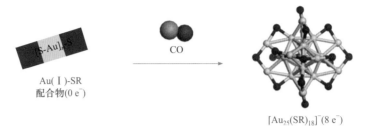

图 4-12　通过还原生长法合成[Au$_{25}$(SR)$_{18}$]$^-$团簇示意图

2) 种子生长法

种子生长(seeded growth)法即采用较小尺寸 MNCs 作为种子，逐步生长为较大尺寸 MNCs 的方法。这种方法实际上与还原生长法相似，均可以通过 2 电子(e$^-$)还原过程实现(图 4-13)[76]。

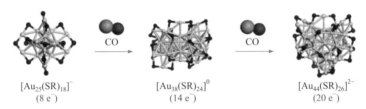

图 4-13　以[Au$_{25}$(SR)$_{18}$]$^-$为种子纳米团簇生长合成[Au$_{44}$(SR)$_{26}$]$^{2-}$纳米团簇示意图

3) 合金化法

合金化法(alloying method)是指利用一定量的外来模体(motif)逐步交换原来纳米团簇表面的模体，实现金属交换从而得到异金属掺杂的合金纳米团簇的方法(图 4-14)[77]。两种金属之间的电化学电位差是原电位置换反应的驱动力。

图 4-14　内核 Ag → Cd 的交换

4) 配体交换法

配体交换(ligand exchange)法与合金化法类似，都属于交换过程，只不过一个是通过交换模体生成合金纳米团簇，另一个是交换外围保护性配体生成另一种配体保护的或者多配体保护的纳米团簇。MNCs 的合金化及配体交换反应均可以通过表面模体交换(surface motif exchange)机制实现(图 4-15)[78]。

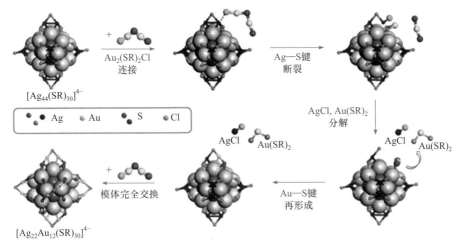

$[Ag_{44}(SR)_{30}]^{4-}$

Ag　Au　S　Cl

$Au_2(SR)_2Cl$ 连接

Ag—S键 断裂

AgCl, Au(SR)$_2$ 分解

AgCl　Au(SR)$_2$

AgCl　Au(SR)$_2$

Au—S键 再形成

模体完全交换

$[Ag_{22}Au_{12}(SR)_{30}]^{4-}$

图 4-15　$[Ag_{44}(SR)_{30}]^{4-}$ 纳米团簇的表面保护模体交换反应示意图

目前报道的 MNCs 的合成方法很多，除了上述普适性方法外，还有配体刻蚀法、反伽伐尼还原法、辐射法、光催化还原法、水热合成法、模板法、电位沉积法等[79-82]。

MNCs 合成中采用的稳定剂种类也在不断发展。例如，CuNCs 合成中稳定剂选用了蛋白质或肽链、巯基小分子、聚合物或树状分子、DNA 序列和 miRNA 等多种类型的稳定剂。

近年来报道的合成方法也在不断地创新，如采用混合溶剂辅助两相合成不同尺寸单层配体保护的金属纳米团簇[83]、室温下手性配体的使用[84]、引入聚集诱导发光技术[85]、通过炔基保护实现金纳米团簇的异构化[86]、将超小金属团簇嵌入共价有机骨架孔道中以提高光稳定性和光催化性能[87]等，所制备的 MNCs 性能也在不断提升。

4.2.4　MNCs 的表征方法

得到目标产物后，需要采用一定的表征手段获得准确的结构信息。MNCs 经常用到的几种表征手段如下所述[88]。

1. 质谱分析

质谱法(mass spectrometry)是为了获得 MNCs 的相对分子质量及组成信息。常用的有基质辅助激光解吸电离飞行时间质谱(matrix-assisted laser desorption ionization time-of-flight mass spectrometer，MALDI TOF MS)、高分辨电喷雾电离质谱(high resolution electrospray ionization mass spectrometry，HRESI-MS)及串联质谱(mass spectrometry-mass spectrometry，MS-MS)等。

2. X 射线单晶衍射分析

对于 MNCs 来说，想要确切知道它是什么，质谱分析还远远不够。X 射线单晶衍射(X ray diffraction of single crystal)测试技术可以使人们了解到 MNCs 精确的原子组成及结构信息，但想要获得稳定的、可用于晶体衍射测试的 MNCs 单晶是非常困难的，主要是因为其稳定性和敏感性问题。找到合适的结晶方法和溶剂也起着重要作用。

图 4-16 为系列 AuNCs 单晶图像，从中比较可得到很多信息。

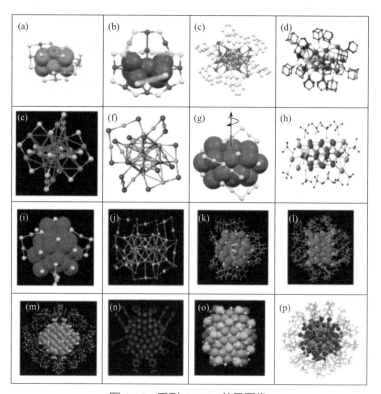

图 4-16 系列 AuNCs 单晶图像

图 4-17、图 4-18 和图 4-19 为目前获得的 Au[89]、Ag[90]、Cu[91]最大的 MNCs 单晶图像。其中 Au144 最早是由 Whetten 课题组在 1996 年通过激光解吸电离质谱 (laser desorption ionization-mass spectrometry，LDI-MS)捕获的硫醇保护的 Au144 纳米团簇[92]。之后，金荣超课题组在 2009 年发展了一种更为简便的两步合成法合成了单分散的 Au144(SCH2Ph)60 纳米团簇[93]。同年，芬兰的 Lopez-Acevedo 等在参照相似尺寸的 Pd145 结构的基础上，提出了 Au144 的多层核壳结构的理论模型[94]。然而，这一结构始终没有获得 X 射线单晶衍射证实，甚至有研究表明 Au144 的晶体可能是一个混合多晶结构，不可能通过 X 射线衍射得到单晶结构[95]。因而 Au144 的结构扑朔迷离，是一直困扰科学界的难题。直至 2018 年，中国科学院固体物理研究所伍志鲲课题组与卡内基梅隆大学金荣超合作，终于解开了这个谜团，揭开了硫醇保护的 Au144 结构的神秘面纱[图 4-18(a)]。

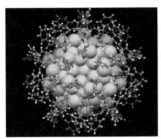

(a) Au144(SCH2Ph)60的右旋异构体　　(b) 含有一对对映体的平行六面体晶胞

图 4-17　Au144(SCH2Ph)60 纳米团簇的整体结构

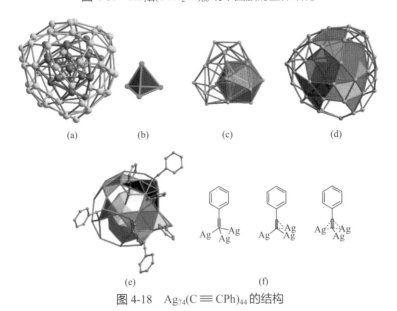

(a)　　　　(b)　　　　(c)　　　　(d)

(e)　　　　(f)

图 4-18　Ag74(C≡CPh)44 的结构

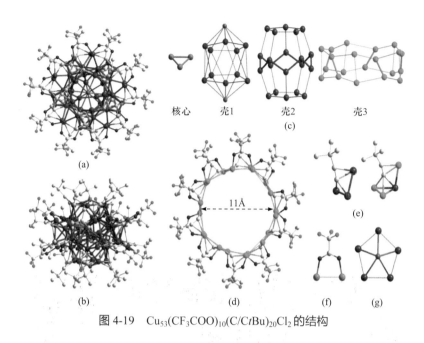

核心　　壳1　　壳2　　壳3
(c)

11Å

(a)　(b)　(d)　(e)　(f)　(g)

图 4-19　Cu$_{53}$(CF$_3$COO)$_{10}$(C/CtBu)$_{20}$Cl$_2$ 的结构

3. 核磁共振波谱分析

核磁共振波谱技术除了用于确定金属纳米团簇的配体组成外，经常用于考察金属纳米团簇的稳定性。例如，为了确定某些硫醇盐结合模式中的哪一种更稳定，金荣超课题组[96]进行了一项关于 Au—S 键的抗氧化性和热稳定性的核磁共振波谱研究。在该实验中，使用 Ce(SO$_4$)$_2$ 系统地氧化 Au$_{25}$(SG)$_{18}$，并测量时间依赖性下的核磁共振波谱。与配体的 C7 原子连接的质子由于手性分裂成两部分，形成 3.6 ppm 和 3.8 ppm 的双峰，对应于硫醇盐结合模式 I 的 α-H，另一个 3.3 ppm 和 3.4 ppm 的双峰对应于硫醇盐结合模式 II 的 α-H。模式 I 与模式 II 的比率为 2:1。加入 Ce(SO$_4$)$_2$ 后，3.3 ppm/3.4 ppm 的双峰变宽并在 6 h 后几乎消失，这表明结合模式 II 相对较弱并且首先被氧化剂侵蚀。相反，即使在 5 天后，3.6 ppm/3.8 ppm 的双峰仍未受影响，由此可以得出结论，结合模式 I 比结合模式 II 强得多(图 4-20)。

4. 其他光谱测试

在其他光谱技术中，红外光谱(infrared spectrum，IR)主要用于解析 MNCs 和纳米粒子中硫醇基团的结合模式。最常见的特征是 S—H 振动带的消失，以确认配体的结合。通常，金属纳米团簇的红外光谱的其他特征倾向于与相应的游离配体的相同。红外光谱表征主要用于定性分析。

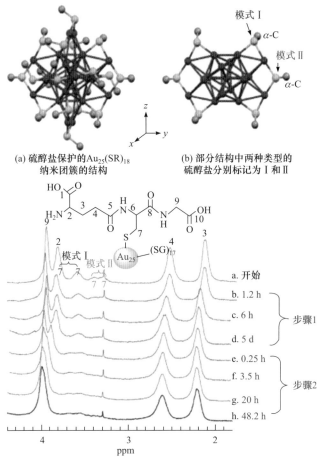

(a) 硫醇盐保护的Au₂₅(SR)₁₈
纳米团簇的结构

(b) 部分结构中两种类型的
硫醇盐分别标记为Ⅰ和Ⅱ

(c) 团簇溶于D₂O 中被Ce(SO₄)₂ 氧化过程所测得的时间依赖性核磁共振波谱

图 4-20　Au₂₅(SR)₁₈ 纳米团簇的核磁共振波谱分析图谱

　　由于这些原子级精确的金属纳米团簇具有丰富的光电性能，相关的电化学性质研究一直是人们感兴趣的领域，其中伏安法是研究金属纳米团簇中最高占据分子轨道(highest occupied molecular orbit，HOMO)和最低未占分子轨道(lowest unoccupied molecular orbit，LUMO)的间隙或电子转移的有效方法。

　　其他几种光谱技术，如磁圆二色性(magnetic circular dichroism，MCD)、电子顺磁共振(electron paramagnetic resonance，EPR)、扩展 X 射线吸收精细结构(extended X-ray absorption fine structure，EXAFS)、X 射线衍射(X-ray diffraction，XRD)等也被用于详细了解金属纳米团簇的精细结构。

　　事实上，MNCs 合成之后的产物经常是一个很复杂的体系，通常只是选择其中一种产物进行研究，失去了了解整个体系的机会，有时候容易对纳米团簇的结构产生错误认识[97]。为了克服单一表征技术的局限性，鼓励在研究中采用多种技术联用的方式。

同时由于表征技术的限制，无法跟踪合成反应的过程与准确解析机理，这方面的研究始终是一个挑战。

思考题

4-5 MNCs、MOFs 和 COFs 的晶体图案都十分漂亮，它们有什么异同？

4.2.5 MNCs 的应用

众所周知，超小且具有精确原子排列的 MNCs，特别是 ds 区贵金属纳米团簇(AuNCs、AgNCs 及 CuNCs)备受关注，它们通常具有一些特殊的光、电、磁及催化等功能，加之它们在尺寸可控合成、分离、纯化、表征等方面都已经取得了很多进展，因此，在催化、化学传感、电子、生物标记和生物医学等诸多领域具有广阔的应用前景。

1. 在催化领域的应用

MNCs 对烯烃氧化、二氧化碳还原、电化学析氢、光催化氧化等反应都表现出了催化活性[98-99]，下面举例说明。

1) 电化学氧化还原反应

2009 年，Chen 等[100]制备了一系列尺寸不同的 AuNCs，并研究了这些金纳米团簇在碱性溶液中对氧还原反应的催化性能。结果表明，碱性条件下金纳米团簇的氧还原催化能力为 $Au_{11} > Au_{25} > Au_{55} > Au_{140}$，即具有强的尺寸相关效应。同时观察到与其他没有配体保护的电催化剂相比，在受表面配体层保护的纳米团簇催化下，仍然可以检测到氧还原电流，表明氧气分子可以很容易接触金属纳米团簇的表面，配体的存在并不妨碍界面电荷转移。

接着，该课题组将这些金纳米团簇负载到碳片上，通过热解除去团簇表面的配体，得到了一种与碳片紧密相连的金纳米团簇催化剂，可大大增强金纳米团簇的催化活性和稳定性[101]。纳米团簇活性的提高归因于以下因素：①超小尺寸的金纳米团簇有益于活化氧分子，减少了氧分子的解离吸附的活化能；②碳纳米片不仅是载体，更重要的是与金纳米团簇之间存在电子相互作用，这种相互作用明显阻碍了金纳米团簇在碳表面的迁移与融合，提高了在电化学氧化过程中的稳定性；③金纳米团簇和碳载体之间较强的协同作用可以降低氧还原中间产物的稳定性，从而降低决速步骤中的能垒[102]。之后人们通过对银纳米团族和铜纳米团簇对氧还原的电催化性能的研究得到了同样的结论[103-104]。

对 ds 区元素之外的金属纳米团簇的研究也证实配体去除后暴露了更多的活性位点，使得金属纳米团簇的催化性能更佳[105]。但对于电化学析氧反应，有配体保护的金属纳米团簇的电子云密度更高，有利于氧原子或者氧分子的脱附，因此有配体保护的金属纳米团簇的对析氧反应的催化性能更佳[106]。

2) 光催化反应

将银纳米团簇 $Ag_{44}(SR)_{30}$ 引入到具有较大禁带宽度的半导体 TiO_2 上制得的复合材料[$Ag_{44}(SR)_{30}/TiO_2$]可以获得清晰的界面并检测到界面处的电荷转移。将复合材料 $Ag_{44}(SR)_{30}/TiO_2$ 用于光催化制氢(H_2)时发现，若将照射光源由可见光改为模拟太阳光，可使其光催化性能增加三个数量级，H_2 产率达到 7.4 mmol · h^{-1} · g^{-1}，是 Ag 纳米粒子改性 TiO_2 复合材料(Ag/TiO_2)的光催化性能的 5 倍，甚至可以与类似条件下的 Pt 纳米粒子改性 TiO_2 复合材料(Pt/TiO_2)的光催化性能相媲美。研究表明 MNCs 的作用不同于金属有机配合物和等离子体纳米粒子，金属纳米团簇在紫外-可见光照射下呈现了一种以团簇为小禁带半导体的Ⅱ型异质结电荷转移路线(图 4-21)。Ⅱ型光系统具有更高效的电荷分离能力，这对提高催化性能有重要贡献。这一发现使这些金属纳米团簇不仅可作为光敏剂，而且为其在光能转换中的应用提供了潜在的可能性。

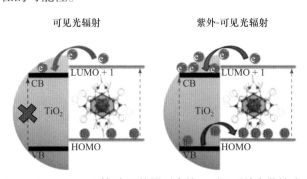

图 4-21　$Ag_{44}(SR)_{30}$ 团簇/半导体模型中的Ⅱ型异质结电荷转移路线

3) 二氧化碳还原反应

金属纳米团簇与二氧化碳在溶液中存在相互作用。以金纳米团簇 $Au_{25}(SR)_{18}$ 为例，人们发现当 $Au_{25}(SR)_{18}$ 的 DMF 溶液被二氧化碳饱和时，其光学性质出现了明显的变化，光致发光最大值增大伴随峰位蓝移。如果向溶液中通入氮气除去二氧化碳，就可以恢复由二氧化碳引起的这些光学变化。这种相互作用出人意料，因为二氧化碳与传统的金表面几乎没有电子相互作用。通过理论计算揭示，二氧化碳的稳定吸附构型是由二氧化碳与金属纳米团簇配体保护层中的 3 个硫原子相互作用组成的。如图 4-22(a)和(b)所示，一氧化碳的起始电位为 0.139 V(相对于标准氢电极电势)。很明显，一氧化碳形成的初始电势低于二氧化碳转化为一氧化碳的标准电极电势(0.103 V，相对于标准氢电极电势)90 mV。与较大尺寸的金催化剂相比[图 4-22(c)和(d)]，$Au_{25}(SR)_{18}$ 纳米团簇表现出了更高的催化性能(电势负移约 300 mV)，且催化剂在反应过程中表现出较高的稳定性[107]。

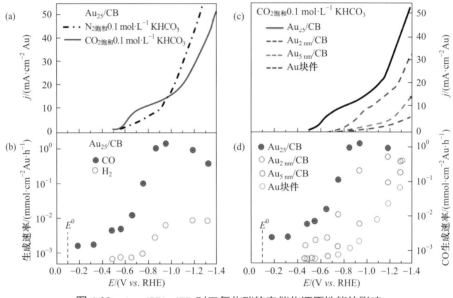

图 4-22　$Au_{25}(SR)_{18}$/CB 对二氧化碳的电催化还原性能的影响

4) 小分子烯烃氧化

研究发现金纳米团簇 $Au_{25}(SR)_{18}$(在溶液中以游离团簇的形式或在氧化物上负载的形式)对氧气氧化苯乙烯的反应具有选择性催化作用(图 4-23)。以甲苯为溶剂在 80～100℃下反应 12～24 h 后，苯乙烯被氧气氧化的主要产物为苯甲醛(选择性 70%)，苯乙烯环氧化物(较少，选择性为 25%)和副产物苯乙酮(选择性为 5%)。即使反应体系中金纳米团簇 $Au_{25}(SR)_{18}$ 的含量达到百万分之一时，苯乙烯的转化率也能达到 35%。

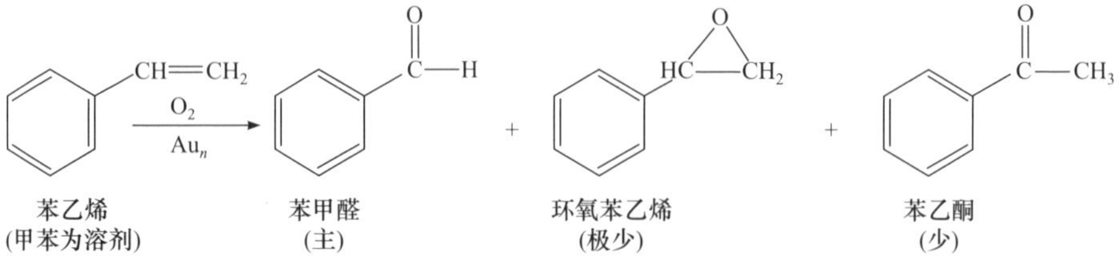

图 4-23　$Au_{25}(SR)_{18}$ 催化氧气对液相苯乙烯的氧化

2. 在生物传感中的应用

MNCs 集识别元件和信号转换元件的作用于一身，由此构建的生物传感器表现出了良好的选择性和灵敏度[108]。

1) 核酸的检测

通过将 DNA 引入，AgMNCs 能从一个荧光量子产率较低的 DNA 模板转移到另一个量子产率较高的 DNA 模板，使 AgMNCs 的荧光获得极大的增强，基于该原理构建的分析检测体系对目标 DNA 的检测限为 0.5 nmol·L^{-1}。人们还发现引入 DNA 的银纳米团簇(DNA-AgNCs)靠近富含 G 碱基的 DNA 序列时，AgMNCs 会产生显著增强的红色荧光。基于这种荧光增强机理的传感方案可用于 mRNA 和单碱基多态性的检测，也可构建比率型的荧光传感器[109-113]。

2) 蛋白质的检测

(1) 由于核酸酶对 DNA 有特异性的剪切、连接和聚合功能，以 DNA 为保护剂制备的 MNCs 可用于核酸酶的检测。例如，T4 多核苷酸磷酸酶能将 DNA 3′ 端的磷酸基团转变为羟基基团，从而启动作为 DNA-CuNCs 合成模板的 DNA 双链结构的形成，该体系对 T4 多核苷酸磷酸酶的检测限为 0.06 U·mL^{-1}[114]。

(2) 由于一些蛋白酶的催化底物或产物能特异性地改变金属纳米团簇的荧光信号，可用于构建基于金属纳米团簇的荧光检测平台。例如，谷胱甘肽(glutathione，GSH)能增强以胞嘧啶核苷为保护剂的 AuNCs 的荧光，而谷胱甘肽还原酶能催化底物产生 GSH，因此可基于 GSH 对 GSH/AuNCs 产生的荧光增强建立对谷胱甘肽还原酶的检测体系，该体系对目标酶的检测限为 0.34 U·L^{-1}[115-116]。

(3) 由于金属之间存在协同效应和电子传递效应，双金属纳米团簇往往具有更优异的催化活性和光学响应性能。例如，以牛血清白蛋白(bovine serum albumin，BSA)为保护剂的双金属纳米团簇 AuAgNCs，其荧光强度是相同条件下制备的金属纳米团簇 AuNCs 的 2 倍，BSA/AuAgNCs 被用于焦磷酸酶活性的测定，检测限为 0.03 mU·mL^{-1}[117-118]。

(4) 金属纳米团簇还可被用于疾病诊断。例如，AuNCs 与中性亲和素(neutral avidin，NAv)可通过生物素修饰的多肽链组成 AuNCs-NAv 复合体(约 11 nm)，多肽序列中包含直肠癌标志物 MMP-9 的酶切位点。当 AuNCs-NAv 复合体被注射到小鼠体内，肿瘤部位的 MMP-9 分解多肽使得 AuNCs 从 NAv 上脱落，游离的 AuNCs(约 2 nm)可经肾排出体外。尿液中的 AuNCs 能在 H$_2$O$_2$ 存在下催化底物显色。结果表明，荷瘤小鼠尿液产生的色度信号是正常小鼠的 13 倍，从而实现了对 MMP-9 的特异灵敏检测(图 4-24)[119]。

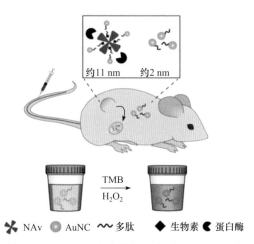

图 4-24　基于 AuNCs-NAv 复合体的蛋白酶 MMP-9 的生物传感器

3) 细胞的检测

在 MNCs 或与其复合的纳米材料表面标记可特异性识别细胞的适配体、小分子配体或抗体可建立细胞检测的传感器[120]。例如，将氮化碳量子点(carbon nitride quantum dots，CNQDs)通过共价修饰接枝到 AuNCs 的表面，当加入上皮细胞黏附分子抗体后，CNQDs 的荧光会被猝灭。当体系中存在循环癌细胞(circulating tumor cell，CTC)时，上皮细胞黏附分子抗体会与之作用而从 CNQDs 表面脱落，使得 CNQDs 的荧光得以恢复。基于上述机理可构建具有比率荧光信号的免疫探针，用于个位数的 CTC 的捕获和检测[121]；脂质体表面修饰的 ErbB2/Her2 抗体可识别乳腺癌细胞，如果在其内部装载 AuNCs，当识别癌细胞的脂质体解体时，AuNCs 被大量释放，产生放大的色度信号，从而可实现对乳腺癌细胞的高灵敏检测[122]。

3. 在生物成像中的应用

由于 MNCs 分散性好、抗光漂白能力强、无毒且生物相容性好，特别是超小尺寸的金属纳米团簇可经肾脏被有效清除，能有效避免因长时间循环造成的体内积累，从而减小潜在的毒副作用[123]。因此，金属纳米团簇极具在生物体内应用的潜质，可成功应用于活细胞成像、活体肿瘤成像及活体实时动态示踪成像等。

1) 荧光成像

(1) 相比于被动靶向，在 MNCs 表面修饰适体[124]、叶酸[125]、靶向多肽[126]等活性靶向分子获得的主动靶向可有效提高对特定肿瘤细胞的靶向性，降低正常细胞非特异摄取产生的背景信号。例如，以聚乙烯亚胺(PEI)为合成模板制备的具有近红外荧光的 AgNCs 量子产率可达 3%，通过修饰叶酸，AgNCs 可用于小鼠体内乳腺癌(MCF-7)肿瘤的实时成像。

(2) AuNCs 具有双光子荧光，已被应用于细胞的双光子荧光成像[127]。例如，以一种具有核-卫星结构的上转换纳米粒子(UCPs)与 AgNCs 构建的 UCPs/AgNCs 复合材料，由于其中的 AgNCs 的吸收范围与 UCPs 的荧光发射范围重合，UCPs 和 AgNCs 存在荧光共振能量转移(fluorescence resonance energy transfer，FRET)而导致荧光猝灭。当 UCPs/AgNCs 遇到细胞内的生物硫醇时，AgNCs 的吸收发生变化，FRET 过程被抑制，UCPs/AgNCs 复合体中 UCPs 的荧光得以恢复，因而可实现对生物硫醇的实时荧光监测[128]。

(3) 以多肽为模板合成的金纳米团簇 AuNCs 具有近红外荧光。由于团簇表面带正电荷，被细胞内吞后的 AuNCs 倾向于在细胞核聚集。此现象可用于研究恶性细胞在反转录过程中的细胞核形态变化[129]。

(4) 巯基修饰的金纳米团簇 AuNCs 具有近红外光吸收，可应用于活体光声成像。通过成像可观察到 AuNCs 从主动脉到肾实质的转移及最后过滤到肾盂的过程，并能精确定量正常和病理情况下单个肾脏的肾小球滤过率[130]。

2) 多模态成像

多模态成像能为疾病特别是癌症的早期诊断提供更详细更准确的诊断信息。

(1) 白蛋白保护的金纳米团簇 AuNCs 可用于建立荧光和 CT 的双模态成像。依据 AuNCs 的近红外荧光可知 AuNCs 主要在肾脏聚集，依据 AuNCs 的 X 射线的衰减可勾勒出小鼠肾脏的三维解剖结构[131]。

(2) 正电子发射断层成像(positron emission tomography，PET)是一种重要的分子成像模态，能提供细胞功能和生物分子的相关信息，甚至在可观察的解剖学变化之前实现小病灶的诊断[132]。为实现活体的 PET，金纳米团簇需要掺杂放射性同位素，如铜纳米团簇中掺杂 ^{64}Cu [133]。由于 PET 的分辨率较低，PET 通常与光学成像结合才可以达到理想的成像效果。例如，基于 ^{64}Cu 掺杂的 AuNCs 构建纳米团簇的自荧光和 PET 结合的双模态成像平台，^{64}Cu 在其中不仅作为能量供体激发 AuNCs 的自荧光，也作为 PET 的放射性同位素示踪体[134]。

(3) 相对于 CT 和 PET，磁共振成像(magnetic resonance imaging，MRI)不涉及电离辐射的使用，是一种安全系数更高的无损伤成像手段。镧系离子 Gd^{3+} 可作为增强 MRI 效果的造影剂。例如，利用将 Gd^{3+} 诱导的 AuNCs 自组装纳米粒子用于小鼠肿瘤的近红外荧光/MRI 的双模成像[135]。但 Gd^{3+} 的使用不可避免地会对生物体产生毒性安全问题，因此具有更高横向弛豫的 Gd_2O_3 纳米粒子作为 MRI 造影剂受到了广泛关注。例如，通过共价相互作用将 Gd_2O_3 纳米粒子引入 DNA 保护的银纳米团簇 DNA-AgNCs，可建立一种荧光与 MRI 联合成像的双模态成像技术[136]。

先制备以人血白蛋白为保护剂的掺杂金属纳米团簇 AuGdNCs，纳米团簇再用叶酸进行修饰，将叶酸-AuGdNCs 通过尾静脉注射可实现对小鼠肿瘤的荧光/MRI/CT 三模态成像(图 4-25)[137]。

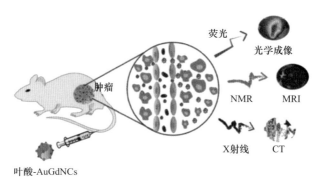

图 4-25　基于 AuGdNCs 的荧光/MRI/CT 三模态成像

Fe_3O_4 纳米粒子和金纳米团簇 AuNCs 组成的核-卫星复合体被应用于荧光/MRI 双模成像[138]。

4. 在肿瘤治疗中的应用

MNCs 作为一种优良的成像造影剂，能通过表面功能化或与其他纳米治疗试剂复合用于成像指导的肿瘤治疗[139]。成像指导的肿瘤治疗有利于实时监测治疗试剂在活体内的药效和药代动力学，实现对治疗效果的及时评估，为肿瘤治疗提供个性化模式。

1) 放射治疗

由于 AuNCs 具有较高的能量吸收系数，在 X 射线照射下能产生破坏细胞核和线粒体 DNA 的活性氧自由基，导致细胞不可逆的凋亡[140]，可被用于放射治疗。例如，以谷胱甘肽(GSH)为保护剂的 AuNCs 被发现主要是通过增强渗透保留(enhanced penetration retention，EPR)效应在小鼠的移植肿瘤内富集，而且团簇表面高含量的 GSH 能激活体内的谷胱甘肽转运蛋白，有助于癌细胞对 AuNCs 的大量摄取[141-142]。

通过靶向功能分子的修饰，AuNCs 就能选择性地进入肿瘤细胞，有效地提高放射治疗的定位增敏效果。例如，以精氨酸-甘氨酸-天冬氨酸(RGD)靶向多肽修饰的 AuNCs 被用于 CT 成像指导的放射治疗。荷瘤小鼠的放射治疗实验表明 RGD-AuNCs 能够在肿瘤部位聚集，并使得肿瘤尺寸减小了 70%[143]。

2) 化学治疗

(1) 化学治疗是目前临床上治疗癌症的主流方法之一。利用共价结合或静电及疏水等相互作用将小分子药物负载到金属纳米团簇上，再通过团簇表面修饰的靶向剂的引导主动或被动地进入肿瘤细胞，达到药物递送的目的。例如，通过共价修饰将药物阿霉素(doxorubicin，DOX)、RGD 多肽及 AS1411 核酸适体接枝到 AuNCs 表面，其中 RGD 多肽可靶向过表达 $\alpha_v\beta_3$ 整联蛋白的癌细胞，AS1411 核酸适体对细胞核具有靶向作用。抗癌效果显著提高得益于 RGD 多肽和 AS1411 核酸适体的双重靶向功能，因而药物 DOX 可被大量地靶向输送到肿瘤细胞的细胞核中(图 4-26)[144]。

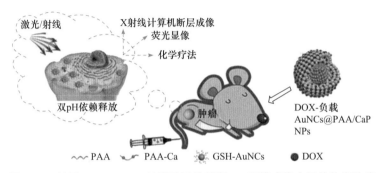

图 4-26　基于 AuNCs /CaP 纳米粒子的荧光/CT 双模成像介导的化学治疗

(2) 基于 MNCs 的另一种药物递送策略是，将金属纳米团簇与其他纳米材料组装，建立纳米复合载体，用于药物的负载和靶向递送，其中，MNCs 的成像功能还可用来进行药物定位及释放的实时监控。例如，CaP 纳米粒子与 AuNCs 的复合载体被用于荧光和 PET 双模态成像指导下的药物靶向治疗[145]。

3) 光动力疗法

光动力疗法(photodynamic therapy, PDT)是在有氧条件下利用光敏剂吸收光能产生活性氧自由基，从而引发细胞死亡和组织损伤的光化学疗法。传统的光敏剂大多是具有疏水结构的有机小分子，在水溶液中易团聚，使得 PDT 的治疗效果大打折扣。由于 AuNCs 本身能产生活性氧自由基，可直接作为光敏剂应用于 PDT[146]；而用谷胱甘肽(GSH)保护的 AuNCs 能在 3 种不同波长(532 nm、650 nm 和 808 nm)的光激发下产生活性氧自由基[147]；通过表面修饰人血白蛋白和过氧化物酶，使得 AuNCs 能用于以近红外二区光激发的光动力学治疗[148]，而过氧化物

酶能催化细胞内的 H_2O_2 产生氧，缓解肿瘤细胞内的缺氧状态，提高 PDT 的治疗效果。

在 TiO_{2-x} 纳米管上修饰 AuNCs 可以增强 PDT 的治疗效果。这是由于 TiO_{2-x} 纳米管表面的 Ti^{3+} 能有效抑制电子和空穴的重组，而 AuNCs 作为小分子光敏剂的纳米载体能克服小分子光敏剂易团聚、靶向性差等缺点，实现光敏剂的富集和有效运载[149]。目前，卟啉Ⅸ[150]、吲哚菁绿(ICG)[151]、二氢卟吩[152]等小分子光敏剂已被成功修饰在 AuNCs 表面，广泛用于成像指导的 PDT。

> **思考题**
>
> 4-6　学习完本小节内容，你对化学研究的永恒主题"结构-性能关系"是否加深了理解？

历史事件回顾

5　负载型 Au、Cu 基纳米材料催化 CO 氧化

现代工业、交通运输业的迅速发展给人类带来了严重的能源和环境问题，能源消耗激增，环境污染日益严重。其中大气污染问题直接威胁人类健康，一直是环境保护方面关注的热点。大气污染物主要有碳氧化物(如 CO)、二氧化硫(SO_2)、颗粒物质、烃类等。其中，CO 为大气污染的主要有毒气体污染物之一，CO 的去除问题得到了广泛关注。环境空气质量标准(GB 3095—2012)规定环境中 CO 的 24 h 和 1 h 平均浓度限值分别为 $4\ mg \cdot m^{-3}$ 和 $10\ mg \cdot m^{-3}$，对 CO 的处理也提出了更高的要求。

消除 CO 最理想的方法是催化氧化法，即利用催化剂将 CO 在温和条件下氧化为无毒性的 CO_2。一氧化碳的催化氧化反应除了在环保方面有应用外，在工业、军事等人类生活各方面都有广泛的应用，如激光器中微量 CO 的消除、汽车尾气净化及质子交换膜燃料电池中少量 CO 的消除等。利用负载型金属基纳米催化材料在温和条件下催化氧化 CO 一直是催化领域的研究热点。近年来关于纳米金催化剂用于 CO 低温氧化反应的研究备受关注。此外，由于纳米铜具有较大的比表面积和较多的活性中心，在将其应用于催化 CO 氧化反应时可表现出较高的催化活性，被视为贵金属催化剂的理想替代者。

一、负载型 Au 基纳米复合材料催化 CO 氧化

(一) 纳米金

金(Au)是一种化学惰性金属,但其纳米粒子因具有独特的结构和性质,在催化、光电传感器和生物医药等领域得到了广泛应用。纳米金最早出现在 16 世纪。1857 年人们通过还原氯化金得到了含纳米金的溶液;1971 年纳米金免疫标记技术开始出现[153-154]。纳米金催化剂的研究虽然起步相对较晚,但迅速取得了许多研究成果。

作为一种化学惰性金属,Au 最初在催化领域是没有立足之地的。虽然在研究乙炔和 HCl 的反应时首次发现负载型 Au 具有较好的催化效果[155],但当时并未得到人们的关注,直到发现由金属氧化物担载的高分散纳米金不仅具有较高的低温催化氧化 CO 的活性,而且稳定性良好,并有一定的湿度增强效应,才引起人们对负载型纳米金的广泛关注和研究[156-158]。如今高分散的负载型纳米金已被广泛应用于密闭空间内 CO 的消除,大气中 CO 的污染治理以及混合气体组分的纯化等诸多方面[159-161]。

负载型纳米金催化剂具有独特的优势:①催化活性较高,反应条件较为温和;②是一种软路易斯酸,与 π 体系具有很好的亲和性;③通常是一种绿色环保的催化剂。

目前,对负载型纳米金催化剂的研究主要集中在影响催化性能的因素和催化机理上,但其催化机理比较复杂,目前仍未达成共识[162]。

(二) 影响负载型纳米 Au 基催化剂性能的因素

1) 纳米金颗粒的尺寸

Au 基催化剂具有非常显著的尺寸效应,只有当 Au 纳米粒子(Au NPs)小于 3 nm 时,才会表现出极高的催化活性[163]。例如,人们发现 Au/CeO_2 的活性随着 Au NPs 粒径的增大(3.9~7.5 nm)不断下降,在 273 K 下,转化频率(transformation frequency, TOF)从 $0.068\ s^{-1}$ 下降到 $0.026\ s^{-1}$,表明 Au NPs 的大小对催化活性起着非常重要的作用[164]。早期制备的负载型 Au 基催化剂,Au NPs 尺寸为 20~30 nm,CO 氧化的室温转化率仅为 80%[165],后来通过调节反应液 pH 将 Au NPs 控制在几纳米时室温转化率可提高到 96%。同时,大量实验研究表明,双金属的协同作用有利于抑制 Au NPs 长大,因此添加第二组分制备合金或双金属催化剂成为提高负载型 Au 基催化剂的催化活性和稳定性的有效手段[166]。

2) 载体

载体是决定负载型 Au 基催化剂活性的重要因素,其种类繁多、性质各异,

表 4-1 总结了文献报道的载体类型。

表 4-1　制备纳米金基催化剂使用的载体

载体种类	载体名称
金属氧化物	TiO_2、CeO_2、Fe_2O_3、Co_3O_4、La_2O_3、ZrO_2、CuO、NiO、Al_2O_3、MgO、MnO_x、SnO_2、In_2O_3、ZnO、Cr_2O_3、BaO
金属氢氧化物	$Fe(OH)_3$、$Ce(OH)_4$、$Cu(OH)_2$、$La(OH)_3$、$Mg(OH)_2$、$Mn(OH)_2$、$Ni(OH)_2$、$Zn(OH)_2$、$Ti(OH)_4$、$Al(OH)_3$、$Be(OH)_2$、$Co(OH)_2$
其他	SiO_2、$LaMnO_3$、$BaCO_3$、$CaCO_3$、$BiPO_4$、$LaPO_4$、分子筛、沸石、活性炭、硅铝酸盐、复合载体

根据载体被还原的难易程度分为两类：活性载体和惰性载体。活性载体是指可还原的金属氧化物(reducible metal oxide，RMO)，即金属元素具有可变的价态，易被还原，如 Fe_2O_3[167]、CeO_2[168]、TiO_2[169]、Co_3O_4[170]等。对于 Au/RMO 催化剂，载体可直接为 CO 氧化反应提供活性氧物种，其催化活性依赖于 RMO 的还原能力。例如，对于 Au/Fe_2O_3 金基催化剂，在 Au NPs 尺寸、金物种价态及表面 OH^-数量等众多因素中，载体晶形对催化活性的影响最大，其中 Au/γ-Fe_2O_3 的低温还原能力显著高于 Au/α-Fe_2O_3[171]；RMO 载体的电子效应是影响催化活性的另一重要因素。制备 Au/TiO_2 时引入聚苯胺 PAIN 时，可在 CO 吸附中起到电子传输媒介的作用，促进电子从 TiO_2 到 Au NPs 的传输，提高 Au 表面电子密度，有利于 CO 的吸附和氧化反应的进行[172]。

掺杂或复合金属氧化物可调节载体-金界面的相互作用，间接影响 Au NPs 的大小、分散度和价态，从而引起活性的变化。例如，将 Co 掺入 Au/CeO_2 可显著增加载体的还原性和活化氧的能力[173]；将 Fe 掺杂进 Au/CeO_2 后形成了 Ce-Fe 固溶体，CeO_2 和 Fe_2O_3 的相互作用可促进氧的流动和活性 Au^{3+} 的形成，从而提高了催化活性[174]。

另外，载体的形貌特征对 Au/RMO 催化活性影响也很大。载体的形貌通常指晶面、尺寸和形状等，其对催化活性的影响各不相同。例如，对花球状、空心球、团簇状 CeO_2 负载型 Au 基催化剂的研究表明，花球状 Au/CeO_2 活性最好，29℃时可实现 CO 完全转化。另外，载体的纳米尺寸效应也会有影响，载体与 Au NPs 的强相互作用能为反应提供更多的活性位点[175]。

惰性载体是指相对较难还原的氧化物(irreducible oxide，IRO)，如 SiO_2[176]、Al_2O_3[177]、ZnO[178]、MgO[179]等。对于 Au/IRO 催化剂，获得高度分散的 Au NPs 是实现高活性的必要条件。IRO 载体中，SiO_2 因具有大的比表面积、可调的形貌、抗腐蚀能力、成本低等优点，成为一种工业上普遍使用的载体[180]。为了提高 Au NPs 的分散度，通常选用介孔 SiO₂ 作载体。此外，还可通过活性金属氧化物改性、SiO₂ 表面功能化，如引入含—SH 和—NH₂ 基团，以提高界面相互作用来实现。通过浸渍 CeO₂ 获得改性的介孔 SiO₂(SMA-15、KIT-6、HMS)，载金后 Au NPs 分散度显著提高，金颗粒尺寸均分布在 2～5 nm[181]；在硅胶表面引入—NH₂ 后制备的负载型 Au 基催化剂中 Au NPs 尺寸分布在 3.0～3.6 nm[182]。

3) Au 基复合催化剂的制备方法

制备方法也是影响催化剂性能的关键因素之一，会影响 Au 的负载量、Au NPs 的尺寸、Au 与载体作用的方式和强度等[183-185]。例如，采用沉积-沉淀法(deposition precipitation，DP)和液相还原沉积法(liquid phase reduction deposition，LPRD)制备的 Au/Fe₂O₃ 催化剂的 Au NPs 尺寸分布均为 2.2～3.1 nm，而采用双浸渍法(double dipping method，DIM)制备的催化剂的 Au NPs 平均尺寸为 6.6 nm。

目前制备 Au 催化剂的方法主要包括共沉淀法、浸渍法、溶胶-凝胶法、沉积-沉淀法、化学气相沉积法、阳离子交换法等[186]。这些方法都有各自的优势和不足。浸渍法是工业上普遍使用的方法，该方法操作简单，但制备的 Au NPs 尺寸偏大、分散性差，制备过程中产生的 Cl⁻ 不易清除，易引起催化剂中毒。共沉淀法是制备 Au 基催化剂最简单有效的方法之一，但其制备过程不易控制，会有相当多的 Au 粒子被包埋在载体内部，降低 Au 的利用率。

4) 其他因素

除了以上因素外，其他影响因素还有预处理方法[187]和制备条件，如 pH、煅烧温度、前驱体、沉淀剂、沉积时间和温度等[188-190]。

(三) 负载型 Au 基催化剂催化氧化 CO 的机理

CO 氧化反应虽然简单，但至今仍很难对分子水平的化学反应进行精确表征，因此关于催化 CO 氧化反应的机理仍未得到明确的结论。目前，机理研究主要涉及 3 个方面：活性 Au 物种的价态、氧的活化、催化剂氧化反应机理。

1) 活性 Au 物种的价态

负载型 Au 基催化剂的高活性与哪种 Au 物种有关至今仍存在争议，更多的研究者倾向于金属态的金，但也有人在实验中证明氧化态的金 Au$^{\delta+}$(Au⁺、Au³⁺)的存在才是实现金催化的主要原因。

例如，采用 X 射线吸收精细结构(XAFS)谱分析 Au/Mn-CeO₂ 时未发现氧化态金(Au$^{\delta+}$)的存在，而借助扩展 X 射线吸收精细结构谱(EXAFS)分析则探明金以纳米团簇形式存在于催化剂表面[191]；以 NaCN 处理 Au/CeO₂ 后，发现表面的 AuO

几乎完全消失，仅保留了 $Au^{\alpha+}$ 团簇，此时的催化活性大大降低，并且只有在较高的温度下才表现出催化活性。这说明虽然 AuO 和 $Au^{\delta+}$ 在催化中共同起作用，但在较低温度下主要是 AuO 的贡献。但也有科学工作者给出了不同的结论，他们发现未煅烧的 Au/FeO_x 经 X 射线吸收近边结构(X-ray absorption near edge structure，XANES)谱分析表明其表面存在大量 Au^{3+}，在催化 CO 氧化过程中，也主要以 $Au^{\delta+}$ 形式存在，这说明 $Au^{\delta+}$ 物种在 CO 反应中起的作用至关重要[192]；许多文献支持了负载型 Au 基催化剂中 $Au^{\delta+}$ 具有重要性的观点，认为 $Au^{\delta+}$ 在均相催化和乙烯加氢反应、CO 氧化反应等多相催化中的作用无可取代[193]。但根据目前的光谱学技术，还很难区分具体的 Au^+ 和 Au^{3+} 物种。

2) 氧的活化

人们普遍认为常态下 CO 吸附在 Au NPs 的表面，只有在极低温度或 CO 分压大的情况下，会有部分吸附在载体上[194]。O_2 的活化是 Au 催化反应中最关键的步骤，但关于其活性氧物种和活化位点的问题却一直未明确。

最初有研究认为吸附态氧分子(O_2,ad)是活性氧物种(O_{act})，与共吸附的 CO_{ad} 形成$[CO_{ad}O_2,ad]$后发生解离形成 CO_2。之后的研究提出了更多的可能性。例如，研究表明稍高温度下($T > 170$ K)，O_2,ad 极其不稳定会发生脱附，证明了它不是室温或更高温度下 CO 氧化反应的活性氧物种[195]；在有些体系中，载体表面会发生电子转移，使吸附的 O_2,ad 变为过氧离子(O_2^{2-})和超氧离子(O_2^-)，成为稳定的活性氧物种[196]；$Au/LaPO_4$ 中的活性氧物种被认为是表面吸附的羟基(—OH)；对 Au/TiO_2 催化剂，人们认为活性氧物种是处在 Au NPs 和载体界面周长处的晶格氧，反应后形成的氧缺陷由电离吸附的氧原子填充，当温度高于 80℃时，邻近界面周长处的晶格氧可通过迁移补充氧空位[197]，如图 4-27 所示；还有学者认为，原子和分子态的氧都可能是 Au 催化 CO 氧化的活性物种，这与 Au 物种的性质和反应条件(温度和压力)密切相关。原子态的氧参与的 CO 氧化反应速率最快，其中 O_2 的解离是决速步骤；而分子氧与 CO 反应后不仅生成 CO_2，还生成可以继续反应的原子氧活性物种。

3) 反应机理

(1) 朗缪尔-欣谢尔伍德(Langmuir-Hinshelwood)机理。

朗缪尔-欣谢尔伍德机理认为 CO 的催化氧化反应是吸附态的 CO 和吸附态的 O 之间的反应，没有晶格氧的参与，如图 4-28(a)~(c)所示。图 4-28(a)称为 Only-Au 机理，即活性氧物种以分子态或原子态吸附在低配位 Au 原子上，CO 的氧化发生在 Au NPs 表面。这种机理常适用于 Au/IRO 催化剂，这解释了 Au NPs 的分

图 4-27　Au/TiO₂ 在 $T \geqslant 80℃$ 下 CO 的氧化反应

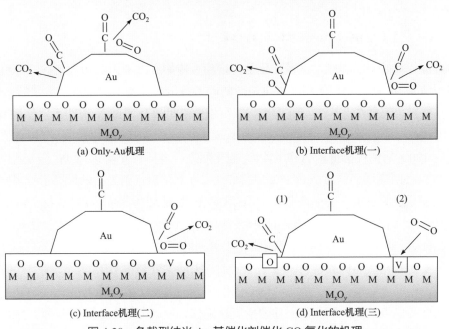

图 4-28　负载型纳米 Au 基催化剂催化 CO 氧化的机理

散度决定负载型 Au 基催化剂催化活性的原因。图 4-28(b)和(c)都称为 Interface 机理，但其氧的活化略有不同。前者是氧以分子态或原子态吸附在载体与 Au NPs 相互作用界面的活性位点上，CO 的氧化反应也发生在界面上；后者是氧分子在载体表面空位上发生电离吸附生成活性氧物种，与界面吸附的 CO 反应。这两种机理均适用于 Au/RMO 催化剂，负载型 Au 基催化剂的催化活性受载体本身的性质和反应条件影响。

(2) Mars-van Krevelen 机理。

Mars-van Krevelen 机理又称为氧化还原机理，它的特征是晶格氧作为活性氧物种直接参与反应，即吸附态的 CO 直接与载体的晶格氧发生氧化反应生成 CO_2，为保持电中性载体被还原，其表面产生相应的氧缺陷，但气相中的氧会发生解离吸附及时补充缺陷，使载体重新被氧化，完成一个氧化还原的循环[198-201]。此反应一般发生在 Au NPs 和载体的界面上，因此也是 Interface 机理中的一种，如图 4-28(d)所示。这种机理适用于 Au/RMO 催化 CO 氧化的过程。

思考题

4-7 简述负载型 Au 基催化剂催化 CO 氧化的主要机理。负载型 Au 基催化剂催化 CO 氧化时的活性物种是什么？Au 在其中的作用是什么？

(四) 负载型纳米 Au 基催化剂的稳定性

催化剂的寿命和稳定性是催化剂实现商业应用必须考虑的两大指标。导致负载型纳米 Au 基催化剂使用过程中失活的因素有很多，如 Au NPs 的长大[202]、Au 活性物种价态的变化[203]、碳酸盐类物种的积累[204]等。通过 X 射线衍射(XRD)和 X 射线光电子能谱(X-ray photoelectron spectroscopy，XPS)等手段对新鲜制备的和反应 100 h 后活性降低的 $Au/LaMnO_3$ 催化剂进行表征，发现 Au NPs 发生烧结、AuO 物种明显增多；对 Au/CeO_2 连续催化 CO 氧化后逐渐失活的原因进行考察，发现催化剂发生了 3 方面变化：①Ce^{3+}/Ce^{4+} 比例变大，导致载体还原能力减弱；②高价态 Au 物种被还原；③Au NPs 发生烧结，活性位点减少[205]。由金物种价态变化和 Au NPs 烧结引起的失活通常是不可逆的。

有些研究认为负载型纳米金基催化剂的失活主要是由类碳酸类物种引起的，它们占据部分活性位点，从而降低了催化活性。实验证实了反应生成的 CO_2 可以与活性晶格氧反应，形成碳酸盐覆盖氧缺陷位，使氧分子无法及时补充，导致催化剂中毒失活[206]。同时，负载型 Au 基催化剂的储存稳定性还会受到许多因素的影响而逐渐下降。例如，研究表明 Au/TiO_2、Au/ZrO_2 和 Au/CeO_2 在室温条件下储存 90 天后活性仅为新鲜制备催化剂催化活性的 1/2。Au/ZnO 暴露在空气中 30 天后已不再具备低于 0℃催化 CO 氧化的活性，20℃下其催化活性也由 100%降低至 45%。还有人认为光和温度是影响负载型 Au 基催化剂失活的主要原因。

经过各领域研究者 30 多年的努力，负载型纳米 Au 基催化剂的制备和 CO 催化氧化性能的研究工作不断深入。虽然已研制出许多具有优异性能的负载型纳米 Au 基催化剂，但现阶段要达到成熟的规模化生产，并广泛应用于环境保护等领域依然存在很多问题[207-208]：①生产成本较高，制备过程较复杂，可重现性和催化稳定性较差；②催化剂载体种类、结构、制备方法和条件对 Au 粒子尺寸和价态、Au 粒子在载体的分布、Au 与载体的相互作用和催化反应的活性中心的影响还需要系统和深入的探究；③对于负载型纳米 Au 基催化剂催化 CO 氧化的反应机理、催化剂失活机理的研究还存在分歧。因此，实现负载型 Au 基催化剂的商业化应用还有很长的路要走。

二、负载型 Cu 基催化剂催化 CO 氧化

(一) 纳米铜及纳米铜基复合材料

铜作为人类最早发现和使用的金属之一，使用历史已经有数千年。纳米铜因具有块状铜所不可比拟的优异性能，如比表面积大、量子尺寸效应、宏观量子隧道效应、可塑性强、强度高、电阻小等，得到了更为广泛的研究和应用。其中纳米铜较大的比表面积和高活性使其成为优异的纳米催化剂，尤其在很多情况下可以代替贵金属催化剂降低使用成本，提升产业化应用的潜力，因此近年来纳米铜的研究层出不穷，而铜纳米粒子的可控制备更是研究的热点[209-210]。

根据报道，Cu 系催化剂对 CO 氧化反应具有更高的催化活性。以 Cu 为主要活性中心的非贵金属催化剂的研究发展很快。但相对于单一组分铜催化剂而言，负载型 Cu 基催化剂可使催化剂活性组分有更高的分散度和更合适的粒度，载体与金属铜之间还可能存在相互作用，可表现出更高的催化活性和更好的稳定性，因而在 CO 氧化反应中多采用负载型 Cu 基催化剂。但铜流失的问题很严重，铜离子的流失与催化剂的组成、制备条件、晶形、反应液的 pH 等反应条件都有关系。酸性溶出和反应性溶出是导致负载型 Cu 基催化剂不稳定的原因。工业上采用的负载型 Cu 基催化剂常由多种组分构成，通过不同金属氧化物的复合，能够实现协同增效并增强催化剂的稳定性[211]。

(二) 影响负载型 Cu 基催化剂性能的因素

1) 制备方法

理想的负载型催化剂应具有良好的理化性质，经济实用，制备工艺简洁，且便于携带，再生性好，无毒性，无环境污染等。因此，负载型 Cu 基催化剂的制备一般采用共沉淀法和浸渍法。有文献指出采用共沉淀法制备的催化剂具有相对较好的催化活性[212]。采用的前驱体不同，活性组分与载体的结合方式、沉淀方式等都会影响负载型 Cu 基催化剂的催化活性。

2) 载体的影响

载体种类对负载型 Cu 基催化剂的催化活性和稳定性有较大的影响。金属与载体之间存在相互作用，这些催化作用可直接影响催化材料的催化性能。例如，分别以 5A 分子筛和 γ-Al$_2$O$_3$ 为载体制备的负载型 Cu 基催化剂，以 5A 分子筛为载体的 Cu 基催化剂的活性都低于以 γ-Al$_2$O$_3$ 为载体的，γ-Al$_2$O$_3$ 载体比 5A 分子筛更能有效地发挥活性纳米铜的作用。有研究指出，铜氧化物与载体之间存在协同作用。例如，CuO/CeO$_2$ 复合氧化物催化体系，由于 CuO 与 CeO$_2$ 的协同作用，半径小于 Ce^{4+} 的 CuO 进入了 CeO$_2$ 晶格，另一部分 CuO 高度分散在 CeO$_2$ 表面。当铜含量≥15%时，伴随游离态的 CuO 晶相出现，说明对高活性有贡献的是掺杂进入 CeO$_2$ 晶格的少量 CuO，而过量的 CuO 晶相的存在会使体系的催化活性下降。

3) 反应条件的影响

反应温度、原料气组成和反应环境的湿度都会显著影响负载型 Cu 基催化剂的活性和稳定性。体系中存在氢气的氧化和甲烷化副反应的可能，两者均为放热反应，温度升高有利于副反应的发生，因此温度的控制对于提高催化剂选择性是很重要的。持续升高温度会导致 CO 的转化率下降，对应其选择性也急剧降低，说明在高温下催化剂优先氧化 CO 的可能性大大降低。另外，CO 和 H$_2$ 是竞争性吸附在活性物种的活性位点上，100℃以下氢气的吸附会受到吸附的 CO 的阻碍，但高温下 CO 的脱附速率增加，致使更多的氢气到达表面发生反应。因此，该反应的最佳温度以 140℃为宜[213-219]。

4) 沉淀剂的影响

负载型 Cu 基催化剂的活性受沉淀过程影响很大。例如，采用分步沉淀法制备 Cu-Mn 型催化剂时，分别采用(NH$_4$)$_2$CO$_3$、Na$_2$CO$_3$、NaOH 为沉淀剂，所得催化材料的晶相显著不同，其中(NH$_4$)$_2$CO$_3$ 为沉淀剂时容易形成铜、锰氧化物的混合相，但对于增大催化材料表面上活性中心铜的分散、降低表面碱性都有利[220]。

4.3　ds 区金属氧化物/硫化物纳米材料

4.3.1　硫化镉半导体纳米复合材料

在众多半导体纳米材料中，CdS 纳米粒子以其优良的性能引起了许多科学工作者的关注。CdS 是典型的 Ⅱ-Ⅵ族的直接带隙半导体化合物，室温下其禁带宽度为 2.42 eV。当 CdS 粒子的粒径小于其激子的玻尔半径(6 nm)时，它能够呈现出明显的量子尺寸效应。

　　由于纳米微粒的特殊层次和相态,人们若想将其特殊性能以材料形式付诸应用,则必须将纳米微粒以某种形式与体相材料复合与组装。对半导体纳米微粒的尺寸大小、粒度分布、组装维数、表面修饰及体相化过程的调控是半导体纳米微粒研究和应用的关键。其中有机高分子聚合物具有良好的加工性能和光学透明性,因而在复合和组装半导体纳米粒子方面较其他材料有更大的优势。

　　人们通过有机物对 CdS 纳米粒子的粒径大小和粒径分布进行调控,可以得到具有不同光学性能的材料。这些发光材料在发光二极管、太阳能电池、非线性光学器件和其他一些光电器件上都有广泛的应用。

　　1. 催化材料

　　CdS 半导体复合材料最早得到实用化的性能是其催化特性而不是光学性能。目前,以半导体纳米微粒进行的光催化研究主要集中在光解水、光催化降解污染物、CO_2 和 N_2 还原及催化有机合成等方面。而以半导体纳米微粒/有机物复合材料作催化剂时可以提高半导体微粒的光催化性能,甚至可以产生新的催化性能。

　　2. 光学材料

　　作为直接带隙半导体,CdS 显示了良好的发光、非线性光学作用、光吸收、光放大等性能。但其较差的稳定性、加工性使其应用受到极大的限制。而与有机聚合物的复合是一条很好的解决途径。例如,将表面修饰的 CdS 纳米粒子与 Nafion 树脂进行组装形成 CdS/Nafion 树脂复合膜,在膜中测得了更高的三阶非线性光学系数 x^3;通过将具有非线性光学作用的有机聚合物与 CdS 结合起来可大大地提高材料的非线性折射率;在乙烯醇、氮取代苯乙烯、光子石墨烯/明胶复合物中制备出的 CdS 纳米晶复合材料表现出良好的光敏和光电导性能。

　　3. 光电材料

　　CdS 半导体纳米复合材料作为电致发光材料的研究也同样引起了人们的关注。例如,有文献报道以有机物包覆 CdSe/CdS 形成的核壳结构与 PPV 组装成的双层发光二极管,在电流密度为 $1\ A \cdot cm^{-2}$、光强为 $600\ cd \cdot m^{-2}$、外部量子效应超过 0.22% 时,该二极管发射出从红色到绿色的光,其开启电压为 4 V,在恒定电流下寿命达几百小时。这不仅显示了单独纳米晶体的电致发光性能,而且显示了纳米晶体与 PPV 相结合的电致发光特性,前者依赖于纳米晶体的尺寸,后者则依赖于纳米晶体的厚度;将另一种具有导电性能的高分子聚合物聚乙烯咔唑(PVK)与半导体结合起来也可被用作光电材料。$PVK/Cu_2S/CdS/ZnS$ 纳米多层复合物薄膜在 400 kV·cm^{-1} 外场作用下光学增益达到 846 cm^{-1}，说明无机半导体纳米复合微粒可以作为非线性材料的敏化剂。还有文献报道了一种包含 CdS 纳米半导体团簇层和聚合物层的杂化材料，并发现在这个多层复合结构中，光电流光谱响应是由半导体团簇层引起的，而电致荧光光谱响应则由聚合物层引起[221]。

4.3.2 氧化锌体系

氧化锌是一种新型的功能半导体材料，其尺寸介于 1～100 nm，纳米 ZnO 具有小尺寸效应、表面效应、宏观量子隧穿效应等。

1. 小尺寸效应

与块状材料相比，纳米氧化锌颗粒的小尺寸效应会导致一系列特殊的性质：①光学性质，纳米 ZnO 具有新颖的光学特性，主要表现在较强的宽频吸收、吸收带蓝移、更强的发光现象；②热学性质，氧化锌纳米材料粒子尺寸小、表面原子数多且邻近位配位不全、表面能高，这些特点使纳米 ZnO 熔化时所增加的热力学能大幅度减小，从而使其熔点急剧下降；③力学性质，在纳米 ZnO 中，较大的界面使排列混乱的原子在外力的作用下更容易迁移，因而纳米 ZnO 呈现出良好的延展性。

2. 表面效应

纳米氧化锌颗粒的尺寸小，比表面积大，表面原子占总原子数的比例大，周围缺少相邻的原子，存在许多不饱和键，易与其他原子相结合而趋于稳定，因此具有较高的化学活性。这种化学活性一方面引起纳米粒子表面原子结构的变化，另一方面引起表面电子能谱和电子自旋构象的变化，使得纳米 ZnO 表现出一些特殊的性能。

3. 宏观量子隧穿效应

当微观粒子的总能量小于势垒高度时，该粒子仍能穿越这一势垒即为隧穿效应。但人们发现一些宏观量如量子相干器件中的磁通量、微颗粒的磁化强度及电荷等也可以穿越宏观系统的势垒而产生变化，因而称为宏观量子隧穿效应。宏观量子隧穿效应与量子尺寸效应一起，限定了用磁带磁盘进行信息存储的最短时间，也确定了微电子器件进一步微型化的极限。

纳米粒子这些特殊的效应使得纳米 ZnO 在光学、电学、力学、磁学等方面有着许多宏观颗粒所不具备的特殊性能，因而在橡胶、精细陶瓷、光电材料、日用化妆品、光催化剂、杀菌、磁性材料、敏感元件制造、隐身材料、节能材料、信息存储材料等诸多方面得到了广泛的应用[222]。

4-8　CdS、ZnO 属于哪种半导体类型？

4-9　纳米材料与块状材料相比具有哪些特殊的性能？

4.4　ds 区金属配合物电致发光材料

有机发光二极管(organic light emitting diode，OLED)技术近年来发展迅速，被认为是近几十年来显示领域的巨大突破。OLED 材料因其大面积、柔性显示等优点，迅速替代了大部分液晶和无机材料在显示领域的位置。

金属配合物作为 OLED 器件重要的发光层材料种类，在柔性、发光效率及稳定性方面具有无机和非金属有机材料不可替代的优势。它的主要发光形式有两种：磷光和热活化延迟荧光(thermally activated delayed fluorescence，TADF)。由于其金属离子的重原子效应，金属配合物具有较大的自旋轨道耦合作用，可以有效地混合单重态和三重态激子迅速地完成(反)系间穿越过程，实现三重态 T_1 的磷光发射或者单重态 S_1 的 TADF 发射。无论是磷光发射还是 TADF 发射，金属配合物理论上的量子产率都可以达到 100%。磷光相比于荧光要弱得多，产率也低，而要提高磷光量子产率采用重原子效应是一条有效的途径，其中 ds 区元素起到了重要的作用[223]。

不同于无机发光材料，金属有机配合物发光材料的分子之间是通过分子间作用力及范德华力的相互作用结合的。因此，在金属有机配合物材料中分子间的相互作用比较弱，电子在有机金属配合物中的平均自由程很短，不符合能带模型假设，一般可用分子轨道模型解释。对于成键轨道，电子云主要分布在两个原子核之间，电子存在的概率最大，电子云的重叠最大，比原来的原子轨道更稳定；而对于反键轨道，在两个原子核之间电子出现的概率为零，没有电子云重叠，体系比原来的分子轨道能量更高[224]。

4.4.1　Cu(I)配合物电致发光材料

第二代 OLED 材料(金属配合物作为发光层材料)于 20 世纪末开始迅速发展。Ir(Ⅲ)、Pt(Ⅱ)等配合物由于具有较强的自旋轨道耦合作用(spin-orbit coupling)，其磷光材料的内量子产率接近 100%，发光寿命达到微秒级(甚至 2 μs)，成为性能优良的 OLED 发光层掺杂材料。但是此类材料成本高、矿藏量低、污染环境，这些制约着其发展。相比于 Ir(Ⅲ)、Pt(Ⅱ)等贵金属，廉价金属 Cu 具有成本低、储量大等特点，成为重要的备选材料之一。更重要的是，由于 Cu(Ⅰ)离子具有被占满的 d^{10} 轨道，因此其电荷分布较均匀，容易形成四面体配位结构，使得各个配体可远离其他位置，减小静电排斥作用，同时 d 轨道的全满状态避免了金属中心态的存在，可以有效地抑制金属中心态带来的非辐射猝灭。磷光 Cu(Ⅰ)配合物的有机电致发光器件的发光波长可以覆盖广泛的可见光区。通过对 Cu(Ⅰ)配合物中配体的改变和结构的修饰可以得到不同颜色的发光材料，如红、黄、绿、蓝、白等[225]。

Cu(Ⅰ)离子的价电子组态为 3d^{10}，d^{10} 金属配合物是典型的金属-配体电荷转移跃迁(metal-to-ligand charge transfer，MLCT)型发光材料。根据分子轨道理论，Cu(Ⅰ)配合物中的 d(t$_{2g}$)轨道充满电子时主要为最高占据分子轨道(HOMO)，而最低未占分子轨道(LUMO)则由配体的 π 轨道控制。当 Cu(Ⅰ)配合物受到激发时，电子就会从中心金属的 d 轨道跃迁到配体的 π*反键轨道，实现 MLCT 跃迁。

MLCT 型金属配合物发光材料均可以通过配体的改变和修饰来调节配合物分子的能级差、共轭性等，进一步控制配合物的发光波长等性质。由于 Cu(Ⅰ)的 3d 轨道全部充满，因此 Cu(Ⅰ)配合物不可能发生 d-d 跃迁，阳离子型的 Cu(Ⅰ)配合物发光都来源于 MLCT 跃迁。不仅如此，Cu(Ⅰ)采取四配位构型，而且由于 d 轨道全充满，为使配体间位阻最小，配体是以正四面体构型排布。

来自离子型的 Cu(Ⅰ)金属盐比较容易形成单核配合物，而来自卤化亚铜类的 Cu(Ⅰ)则比较容易形成结构多变的多核配合物。无论是单核还是多核的 Cu(Ⅰ)配合物均能在紫外光的照射下发出较强的荧光，而且颜色可以覆盖从短波的蓝光到长波的红光的整个可见光区域。

1999 年，人们第一次利用多核 Cu(Ⅰ)配合物制备出了 OLED 器件，尽管器件的性能不佳(起亮电压为 12 V，EL 效率仅为 0.1%)，却开启了 Cu(Ⅰ)配合物可以作为 OLED 材料的时代。对于 Cu(Ⅰ)配合物最早的开发主要源于其低廉的价格、较高的地壳储藏量，Cu(Ⅰ)配合物自旋轨道耦合常数(SOC ζ = 857 cm^{-1})较小，使得基于 Cu(Ⅰ)的磷光材料相比 Ir(Ⅲ)、Pt(Ⅱ)等金属的优势不是十分明显。直到 2009 年，TADF 机理再次得到研究人员的关注，此种发光机制不需要激子从本来禁阻的三重态 T$_1$ 向基态 S$_0$ 转换，而是经历反系间穿越过程，通过单重态 S$_1$ 向基态 S$_0$ 辐射跃迁，所以不再需要具有较高的自旋轨道耦合诱导的金属中心。研究人员还发现，TADF 发光过程需要较小的最低三重态 T$_1$ 和单重态 S$_1$ 之间的能差，才更容易完成反系间穿越过程。而自旋轨道耦合作用略弱的 Cu(Ⅰ)配合物，相比于 Ir(Ⅲ)、Pt(Ⅱ)等金属配合物，更容易实现较小的能差 $\Delta E(S_1\text{-}T_1)$，因而具有更好的 TADF 发光特性。

除了上述单核 Cu(Ⅰ)配合物以外，多核的 Cu(Ⅰ)配合物也被开发作为 OLED 器件的潜在材料。开发多核配合物的主要原因在于可以提升分子结构的刚性，以降低分子在激发过程中的结构重组。多核 Cu(Ⅰ)配合物的结构修饰一般包括通过桥连结构和卤化物的变化来调节发光颜色，还有引入长的烷基链来改善溶解度等[226]。

4.4.2　Au(Ⅲ)配合物电致发光材料

尽管 Au 具有良好的稳定性、低毒性和环境友好等特质，但对于 Au(Ⅲ)配合物，低能级的 d-d 态导致的非辐射跃迁失活，与潜在的发射途径中配体内电荷转移(ILCT)或者 MLCT 比较接近是制约 Au(Ⅲ)配合物作为电致发光材料的重要原因。此外，Au(Ⅲ)的亲电子性容易导致光解作用或者其他的反应。然而近年来依然陆续有性能较高的 Au(Ⅲ)配合物被报道，也使得 Au(Ⅲ)配合物的研究引起研究人员的关注。

Au(Ⅲ)配合物中研究最多的是环化配体金属配合物，其中钳型配体C⌒N⌒C是比较稳定的 Au(Ⅲ)配合物结构。2015 年人们第一次将吡嗪引入环化配体中，用吡嗪替代环化配体中心的吡啶环。此类化合物的发光性质的调整可以通过调整质子化、烷烃化或中心金属实现，而不需要改变配体框架。这同时是第一次发现 Au(Ⅲ)具有 TADF 特性。2017 年，人们再次报道了一系列发光机制为 TADF 的 Au(Ⅲ)配合物，但这些结构极其相似的配合物具有不同的发光机制[227]。

> **思考题**
>
> 4-10　由于 Cu(Ⅰ)的 3d 轨道全部充满，因此 Cu(Ⅰ)配合物不可能发生 d-d 跃迁。根据分子轨道理论，Cu(Ⅰ)配合物电致发光的电子跃迁是哪种类型？
>
> 4-11　Cu(Ⅰ)配合物电致发光材料为什么能成为"OLED"重要的备选材料之一？

历史事件回顾

6　纳米银及其抗菌作用

一、纳米银的抗菌作用及其抗菌机理

随着纳米技术的迅猛发展，将金属银通过不同途径或手段制备而成的纳米银目前已成为常用的抗菌材料之一。纳米银的粒径分布在 1～100 nm，原子排列表现为介于固体和分子之间的"介态"，其比表面积极大，具有表面效应、小尺寸效应和宏观量子隧穿效应，具有很强的穿透力和抗菌能力[228]。纳米银抗菌材料是一种新兴的纳米抗菌材料，基于独特的抗菌性能和抗菌机制，纳米银在多个领域获得应用，如洗涤用品、食品包装和医疗用品等与抗菌相关的领域[229-232]。

目前，银纳米材料的抗菌机理研究主要针对细菌大肠杆菌(E. coli)和金黄色葡萄球菌(S. aureus)展开，而对真菌的研究相对较少[233-234]，人们对银纳米材料的抗菌机制研究尚不充分[235-237]。通常认为是纳米银释放 Ag^+ 发挥作用并诱导产生活性氧(reactive oxygen species，ROS)[238-240]。也有研究认为银纳米材料本身直接发挥抗菌作用，并协同释放的 Ag^+ 发挥作用，而银盐(硫胺嘧啶银盐等)只通过释放 Ag^+ 发挥抗菌作用。

研究表明银纳米材料对多数细菌的抗菌性强于微米银和 Ag^+，并归因于小尺寸效应引起的表面电子结构特异性。虽然研究者们并不能完全解释银纳米粒子抗菌的原理，但是目前已形成对银纳米材料抗菌机理的 3 种解释(图 4-29)[241]：①银离子进入细菌，破坏 ATP 的产生和 DNA 的正常复制；②银纳米粒子或银离子在细菌内产生活性氧；③银纳米粒子直接破坏细菌的细胞膜。

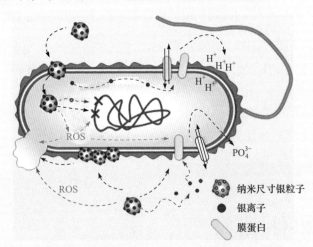

图 4-29　银纳米粒子与细菌细胞的作用示意图

二、影响纳米银抗菌性能的因素

纳米银抗菌性受多种因素的影响，包括纳米银的粒径、保护剂、浓度、形貌、电荷、溶解度、溶液离子强度和 pH、溶解氧浓度[242-244]等。

1) 粒径的影响

纳米银粒径的分布对抗菌性有决定性影响,表现为纳米银抑菌性随粒径增大而显著下降。这在 OD600 法检测菌落数的生长曲线中体现得十分明显,随着纳米银粒径的降低,细菌的生长周期显著延缓[245]。尤其是小于 10 nm 时,纳米银表现出极佳的抗菌性[246]。

研究发现粒径为 8 nm 和 33 nm 的纳米银相比前者的抗菌性更强[247],多数研究者认为,纳米银抗菌性与其较高的表面能和表面原子数相关[248-249]。但是,粒径通过影响纳米银的聚集动力学导致的沉降也会间接对抗菌性产生影响,小粒径纳米银不仅布朗运动剧烈,其表面电极电势较大且静电斥力影响有限,因此同质量浓度的纳米银,粒径较小的纳米银密度更大,发生聚集的概率也更高[250]。

2) 形貌影响

抗菌性与纳米银的形貌密切相关,尤其是大比表面积的纳米银可与细菌更好地结合。不同形貌的纳米银的晶面种类和比例不同,而晶面的稳定性和催化活性的各向异性导致纳米银在细胞膜上的吸附及释放 Ag^+ 能力有所区别,抗菌性必然表现出显著差异。有报道认为,(111)面的原子密度高,Ag^0 活性更强[251],因此(111)面更易与细菌进行结合,表现出较强的抗菌性[252]。例如,三棱柱状的纳米银比球形和棒状纳米银针对大肠杆菌的抗菌性更好,是由于球形纳米银(100)晶面的比例高于(111)晶面[253],棒状的纳米银侧面是(100)面,只有两端是(111)面。因此有研究预测十面体全部由(111)晶面构成,抗菌性较强。可见,纳米银有效晶面比例不同,抗菌性差别明显。

3) 保护剂的影响

由于纳米银易聚合,在纳米银复合材料制备过程中往往要使用稳定剂,如壳聚糖、纤维素及抗生素等。分子内含有羟基和氨基数目较多的保护剂与纳米银结合时更有利于纳米银的稳定,但同时对 Ag^0 和 Ag^+ 的扩散/迁移有抑制作用,表现为对纳米银抗菌性的促进或抑制作用。

保护剂在细菌细胞膜与纳米银之间的连接作用力不同,抗菌效果也各异。以 SDS 作为稳定剂时,纳米银的抗菌性略有增强,但以失水山梨醇单油酸酯聚乙烯醚(Tween-80)作为稳定剂时抗菌性会受到抑制,而保护剂 PVP 对纳米银的抗菌性则无明显影响;SDS 属于离子型表面活性剂,对细胞膜的穿透作用力更强,尤其是对革兰阴性菌,在保护剂和抗菌效能之间实现了平衡;而 Tween-80 是非离子型试剂,与细胞膜结合存在困难[254];PVP 可提高纳米银的稳定性,因此有利于纳米银发挥抗菌性[255]。

4) 菌种的影响

不同种类的细菌的细胞膜结构有明显差异，纳米银与之作用的蛋白种类和数目也有区别。尤其是革兰阴性菌和革兰氏阳性菌的细胞膜结构中肽聚糖厚度差异较大[256-257]。

革兰阴性菌细胞膜的肽聚糖层是脂质和多糖通过共价键形成的网状结构，整体缺乏强度和硬度[258]，因其较薄的细胞膜(7~8 nm)有利于纳米银吸附和穿透。在正常生长环境的 pH 下，细胞膜脂多糖分子层含较多羧基，导致细胞外膜呈负电性。纳米银容易吸附并锚定在细胞膜上，并与脂多糖发生化学作用。脂多糖是细胞膜维持细胞质正常营养渗透性的关键物质之一[259]，而肽聚糖层多数属于脂多糖，纳米银与脂多糖的相互作用是革兰阴性菌细胞膜渗透率和选择性改变的主要原因[260]。革兰氏阳性菌无细胞壁、周质间隙和脂多糖。线形糖链可通过肽键交联形成强度较高的细胞膜，肽聚糖层(20~80 nm)呈刚性结构，缺乏锚定位点，增大了纳米银在细胞膜上的锚定难度[261]，因而纳米银对革兰阴性菌的抑制作用更加明显。例如，纳米银对酵母菌和大肠杆菌的抗菌性强于金黄色葡萄球菌，显著高于铜绿假单胞菌(*P. aeruginosa*)和霍乱弧菌(*V. cholera*)。

5) 溶液离子种类与离子强度的影响

纳米银的稳定性会受到体系中电解质离子的氧化态的影响。一价和二价离子均会导致纳米银随着离子强度增大而逐渐沉降[262]。高浓度离子能压缩纳米银双电层或中和表面电荷，降低 Zeta 电位，减小静电斥力，促进纳米银聚集。因此，溶液 Zeta 电位越高，纳米银粒径越小，其稳定性越好。但在一定的离子强度范围内，Ag^+ 释放量与离子强度呈正相关，但与过高的离子强度则无明显相关性[263]。

酸性范围内纳米银的表面电动势随着 H^+ 浓度增大而增大，在中性和碱性条件下，表面电动势则无明显变化。高浓度的 H^+ 能够削弱纳米银表层的双电层保护作用，降低其稳定性，从而增大纳米银的溶解性和 Ag^+ 释放量[264]，而中性条件下纳米银很少溶解，不易聚集沉降，Ag^+ 和活性氧减少[265-266]。通过统计菌落数，比较 pH 分别为 6.5 和 8.0 时纳米银的抗菌能力，结果表明不同 pH 环境下的抗菌能力在第一天时基本相同，而到第 20 天时 pH 较低时纳米银的抗菌能力已是 pH 较高时的 8 倍[267]。

6) 溶解氧的影响

溶解氧通过影响纳米银的溶解性、粒径及 Ag^+ 的释放量来影响纳米银的抗菌性，纳米银的溶解性随着溶解氧浓度的提高而增强，溶解过程如下式：

$$Ag(s) + \frac{1}{4}O_2 + H^+(aq) = Ag^+(aq) + \frac{1}{2}H_2O$$

溶解氧浓度低于 $0.1\,mg \cdot L^{-1}$ 时，纳米银溶解性受到明显抑制。长时间暴露于 O_2 中的纳米银，由于表面氧化为不易溶解的 Ag_2O，Ag^+ 释放能力下降[268]。若除去溶解氧，则纳米银产生的活性氧和 Ag^+ 释放量趋近于 0。

纳米银的氧化或者对 Ag^+ 的吸附也会引起其表面自由能变化[269]。

酸性条件也可对 Ag^+ 的扩散产生抑制效应。

7) 其他影响因素

银浓度也是影响抗菌性的重要因素。随着单位面积细胞膜吸附的纳米银数目的增多，渗透率迅速变化，进入细胞内的纳米银和 Ag^+ 明显增加，所以纳米银的抗菌能力随着浓度提高而显著增加。但是银浓度过高会引起体系的离子强度增大，导致纳米银的沉淀。

其他因素如培养基的种类和培养时间等也会对纳米银的抗菌性产生影响。培养时间延长，纳米银逐渐溶解，粒径缓慢减小。培养基中的有机物种类及浓度也会对纳米银的溶解沉降产生影响[270]。

> **思考题**
> 4-12　简述银纳米材料的抗菌机理。纳米银抗菌性受哪些因素影响?

三、纳米银基复合抗菌材料

通过静电相互作用和共价交联可得到负载纳米银羧甲基壳聚糖季铵盐/海藻酸钠聚电解质海绵。该复合海绵对金黄色葡萄球菌、大肠杆菌和黑曲霉有良好的抑制效果，以其作为创伤敷料用于处理伤口，有明显的止血效果和促进伤口愈合的能力。目前，英国施乐辉公司已经生产出纳米银敷料——ACTICOAT，可有效对抗 150 种病原体，起到控制烧伤、烫伤程度，预防伤口感染，促进组织再生的作用。

抗菌织物也是纳米银基抗菌剂的一个重要发展方向。通过后整理技术将纤维、纱线、织物或成衣浸入含有纳米银基抗菌物质的溶液中可获得具有抗菌能力的织物。例如，将经过聚多巴胺包覆的蚕丝纤维织物浸入 $AgNO_3$ 溶液中制得的纳米银-聚多巴胺-蚕丝纤维织物，与原来的纤维织物相比，对金黄色葡萄球菌和大肠杆菌有明显的抑制效果[271]。利用芒果皮提取液制备纳米银，并进一步将纳米银负载到无纺布上所得的负载纳米银的无纺布对大肠杆菌、葡萄球菌和枯草杆菌具有良好的抗菌活性[272]。

在大气污染和水污染方面，纳米银抗菌材料也能够发挥出重要的作用。生物气溶胶是大气颗粒物的源头，也是造成急性和慢性疾病的重要原因。目前，活性碳纤维过滤器被广泛用于从空气中去除有害气体污染物。然而，吸附饱和的活性碳纤维过滤器容易引起二次污染，其本身又成为一个生物气溶胶来源。通过制备含纳米银涂层的活性碳纤维过滤器，可以有效去除生物气溶胶[273]。

纳米银抗菌材料也被应用于食品包装领域。纳米银具有高温稳定性和低挥发性的加工优势，可以用来作为抗菌食品包装材料。目前，抗菌食品包装材料中使用的主要是基于纳米银的纳米复合材料。考察明胶/纳米银复合薄膜对常见食源性病原微生物(大肠杆菌、沙门氏菌、李斯特菌、金黄色葡萄球菌和芽孢杆菌)的抗菌效果时发现，当纳米银的含量为 40 mg 时，复合薄膜(5 cm×5 cm×91 μm)具有最佳的抗菌效果，并且除了李斯特菌，其他病原菌均能够在 12 h 内得到完全抑制[274]。用含有纳米银的低密度聚乙烯复合材料包装薄膜在 4℃下可对新鲜橙汁起到保鲜作用，能够有效抑制微生物生长[275]。此外，在传统食品包装材料中通常加入乙烯吸收剂来减少乙烯含量，但是效果并不理想，而纳米银能够催化乙烯氧化反应，加速氧化果蔬食品释放出的乙烯，从而减少包装中的乙烯含量，延长水果和蔬菜的保质期。

参 考 文 献

[1] Hammer B, Norskov J K. Nature, 1995, 376: 238-240.

[2] Hutchings G J. J Cata, 1985, 96: 292-295.

[3] Haruta M, Kobayashi T, Sano H, et al. Chem Lett,1987, 16: 405-408.

[4] 张弢, 李宗全. 材料科学与工程, 2001, 19(4): 122-126.

[5] 凌自成, 闫翠霞, 史庆南, 等. 材料导报: 综述篇, 2015, 29(4): 143-149.

[6] 吉传波, 王晓峰, 邹金文, 等. 材料工程, 2017, 45(3): 1-6.

[7] Noveselov K, Gein A, Morozov S, et al. Nature, 2005, 438: 197-200.

[8] 刘鹏伟. 石墨烯基金属纳米复合材料的制备及其电学性能研究. 兰州: 西北师范大学, 2012.

[9] 高鑫, 岳红彦, 郭二军. 材料热处理学报, 2016, 37(11): 1-6.

[10] 许平昌, 柳阳, 魏建红. 物理化学学报, 2010, 26(8): 2261-2266.

[11] 马兴兴. 基于过渡金属纳米材料的制备及其催化电解水性能的研究. 合肥: 中国科学技术大学, 2019.

[12] Fu H B, Zhang L, Wang Y, et al. J Catal, 2016, 344: 313-324.

[13] Yang X L, Zhong H, Zhu Y H, et al. J Mater Chem A, 2014, 2(24): 9040-9047.

[14] Bagal D B, Bhanage B M. Adv Synth Catal, 2015, 357(5): 883-900.

[15] Mukherjee A, Srimani D, Chakraborty S, et al. J Am Chem Soc, 2015, 137(28): 8888-8891.

[16] Lange S, Elangovan S, Cordes C, et al. Catal Sci Technol, 2016, 6(13): 4768-4772.

[17] Marella R K, Koppadi K S, Jyothi Y, et al. New J Chem, 2013, 37(10): 3229-3235.
[18] 张凤利. 低温与特气, 2013, 31(4): 41-45.
[19] Twigg M V. Appl Catal B, 2007, 70: 2-15.
[20] Liu J F, Chen W, Liu X, et al. Nano Res, 2008, 1: 46-55.
[21] Shishiyanu S T, Shishiyanu T S, Lupan O I. Sensor Actuat B, 2006, 113: 468-476.
[22] Zhao M G, Wang X C, Ning L L, et al. Sensor Actuat B, 2011, 156(2): 588-592.
[23] Sonawane Y S, Kanade K G, Kale B B, et al. Mater Res Bull, 2008, 43: 2719-2726.
[24] 陈博, 顾宁. 中国材料进展, 2017, 36(3): 211-218.
[25] 何光裕, 马凯, 侯景会. 精细化工, 2012, 29(9): 840-843.
[26] Liu P L, Gu X J, Kang K, et al. ACS Appl Mater Interfaces, 2017, 9(12): 10759-10767.
[27] Akbayraka S, Tonbulb Y. S Appl Cata B, 2017, 206: 384-392.
[28] Gu D, Tseng J C, Weidenthaler C, et al. J Am Chem Soc, 2016, 138(30): 9572-9580.
[29] Nie D, Xu C J, Chen H Y, et al. Mater Lett, 2014, 13: 1306-1309.
[30] Truong P L, Ma X Y, Sim S J. Nanoscale, 2014, 6(4): 2307-2315.
[31] Zaina N M, Stapleya G F, Sham G. Carbohydr Polym, 2014, 112: 195-202.
[32] Wu K L, Wei X W, Zhou X M, et al. J Phys Chem C, 2011, 115(33): 16268-16274.
[33] Sun S, Zhang G, Geng D, et al. Angew Chem Int Ed, 2011, 50(2): 422-426.
[34] Gupta V K, Atar N, Uzun L, et al. Water Res, 2014, 48: 210-217.
[35] Wang M L, Wang L B, Li H L, et al. J Am Chem Soc, 2015, 137(44): 14027-14030.
[36] Zeng D Q, Gong P Y, Chen Y Z, et al. Nanoscale, 2016, 8(22): 11602-11610.
[37] Buceta D, Tojo C, Vukmirovic M B, et al. Langmuir, 2015, 31(27): 7435-7439.
[38] Montes V, Boutonnet M, Jaras S, et al. Catal Today, 2014, 223: 66-75.
[39] Mitsudome T, Yamamoto M, Maeno Z, et al. J Am Chem Soc, 2015, 137(42): 13452-13455.
[40] Moisala A, Nasibulin A G, Kauppinen E I. J Phys: Condens Matter, 2003, 15(42): 3011-3035.
[41] Deng B, Hsu P C, Chen G C, et al. Nano Lett, 2015, 15(6): 4206-4213.
[42] Ma L, Yu B W, Wang S L, et al. J Nanopart Res, 2014, 16(8): 2545-2553.
[43] Liu J, Yu B W, Zhang Q K, et al. Nanotechnology, 2015, 26(8): 85601-85607.
[44] Yu B W, Wang S L, Zhang Q K, et al. Nanotechnology, 2014, 25(32): 325602-325608.
[45] 黄小林, 侯丽珍, 喻博闻, 等. 物理学报, 2013, 62(10): 407-412.
[46] Li P Y, Li F S, Deng G D, et al. Chem Commun, 2016, 52(14): 2996-2999.
[47] Weiher N, Beesley A, Tsapatsaris N, et al. J Am Chem Soc, 2007, 129(8): 2240-2241.
[48] Jin R, Zeng C, Zhou M, et al. Chem Rev, 2016, 116: 10346.
[49] 祝敏, 李漫波, 姚传好, 等. 物理化学学报, 2018, 34(7): 792-798.
[50] Wu Z. Acta Phys -Chim Sin, 2017, 33(10): 1930-1931.
[51] 郑兰荪. 物理化学学报, 2019, 35(8): 796-797.
[52] Kumar V, Bano D, Singh D K, et al. ACS Sustain Chem Eng, 2018, 6: 7662-7675.
[53] Nasaruddin R R, Chen T, Yan N, et al. Coordin Chem Rev, 2018, 368: 60-79.
[54] Khurram J, Akhtar M, et al. ChemSusChem, 2018, 12: 1517-1548.
[55] He L, Yuan J, Xia N, et al. J Am Chem Soc, 2018, 140(10): 3487-3490.
[56] Jin R. Nanoscale, 2015, 7: 1549-1565.

[57] Wan X K, Yuan S F, Tang Q, et al. Angew Chem Int Ed, 2015, 127(20): 6075-6078.

[58] Walekar L, Dutta T, Kumar P, et al. TrAC Trends Anal Chem, 2017, 97(12): 458-467.

[59] Zhu Y, Qian H, Zhu M, et al. Advmater, 2010, 22(17): 1915-1920.

[60] 乌日罕, 爱军. 化学试剂, 2020, 42(9): 1058.

[61] Han C, Liang Q, Xie G, et al. Sci Adv, 2019, 5: eaav9857.

[62] Tang Z, Xu B, Wu B, et al. Langmuir, 2011, 27: 2989-2996.

[63] Tang Z, Ahuja T, Wang S, et al. Nanoscale, 2012, 4: 4119-4124.

[64] Conroy C V, Jiang J, Zhang C, et al. Nanoscale, 2014, 6: 7416-7423.

[65] Negishi Y, Iwai T, Ide M. Chem Commun, 2010, 46: 4713-4715.

[66] Wang S, Meng X, Das A, et al. Angew Chem Int Ed, 2014, 53: 2376-2380.

[67] Goswami N, Yao Q, Luo Z, et al. J Phys Chem Lett, 2016, 7: 962-975.

[68] Lan J, Wu X, Luo L, et al. Talanta, 2019, 197: 86-91.

[69] Yu Y Y, Yang Y, Ding J H, et al. Anal Chem, 2018, 90(22): 13290.

[70] Tao Y, Li M Q, Kim B, et al. Theranostics, 2017, 7(4): 899-911.

[71] Ramakrishna G, Varnavski O, Kim J, et al. J Am Chem Soc, 2008, 130: 5032-5033.

[72] Yun Y, Sheng H, Bao K, et al. J Am Chem Soc, 2020, 142 (9): 4126-4130.

[73] 韩晓晨, 杨田萌, 石雷, 等. 现代盐化工, 2020, (5): 5-6.

[74] Yao Q, Chen T, Yuan X, et al. Acc Chem Res, 2018, 51: 1338-1348.

[75] 汪恕欣, 李杨枫, 朱满洲. 安徽大学学报(自然科学版), 2017, 41(6): 3-14.

[76] Yao Q, Yuan X, Fung V. et al. Nat Commun, 2017, 8: 927.

[77] Wang S, Li Q, Kang X, et al. Acc Chem Res, 2018, 51: 2784-2792.

[78] Yao Q, Feng Y, Fung V, et al. Nat Commun, 2017, 8: 1555.

[79] 李媛媛. 金纳米团簇的可控制备及结构研究. 合肥: 中国科学技术大学, 2012.

[80] Harada M, Kizaki S. Cryst Growth Des, 2016, 16(3): 1200-1212.

[81] Zhang J, Xu S, Kumacheva E. Adv Mater, 2005, 17 (19): 2336-2340.

[82] Taghizadeh M T, Vatanpamst M. J Collid Interface Sci, 2016, 483: 1-10.

[83] Yuan X, Chng L L, Yang J H, et al. Adv Mater, 2020, 32: 1906063.

[84] Han Z, Dong X Y, Luo P, et al. Sci Adv, 2020, 6: eaay0107.

[85] Cai X, Hu W G, Xu S, et al. J Am Chem Soc, 2020, 142(9): 4141-4153.

[86] Guan Z J, Hu F, Li J J, et al. J Am Chem Soc, 2020, 142(6): 2995-3001.

[87] Deng Y, Zhang Z, Du P, et al. Angew Chem Int Ed, 2020, 59: 6082-6089.

[88] Chakraborty I, Pradeep T. Chem Rev, 2017, 117(12): 8208-8271.

[89] Yan N, Xia N, Liao L, et al. Sci Adv, 2018, 4: eaat7259.

[90] Qu M, Li H, Xie L H, et al. J Am Chem Soc, 2017, 139: 12346-12349.

[91] Yuan P, Chen R H, Zhang X M, et al. Angew Chem Int Ed, 2019, 58: 835-839.

[92] Whetten R L, Khoury J T, Alvarez M M, et al. Adv Mater, 1996, 8(5): 428-433.

[93] Qian H, Jin R. Nano Lett, 2009, 9(12): 4083-4087.

[94] Lopez-Acevedo O, Akola J, Whetten R L, et al. J Phys Chem C, 2009, 113(13): 5035-5038.

[95] Jensen K M Ø, Juhas P, Tofanelli M A, et al. Nat Commun, 2016, 7: 11859.

[96] Wu Z, Jin R. ACS Nano, 2009, 3: 2036-2042.

[97]　Cook A W, Hayton T W. Accounts Chem Res, 2018, 51: 2456-2464.

[98]　Liu L, Corma A. Chem Rev, 2018, 118: 4981-5079.

[99]　Tang Q, Hu G, Fung V, et al. Accounts Chem Res, 2018, 51: 2793-2802.

[100]　Chen W, Chen S W. Angew Chem Int Edit, 2009, 48(24): 4386-4389.

[101]　Wang Q, Wang L, Tang Z, et al. Nanoscale, 2016, 8: 6629-6635.

[102]　庄志华. 金属纳米团簇的合成及其催化应用. 合肥: 中国科学技术大学, 2020.

[103]　Wei W, Lu Y, Chen W, et al. J Am Chem Soc, 2011, 133(7): 2060-2063.

[104]　Lu Y, Chen W. J Power Sources, 2012, 197: 107-110.

[105]　Gao X, Chen W. Chem Commun, 2017, 53(70): 9733-9736.

[106]　Joya K S, Sinatra L, Abdulhalim L Q, et al. Nanoscale, 2016, 8: 9695-9703.

[107]　Kauffman D R, Alfonso D, Materanga C, et al. J Am Chem Soc, 2012, 134(24): 10237-10243.

[108]　郑琤, 李诗华, 宋晓荣. 福州大学学报(自然科学版), 2020, 48(3): 395.

[109]　Yeh H C, Sharma J, Han J J, et al. Nano Lett, 2010, 10(8): 3106-3110.

[110]　Lee S Y, Fazlina N, Tye G J. Anal Biochem, 2019, 581: 113352.

[111]　Yeh H C, Sharma J, Shih I M, et al. J Am Chem Soc, 2012, 134(28): 11550-11558.

[112]　Teng Y, Jia X F, Zhang S, et al. Chem Commun, 2016, 52(8): 1721-1724.

[113]　Zhou W J, Zhu J B, Fan D Q, et al. Adv Funct Mater, 2017, 27(46): 1704092.

[114]　Zhang X X, Liu Q, Jin Y, et al. Microchim Acta, 2019, 186(1): 3.

[115]　Chen J Y, Ji X H, He Z K. Anal Chem, 2017, 89(7): 3988-3995.

[116]　Jiang H, Su X Q, Zhang Y Y, et al. Anal Chem, 2016, 88(9): 4766-4771.

[117]　Fu X M, Liu Z J, Cai S X, et al. Chinese Chem Lett, 2016, 27(6): 920-926.

[118]　Zhou Q, Lin Y X, Xu M D, et al. Anal Chem, 2016, 88(17): 8886-8892.

[119]　Loynachan C N, Soleimany A P, Dudani J S, et al. Nat Nanotechnol, 2019, 14(9): 883-890.

[120]　Lan J, Wu X, Luo L, et al. Talanta, 2019, 197: 86-91.

[121]　Yu Y Y, Yang Y, Ding J H, et al. Anal Chem, 2018, 90(22): 13290-13298.

[122]　Tao Y, Li M Q, Kim B, et al. Theranostics, 2017, 7(4): 899-911.

[123]　Zhang X D, Chen J, Luo Z, et al. Adv Healthc Mater, 2014, 3(1): 133-141.

[124]　Li T, Yang J, Ali Z, et al. Sci China Chem, 2017, 60(3): 370-376.

[125]　Wang Y, Dai C, Yan X P. Chem Commun, 2014, 50(92): 14341-14344.

[126]　Barthel M J, Angeloni I, Petrelli A, et al. ACS Nano, 2015, 9(12): 11886-11897.

[127]　Liu C L, Liu T M, Hsieh T Y, et al. Small, 2013, 9(12): 2103-2110.

[128]　Xiao Y, Zeng L, Xia T, et al. Angew Chem Int Ed, 2015, 54(18): 5323-5327.

[129]　Wang X J, Wang Y N, He H, et al. ACS Appl Mater Inter, 2017, 9(21): 17799-17806.

[130]　Jiang X, Du B, Tang S, et al. Angew Chem Int Ed, 2019, 58(18): 5994-6000.

[131]　Wang Y L, Xu C, Zhai J, et al. Anal Chem, 2015, 87(1): 343-345.

[132]　Yang X, Yang M X, Pang B, et al. Chem Rev, 2015, 115(19): 10410-10488.

[133]　Gao F P, Cai P J, Yang W J, et al. ACS Nano, 2015, 9(5): 4976-4986.

[134]　Hu H, Huang P, Weiss O J, et al. Biomaterials, 2014, 35(37): 9868-9876.

[135]　Hou W X, Xia F F, Alfranca G, et al. Biomaterials, 2017, 120: 103-114.

[136]　Li J J, You J, Dai Y, et al. Anal Chem, 2014, 86(22): 11306-11311.

[137] Xu C, Wang Y L, Zhang C Y, et al. Nanoscale, 2017, 9(13): 4620-4628.

[138] Wang C, Yao Y, Song Q. J Mater Chem C, 2015, 3(23): 5910-5917.

[139] Yu Y, Mok B Y L, Loh X J, et al. Adv Healthc Mater, 2016, 5(15): 1844-1859.

[140] Jia T T, Yang G, Mo S J, et al. ACS Nano, 2019, 13(7): 8320-8328.

[141] Zhang X D, Luo Z, Chen J, et al. Sci Rep, 2015, 5(1): 8669.

[142] Zhang X D, Luo Z, Chen J, et al. Adv Mater, 2014, 26(26): 4565-4568.

[143] Liang G H, Jin X D, Zhang S X, et al. Biomaterials, 2017, 144: 95-104.

[144] Chen D, Li B W, Cai S H, et al. Biomaterials, 2016, 100: 1-16.

[145] Li L, Zhang L, Wang T, et al. Small, 2015, 11(26): 3162-3173.

[146] Vankayala R, Kuo C L, Nuthalapati K, et al. Adv Funct Mater, 2015, 25(37): 5934-5945.

[147] Kawasaki H, Kumar S, Li G, et al. Chem Mater, 2014, 26(9): 2777-2788.

[148] Chen Q, Chen J W, Yang Z J, et al. Nano Res, 2018, 11(10): 5657-5669.

[149] Yang D, Gulzar A, Yang G X, et al. Small, 2017, 13(48): 1703007.

[150] Nair L V, Nazeer S S, Jayasree R S, et al. ACS Nano, 2015, 9(6): 5825-5832.

[151] Han L, Xia J M, Hai X, et al. ACS Appl Mater Inter, 2017, 9(8): 6941-6949.

[152] Xia F F, Hou W X, Liu Y L, et al. Biomaterials, 2018, 170: 1-11.

[153] 陈鹏, 彭峰. 工业催化, 2009, 17(4): 15-19.

[154] Stephen A, Hashmi K, Hutchings G J. Angew Chem Int Ed, 2006, 45(47): 7896-7936.

[155] Hutchings G J. J Catal, 1985, 96(1): 292-295.

[156] Haruta M, Kobayashi T, Sano H, et al. Chem Lett, 1987, 16(2): 405-408.

[157] Haruta M, Yamada N, Kobayashi T, et al. J Catal, 1989, 115: 301-309.

[158] Haruta M, Tsubota S, Kobayashi T, et al. J Catal, 1993, 144: 175-192.

[159] Gu D, Tseng J, Weidenthaler G, et al. J Am Chem Soc, 2016, 138(30): 9572-9580.

[160] Chen Y H, Mou C Y, Wang B Z. Appl Catal B: Environ, 2017, 218: 506-514.

[161] 宋海岩, 李钢, 王祥生. 化学进展, 2010, 22(4): 573-579.

[162] 王东辉, 董同欣, 史喜成, 等. 催化学报, 2007, 28(7): 657-661.

[163] Laoufi I, Saint-Lager M C, Lazzari R, et al. J Phys Chem C, 2011, 115 (11): 4673-4679.

[164] Tana, Wang F, Li H, et al. Catal Today, 2011, 175: 541-545.

[165] Sun C, Li H, Chen L. J Phys Chem Solids, 2007, 68: 1785-1790.

[166] Liu X, Wang A, Zhang T, et al. Catal Today, 2011, 160: 103-108.

[167] Chen B, Zhu X, Crocker M, et al. Appl Catal B, 2014, 154-155: 73-81.

[168] Ghosh P, Camellone M F, Fabris S. J Phys Chem Lett, 2013, 4: 2256-2263.

[169] Ho K Y, Yeung K L. Gold Bull, 2007, 40: 15-30.

[170] Nguyet T T M, Chi T Q, Yen Q T H, et al. Int J Nanotechnol, 2013, 10(3/4): 334-342.

[171] Zhao K, Tang H, Qiao B, et al. ACS Catal, 2015, 5: 3528-3539.

[172] Yang K, Huang K, He Z, et al. Appl Catal B, 2014, 158-159: 250-257.

[173] Tabakova T, Dimitrov D, Manzoli M, et al. Catal Commun, 2013, 35: 51-58.

[174] Liao X, Chu W, Dai X. Appl Catal A, 2012, 449: 131-138.

[175] Wang L, Guo G, Gu F, et al. Adv Mater Res, 2010, 160-162: 428-433.

[176] Wu H, Pantaleo G, Venezia M A, et al. Catal, 2013, 3: 774-793.

[177] Zou X, Li F, Qi S, et al. React Kinet Catal Lett, 2006, 88: 97-103.

[178] Wang C, Boucher M, Yang M, et al. Appl Catal B, 2014, 154-155: 142-152.

[179] Hao Y, Mihaylov M, Ivanova E, et al. J Catal, 2009, 261: 137-149.

[180] Liu X Y, Wang A, Zhang T, et al. Cheminform, 2013, 8(4): 403-416.

[181] Ren L H, Zhang H L, Lu A H, et al. Micropor Mesopor Mat, 2012, 158: 7-12.

[182] Wang Z W, Wang X V, Zeng D Y, et al. Catal Today, 2011, 160: 144-152.

[183] Tabakova T, Ilieva L, Ivanov I, et al. Appl Catal B, 2013, 136-137: 70-80.

[184] Liu W, Feng L, Zhang C, et al. J Mater Chem A, 2013, 1: 6942-6948.

[185] Soria M A, Pérez P, Carabineiro S, et al. Applied Catalysis A, 2014, 470: 45-55.

[186] 张荣斌, 姚刘晶, 张宁, 等. 应用化学, 2012, 29(8): 926-932.

[187] Zhang R R, Ren L H, Lu A H, et al. Catal Commun, 2011,13: 18-21.

[188] Moreau F, Bond G C, Taylor A O. J Catal, 2005, 231: 105-114.

[189] Sakwarathorn T, Luengnaruemitchai A, Pongstabodee S. J Ind Eng Chem, 2011, 17: 747-754.

[190] Mandal S, Santra C, Bando K K, et al. J Mol Catal A, 2013, 378: 47-56.

[191] Li L, Wang A, Qiao B, et al. J Catal, 2013, 299: 90-100.

[192] Fierro-Gonzalez J C, Gates B C. Chem Soc Rev, 2008, 37: 2127-2134.

[193] Si R, Liu J, Yang K, et al. J Catal, 2014, 311: 71-79.

[194] Green I X, Tang W, Neurock M, et al. Science, 2011, 333: 736-739.

[195] Remediakis I N, Lopez N, Nørskov J K. Angew Chem Int Ed, 2005, 44: 1824-1826.

[196] Widmann D, Behm R J. Angew Chem Int Ed, 2011, 50: 10241-10245.

[197] Guzman J, Carrettin S, Corma A. J Am Chem Soc, 2005, 127: 3286-3287.

[198] Li M, Wu Z, Overbury S H. J Catal, 2011, 278: 133-142.

[199] Widmann D, Behm R J. Acc Chem Res, 2014, 47: 740-749.

[200] Min B K, Friend C M. Chem Rev, 2007, 107: 2709-2724.

[201] Horváth A, Beck A, Stefler G, et al. J Phys Chem C, 2011, 115: 20388-20398.

[202] Choudhary T V, Goodman D W. Top Catal, 2002, 21: 25-34.

[203] Jia M, Li X, Zhao R, et al. J Rare Earth, 2011, 29: 213-216.

[204] Cárdenas-Lizana F, Wang X, Lamey D, et al. Chem Eng J, 2014, 255: 695-704.

[205] Hernández J A, Gomez S A, Zepeda T A, et al. ACS Catal, 2015, 5: 4003-4012.

[206] Río E, Collins S E, Aguirre A, et al. J Catal, 2014, 316: 210-218.

[207] 姚欣蕾, 周淑君, 周涵, 等. 材料导报, 2017, 31(9): 97-105.

[208] 张静静, 孙杰, 李吉刚, 等. 材料导报, 2017, 31(1): 136-142.

[209] Ju Z, Zhan T, Zhang H, et al. Carbohydr Polym, 2020, 250: 116936.

[210] Meng Z, Zhang X, Zhang J, et al. J Pet Sci Eng, 2017, 157: 1143-1147.

[211] 迟聪聪, 夏亮, 王塈, 等. 包装工程, 2020, 41(13): 131-138.

[212] 胡延鹏, 袁双龙, 方斌, 等. 北京化工大学学报(自然科学版), 2019, 46(6): 28-35.

[213] 张思华, 缪应菊, 史晓杰, 等. 应用化工, 2008, (9): 1089-1093.

[214] 杜芳林, 张志琨, 崔作林. 青岛化工学院学报, 1999, (3): 227-232.

[215] 谭亚军, 蒋展鹏, 祝万鹏, 等. 环境科学, 2000, 21(4): 82-85.

[216] 杜芳林, 崔作林, 张志琨, 等. 分子催化, 1998, (2): 3-5.

[217] 刘建周, 张素琳, 王永志, 等. 燃料化学学报, 1999, 27: 381-383.

[218] 刘源, 孙海龙, 金恒芳, 等. 催化学报, 2001, 22(5): 453-456.

[219] Luo M, Zhong Y, Yuan X, et al. Appl Catal A: General, 1997, 162: 121-131.

[220] 吴树新, 尹燕华, 马智, 等. 天然气化工, 2006, 31(4): 13-20.

[221] 姚建曦. CdS/有机物纳米复合材料的制备及其发光性能研究. 杭州: 浙江大学, 2003.

[222] 张振飞. ZnO 和 Ag/ZnO 微纳米结构的制备及光催化性能研究. 太原: 太原理工大学, 2014.

[223] 陈远楠. 含双杂配体 Cu(Ⅰ)磷光材料发光效率的理论研究. 长春: 吉林大学, 2018.

[224] 薛凯. 一价铜含氮杂环类配合物发光材料的合成、结构与性质研究. 杭州: 浙江理工大学, 2013.

[225] Julio Fernandez-Cestau B B, Maria B, Garth A J, et al. Chem Commun, 2015, 51: 16629-16632.

[226] 沈璐. 含氮杂环配体多齿配位基金属[Cu(Ⅰ), Au(Ⅲ)]配合物的结构、发光机制和效率的量子化学研究. 长春: 吉林大学, 2020.

[227] To W P, Zhou D, Tong G S M, et al. Angew Chem Int Ed Engl, 2017, 56(45): 14036-14041.

[228] 刘伟, 张子德, 王琦, 等. 食品研究与开发, 2006, 27(5): 135-137.

[229] Aruna J K, Lori R. Bioinorg Chem Appl, 2013, 18(10): 871097-871106.

[230] Chen X, Schluesener H J. Toxicol Lett, 2008, 176(1): 1-12.

[231] Lee W Y, Kim K J, Lee D G. Biotechnol Adv, 2009, 27(1): 76-83.

[232] Sonit K G, Gopinath P, Anumita P, et al. Langmuir, 2006, 22(22): 9322-9328.

[233] 朱玲英, 郭大伟, 顾宁. 科学通报, 2014, 22(59): 2145-2152.

[234] Silver S. Fems Microbiol Rev, 2013, 27(2): 341-353.

[235] Sukumaran P, Eldho K P. Int Nano Lett, 2012, 2(32): 1-10.

[236] Choi O Y, Deng K K, Kim N J. Water Res, 2008, 42(12): 3066-3074.

[237] Georgios A S, Sotiris E P. Environ Sci Technol, 2010, 44(14): 5649-5654.

[238] Taylor P L, Ussher A L, Burrell R E. Biomaterials, 2005, 26(35): 7221-7229.

[239] Sukdeb P, Yu K T, Joon M S. Environ Microbiol, 2007, 73(6): 1712-1720.

[240] Virender K S, Ria A Y, Yekaterina L. Adv Colloid Interface Sci, 2009, 145(28): 83-96.

[241] You C G, Chun M H, Xin G W, et al. Mol Biol Rep, 2012, 39(9): 9193-9201.

[242] Zhang W, Yao Y, Li K G, et al. Environ Pollut, 2011, 31(159): 3757-3762.

[243] Abdelgawad A M, Hudson S M, Rojas O J. Carbohydr Polym, 2012, 16(1): 43-51.

[244] Zachary F, Cameron S, Caroline D, et al. Langmuir, 2013, 30(5): 9291-9300.

[245] Siddhartha S, Tanmay B, Arnab R, et al. Nanotechnology, 2007, 9(18): 225103-225112.

[246] Liesje S, Paul V M, Willy V N B. Appl Microbiol Biot, 2011, 91(1): 153-162.

[247] Kaviya S, Santhanalakshmi J, Viswanathan B. Spectrochim Acta A: Mol Biomol Spectrosc, 2011, 79(3): 594-598.

[248] Xiu Z M, Zhang Q B. Nano Lett, 2012, 12(8): 4271-4275.

[249] Marek J, Anna L, Stefan B, et al. J Sol-Gel Sci Techn, 2009, 3(51): 330-334.

[250] Liu J. Environ Sci Technol, 2010, 44(6): 2169-2175.

[251] Maragoni V, Dasari A, Alle M, et al. Appl Nanosci, 2014, 12(1): 113-119.

[252] Benjamin W, Sun Y G, Brian M. Chem Eur J, 2005, 10(11): 45-46.

[253] Gourishankar A, Sourabh S, Krishna N G, et al. J Am Chem Soc, 2004, 126 (41): 1316-1317.

[254] Humberto H L, Nilda V A, Liliana I T. J Nanobiotechnol, 2010, 8(1): 21-28.

[255] Hussain S M, Hess K L, Gearhart J M. Toxicol in Vitro, 2005, 19(7): 975-983.

[256] Badawy E, Silva R G, Morris B, et al. Environ Sci Technol, 2011, 45(1): 283-287.

[257] 吴宗山, 李莉. 精细化工, 2014, 31(8): 964-973.

[258] Umadevi M, Rani T, Balakrishnan T, et al. Environ Sci Technol, 2011, 5(4): 1941-1946.

[259] Li W R, Xie X B, Shi Q S, et al. Appl Micro Umbiol Biotechnol, 2010, 85(4): 1115-1122.

[260] 钟涛, 杨娟, 周亚洲, 等. 材料导报, 2014, 1(28): 64-71.

[261] Yoshinobu M, Kuniaki Y, Shinichi K, et al. Appl Environ Microbiol, 2003, 69(7): 4278-4281.

[262] Shao F C, Zhang H. Asian J Chem, 2013, 25(5): 2886-2888.

[263] Gao J, Youn S, Hovsepyan A, et al. Environ Sci Technol, 2009, 43(9): 3322-3328.

[264] Beatriz P, Sarah J, Dorleta J A, et al. ACS Nano, 2012, 6(10): 8468-8483.

[265] Lok R P, Paul T, Rygiewicz M G J. Sci Total Environ, 2014, 490(15): 11-18.

[266] Pokhrel L R, Scheuerman P R. Environ Sci Technol, 2013, 47(22): 12877-12885.

[267] Frank S R R, Katharina S, George M, et al. Ecotoxicol Environ Saf, 2014, 111(5): 263-270.

[268] Nelson D, Priscyla D M, Roseli D C, et al. J Braz Chem Soc, 2010, 21(6): 949-959.

[269] Baalousha M, Römer I, Tejamaya M, et al. Sci Total Environ, 2014, 454(14): 119-131.

[270] Emma K F, Vinka O C. Colloids Surf B: Biointerfaces, 2014, 16(113): 77-84.

[271] Lu Z S, Xiao J, Wang Y, et al. J Colloid Interf Sci, 2015, 452: 8-14.

[272] Yang N, Li W H. Crops and Products, 2013, 48: 81-88.

[273] Yoon K Y, Byeon J H, Park C W, et al. Environ Sci Technol, 2008, 42(4): 1251-1255.

[274] Kanmani P, Rhim J W. Food Chem, 2014, 148: 162-169.

[275] Emamifar A, Kadivar M, Shahedi M. Innov Food Sci Emerg Tech, 2011, 11: 742.

第5章

ds 区元素的生物效应

5.1 ds 区金属的生理功能

5.1.1 ds 区金属与必需微量元素

微量元素是指人体内含量少于体重万分之一的元素。按微量元素在人体内的不同生物学作用可分为必需微量元素、可能必需微量元素及非必需微量元素三类。必需微量元素是维持人体正常生理功能或组织结构所必需的。它们在人体生物化学过程中起到了关键作用，通常作为酶、激素、维生素、核酸的组成部分，维持着生命的正常代谢过程，可以说是生命的核心。因此，必需微量元素也被称为生命元素[1]。人体健康与生命元素是密不可分的。世界卫生组织曾把"健康"定义为"身体、精神和社会性完全健康的一种状态，而并非仅仅是没有疾病或者身体强壮"[2]。人们要达到这种健康的状态，微量元素必不可少。它们不仅必须存在于人体内，而且必须分布于适当的组织中，具有合适的浓度和氧化态。

必需微量元素在体内不能产生与合成，需由食物来提供，因此当膳食营养不平衡时就容易造成缺乏。但其中有些元素也可能因摄入过量而发生中毒。1973 年世界卫生组织公布了 14 种人体必需微量元素，包括铁、铜、锰、锌、钴、钼、铬、镍、钒、氟、硒、碘、硅、锡[3]，其中 ds 区的两种元素铜和锌就包含于其中。

5.1.2 铜的生理功能和生物学作用

1928 年人们就在大鼠和兔子的有关实验中发现铜为动物生长所必需。对于患贫血的动物补充纯的无机铁盐不能防止贫血的发展，然而同时给动物少量的铜时则贫血症即可治愈[4]。

1. 铜在生物体内的分布

铜广泛分布于全身各部位，以肝、胆及脑组织中的含量最丰富，大约各占铜总量的 10%，其他组织内也有少量的铜。人体内自由的铜离子会被快速地结合，构成许多金属酶(metalloenzyme)及金属蛋白(metalloprotein)。因此铜在人体内大多以铜蛋白的形式存在，其中具有生物酶催化活性的铜蛋白称为铜蛋白酶。铜的生理功能主要是通过酶系统发挥作用。目前人们对铜生理功能的认识主要是基于这些铜蛋白酶的功能。

2. 铜的主要生理功能

1) 作为金属酶的组成成分

铜作为多种生物酶，如细胞色素氧化酶、尿酸氧化酶、氨基酸氧化酶、酪氨酸酶、铜蓝蛋白酶等的组成成分，是机体代谢的直接参与者。例如，缺铜会致使酪氨酸酶的活性降低，三磷酸腺苷(ATP)生成减少，造成皮肤和毛色减退、神经系统脱髓鞘、脑细胞代谢障碍、运动失调等神经官能症[5-6]。

2) 维持铁的正常代谢

铜有利于血红蛋白的合成和红细胞的成熟，缺铜会使红细胞脆性增强，存活时间变短，从而导致贫血；缺铜使血红蛋白生成受损，铁的利用受限，造成肝铁堆积，铁由肝脏向血液的转移减少；补铜后，细胞液中的铁含量增加，非血红蛋白合成细胞的摄铁量也增加，因此铁蛋白结合铁量增加[7]。

食物中的铁通常以 Fe^{3+} 的形式存在，并在胃和肠道中被还原为 Fe^{2+} 而被吸收，Fe^{2+} 与脱辅基铁蛋白结合后又转为 Fe^{3+} 并形成铁蛋白而储存起来，但可以再一次被还原为 Fe^{2+} 形式后释放到血浆中。进入血流中的 Fe^{2+} 必须再次被氧化成 Fe^{3+} 形式并与运铁蛋白相结合，才能向骨髓等造血部位转移，这一反应受血浆中的铜蓝蛋白的调控，铜蓝蛋白通过催化 Fe^{2+} 的氧化控制运铁蛋白结合铁的速度[8]。

3) 参与骨骼的合成

缺铜会使胺氧化酶和赖氨酸氧化酶的活性下降，导致骨胶原溶解度增加，肽键间的交叉连接受损，骨胶原的稳定性遭到破坏，从而使骨骼强度降低。

4) 参与体内的氧化反应

铜在机体内的生化功能主要体现在催化作用，许多含铜的金属氧化酶参与了体内的许多氧化还原过程。

5) 对脂质和糖代谢有一定作用

缺铜可导致血液中的胆固醇水平升高，但过量铜又能引起脂肪代谢紊乱，其机制可能与脂肪酶对脂肪水解的催化活性下降，导致肝脏中脂肪的增加有关[9]。

铜对糖代谢的调节也有重要作用。缺铜会导致机体对葡萄糖的耐受量降低。对某些用常规疗法治疗无效的糖尿病患者，给以小剂量铜离子治疗，常可使病情明显改善，血糖降低[10-11]。

6) 维护毛发的正常结构

铜是能够维护毛发正常结构的物质之一，通过含铜的酪氨酸酶的催化可形成黑色素，使毛发黝黑发亮。缺铜会导致酪氨酸酶形成困难，无法催化酪氨酸转化为多巴，多巴也不能进而转化为黑色素，由于黑色素不足，常形成毛发脱色症，不能承受长时间的阳光辐射[12]。

需要强调的是：即使是必需微量元素，在人体内都存在一个安全的最佳浓度范围，当其浓度超过一定的界限后，也会对人体产生危害，这就是"Bertrand"定则。因此，一种元素对生物体是"有益"的还是"有害"的并不是绝对的，还取决于它在体内的浓度。

适量的铜对人体的健康是至关重要的。人体内铜含量稍微偏高对人体影响并不大，因为健康人的肝脏排泄铜的能力极强。但如果一次性进入人体的铜(尤其是一些可溶性铜盐)过多，则可能导致铜急性中毒，使得铜在肝、脑等组织中不正常沉积。轻者上腹痛、恶心呕吐或腹泻，重者可出现胃肠黏膜溃疡、溶血、肝坏死、肾损害，甚至发生低血压休克以及引起肝豆状核变性，出现脑共济失调等。

思考题

5-1 铜与铁的代谢有什么关系？为什么有些贫血患者经补铁后未见明显好转？

5-2 有关微量元素含量的"Bertrand"定则是指什么？体内铜缺乏及过量时分别会对人体造成哪些影响？

5.1.3 锌的生理功能和生物学作用

早在公元前 1500 年，人类已开始使用含锌(Zn)的炉甘石治疗局部疾病，加速皮肤病变愈合；1926 年，人们通过富含锌的大麦和向日葵首次证明了锌是植物所必需的营养元素，1961 年开始发现缺锌引起人体疾病，并且用锌治疗由于锌缺乏而导致的侏儒症获得了良好的治疗效果；1972 年开始通过补锌治疗原发性食欲缺乏；1974 年用锌治疗肠原性肢体皮炎获得成功；1977 年人们成功地用口服硫酸锌治疗痤疮，同时发现通过补锌可治疗男子原发性不育症[13]。近代医学界、营养学界更是将锌喻为人体的"生命之花""智慧元素"。

1. 锌在人体内的分布、吸收和代谢

成人体内含锌 2～3 g，存在于所有组织中。其中，虹膜、视网膜、脉络膜、前列腺及大脑中锌浓度最高，骨、肌肉、肝、肾次之。人体对锌的吸收主要在十二指肠进行，其吸收机制是由胰腺参与的一种活性转移，即配位体与锌形成配位化合物，加速其从小肠向细胞的转移。在小肠内被吸收的锌在门静脉血浆中与白蛋白结合，被带到肝脏内，进入肝静脉血中的锌有 30%～40%被肝脏萃取，随后释放回血液，被肝外组织所摄取利用。但中枢神经系统和骨骼摄入锌的速率较低，进入毛发的锌也不能被机体组织所利用，并随毛发的脱落而丢失[14]。锌主要由肠道排泄（占比 90%～95%）排出体外，通过尿液排出的仅占 5%～10%，但在应激状态下（如饥饿、败血症或烧伤）尿中锌量可增加 2 倍[15]。如果是在长时间大量流汗的情况下，锌通过尿液排出的量可增加到 4 mg·d^{-1}。

2. 锌的主要生理功能

1) 锌是多种酶的组成成分和激活剂

首先锌是多种酶的组成成分，在这些酶中锌具有以下功能：位于活性中心充当催化成分、充当辅酶中的成分、维持酶蛋白结构等[16]。在含锌酶中，锌原子主要是在活性中心与四个配体相结合，如碳酸酐酶，其中的三个配体为氨基酸，组氨酸最为常见；其次为谷氨酸和天门冬氨酸，第四个配体通常为水分子。在起着维持结构作用的酶分子中，如乙醇脱氢酶，锌与四个半胱氨酸的巯基硫原子相结合而形成一个极稳定的四面体结构。除乙醇脱氢酶外，含锌的酶分子中一般只有一个锌原子。

尽管已经发现了多种含锌的酶类，但是功能蛋白酶仅占含锌酶的很少一部分。含锌的酶类包括碳酸酐酶、乙醇脱氢酶、蛋白酶等。锌还是谷氨酸脱氢酶、苹果酸脱氢酶及异构酶、醛缩酶和聚合酶等酶的激活剂[17]。

2) 促进机体的生长发育和组织再生

锌是调节基因表达的 DNA 聚合酶的组成成分。缺锌动物的突出症状是生长过程、蛋白质合成过程以及 DNA 和 RNA 代谢等过程发生障碍。缺锌的儿童的生长发育会受到严重影响；无论成人还是儿童缺锌都能使创伤的组织愈合困难。锌

对于蛋白质和核酸的合成,对于细胞的生长、分裂和分化等各个过程都是必需的。因此,锌对于正处在生长发育旺盛期的婴儿、儿童和青少年,对于发生组织创伤的患者,都是更为重要的营养素。

3) 锌与智力发育密切相关

人脑中锌的含量远高于机体其他部位。锌可以促进大脑中蛋白质和核酸的合成,对脑的正常发育和细胞膜的稳定起着重要的作用[18-19]。目前发现在哺乳动物的脑内含有大量锌,以垂体、海马苔藓纤维和新皮层灰质内的分布为最多[20]。如果在中枢神经系统发育期间缺锌会导致神经管壁变薄,管腔中有大量细胞碎片;哺乳阶段的大鼠如果缺锌会导致其神经元突触的形成和分化延迟。

锌缺乏和锌不足都会影响脑发育和智能发育,严重影响学习能力和记忆力,这主要是通过引起脑组织中某些生化改变导致智力下降[21-22]。例如,髓鞘中的标志酶 2,3-环核苷酸磷酸氢化酶和脑内的碱性磷酸酶均是含锌酶,锌也参与髓鞘的代谢过程[23]。是否缺锌与儿童的学习记忆功能密切相关。海马内含锌的苔藓纤维突触是一种独特的多突触结构,这些突触的相互作用可以形成较高级的神经网络。研究发现这些苔藓纤维含有大量的 Zn-CCK(胆囊收缩素)和 Zn-SS(生长抑素)。CCK 和 SS 被认为对大脑有重要的促智功能。对缺锌大鼠的海马神经元的研究证实,缺锌可以抑制 CCK 和 SS 的合成,影响儿童的智力发育。

4) 参与免疫反应过程

锌在免疫反应中的作用近些年来已引起人们的注意。根据锌在 DNA 合成中的作用,可以推测锌参与了包括免疫反应细胞在内的细胞复制。锌是维持正常 T 细胞和其他体内免疫功能的重要元素[24],T 淋巴细胞属于能够被锌离子激活的少数细胞中的一种[25]。

据报道,缺锌状态下可出现淋巴源性细胞和髓样源性细胞的死亡,补锌后这种情况可被逆转[26]。许多证据表明动物体内缺锌可以引起胸腺和淋巴结的萎缩,导致淋巴样细胞的异常分布及胸腺激素的缺乏,同时体内免疫因子的活性明显下降[27]。

锌能增强肝脏的合成能力和细胞对病毒的敏感性并参与解毒,从而改善和提高机体的防御能力。人和动物缺锌时 T 细胞功能受损,引起细胞介导的免疫改变,使免疫力降低。同时缺锌还可能使有免疫力的细胞增殖减少,胸腺因子活性降低,DNA 合成减少,细胞表面受体发生变化等。因此,如果机体缺锌可削弱免疫机制,降低抵抗力,使机体易受细菌感染[28]。

5) 保护皮肤健康

动物和人都可因缺锌而影响皮肤健康,出现皮肤粗糙、干燥等现象。在组织学上可见上皮角化和食道的类角化。在此情况下皮肤如果出现创伤，治愈过程变慢，对感染的易感性增加。另外，缺锌还可以引起细胞介导的皮肤高敏性[29]。例如，肢端性皮炎是一种发病率和死亡率均很高的儿童期疾病，以严重的皮肤脱屑、腹泻、异常的神经系统体征和多种复合免疫缺陷为特征，其原因是先天性锌吸收异常。

6) 促进性器官和性机能的正常发育

缺锌还可以影响性腺发育，降低生殖能力。其原因除了缺锌影响了生殖系统发育过程中一系列酶的活性，还有一个主要原因是缺锌状态会通过影响脑垂体使相应的促性腺激素、生长激素等分泌不足而间接作用于生殖系统。因此推断锌与脑内激素和神经递质的合成分泌密切相关。有研究证实在外源性刺激下，海马苔藓纤维系统可以发生兴奋性冲动，释放锌离子，引起突触后细胞的去极化突触电位[30]。海马缺锌还会影响神经元之间的信息传递。

7) 参与代谢过程

锌参与维生素 A 还原酶的组成和视黄醇结合蛋白的过程，对维持人体正常暗适应有重要作用。

锌还是糖代谢中 3-磷酸甘油醛脱氢酶、乳酸脱氢酶和苹果酸脱氢酶的辅因子，直接参与糖的氧化功能。它能够与胰岛素发生特殊的结合，影响葡萄糖在体内的平衡。锌还能提高胰岛素的稳定性，并通过激活羧肽酶 B 促进胰岛素原转变为胰岛素。所以缺锌可以表现为血糖水平的升高。

锌与人血清胆固醇水平也有关系，锌含量与总胆固醇、低密度脂蛋白-胆固醇呈负相关，缺锌在冠心病的发生中有重要作用。

缺锌还会引起体内亚油酸代谢紊乱，影响生物膜的稳定。

锌对有关蛋白的合成、降解、能量代谢，DNA、RNA 合成的金属酶类的稳定和功能非常必要。此外，还有许多非酶类的金属蛋白和其他金属生物多聚体中含锌，它们调节或控制着金属离子的代谢。锌还参与了人血白蛋白及运铁蛋白的合成，有利于这些蛋白在血清中运输代谢物。

在氨基酸代谢中，缺锌可以使氨基酸的氧化加强，导致半胱氨酸、亮氨酸、赖氨酸的代谢功能紊乱。缺锌还会降低鸟氨酸甲基转移酶的活性，使氨代谢紊乱，尿素生成减少，血氨水平升高。

锌可以增强体内超氧化物歧化酶的活性，发挥抗氧化作用，有利于清除自由基；锌可以与唾液蛋白结合成味觉素，故缺锌时可以出现食欲下降，味觉障碍，甚至形成异食癖[31]。

5.1.4 锌与其他元素的协同和拮抗作用

1. 锌与铜

(1) 短期大量或长期少量补锌可抑制机体对铜的吸收利用，导致血浆铜量及铜锌超氧化物歧化酶活性下降。当 Zn/Cu 比值大于 10 时就会出现这种损害。高锌摄入对铜吸收利用的影响主要表现在减少铜从基质膜向血液的输送，大量铜滞留在肠黏膜细胞的金属硫蛋白中。

(2) 进食过多的铜也可抑制锌的吸收，并可加速锌的排泄。有报道称引入铜治疗会导致锌的缺乏，但实际上这种情况很少发生。有研究显示，当 Cu/Zn 比值为 10∶1 时，对锌的吸收利用尚无任何影响。

铜、锌及镉都能诱导机体合成金属硫蛋白(metallothionein，MT)，锌的诱导作用最强。MT 是富含半胱氨酸的金属结合蛋白，其硫基能强烈螯合有毒金属，并将其排出体外，从而实现解毒功能。MT 可同多种金属离子组合，结合力的强弱顺序为：镉＞汞＞铜＞锌，因而铜、镉、汞都能够与锌竞争结合该部位。镉、汞置换 MT 中的锌结合位点后，形成 Cd-MT 或 Hg-MT 而被排出体外，即锌、铜具有消减镉、汞毒性的作用。

2. 锌与铁

饮食中的无机铁、锌相互抑制。当铁、锌元素总量超过 25 mg 或 Fe/Zn 比值婴儿超过 3∶1 或成人超过 2∶1 时，铁抑制锌吸收利用现象更为明显。

但也有研究显示治疗量的铁、锌同服不影响疗效，有机铁、锌互不影响。当铁以血红素(铁卟啉)形式存在时，即使 Fe/Zn＝3∶1，也不影响锌的吸收。用含锌 54 mg 的牡蛎肉加入 100 mg $FeSO_4$ 供食时，铁并未对锌的摄入产生抑制。

此外，锰中毒患者锌明显下降。

充足的锌供给可减少铅吸收，降低铅的毒性。

食物中钙的含量较高时，钙与植酸结合而影响锌的吸收。镁也可与植酸结合形成植酸镁。植酸美同植酸钙一样，在 pH 为碱性的小肠内与锌形成不溶性的复合盐而妨碍锌的吸收利用。

> **思考题**
>
> 5-3　锌主要分布在人体中的哪些部位？为什么锌对于婴儿、儿童和青少年来说意义更大？
>
> 5-4　哪些元素会对锌的吸收产生拮抗作用？反过来锌又能对哪些元素的吸收产生影响？

5.2　ds 区金属的生理毒性效应

5.2.1　镉的生理毒性及其作用机制

镉(Cd)是一种几乎无生理功能的有毒重金属污染物，是目前已知的最易在体内蓄积的毒物之一。国际癌症研究机构(International Agency for Research on Cancer，IARC)早在 1993 年就将其归为第 I 类致癌物质[32]。

镉一般可以通过食物、饮水及粉尘等媒介进入人体，并在人体内富集，其半衰期可达 10～30 年，并能够蓄积长达 50 年之久。镉能够通过食物链富集，且在富集过程中其毒性效应可以被放大[33]。镉也能够对生物体产生形态学损伤、生化变化和生理功能障碍等毒性作用[34-36]。除此之外，镉进入人体后均会对内脏、骨骼、生殖系统、免疫系统及神经系统等人体系统造成损伤。有研究还揭示了镉会引起活性氧的积累，从而导致生物功能和细胞结构的破坏[37-38]。

1. 遗传毒性

镉能够诱导单链和双链的断裂而导致 DNA 的损伤。另外，镉还可以通过抑制 DNA 修复酶(XPA)的活性抑制 DNA 损伤的修复，且该抑制作用随镉含量升高呈增强的依赖关系。同时，DNA 损伤程度随着镉作用时间而逐渐加剧，然而当镉作用时间达到 2 天之后，体内修复系统可对损伤进行部分修复[39]。

2. 免疫系统毒性

镉的免疫毒性一般表现为对免疫功能的抑制作用。镉能够通过影响生物体内的免疫相关酶的活性或者基因的表达来影响生物体的免疫系统，使免疫系统受到破坏，造成免疫力显著降低，引起炎症、氧化损伤等[40]。

3. 氧化应激作用

镉能够刺激细胞产生大量的活性氧(ROS)，而 ROS 能够与细胞内的生物大分子发生作用，导致脂质过氧化(LPO)，进而导致氧化胁迫。

镉在不同的生物体内对诱导产生 ROS、影响抗氧化酶活性及抗氧化相关基因表达的影响程度及引起的变化趋势是不尽相同的，这可能是由物种种类、靶器官类别、镉暴露的时间、暴露浓度及暴露方式等不同所引起的[41]。

4. 影响能量代谢

能量代谢对生物体的生长及生存至关重要，是增殖发育、免疫应激和渗透压调节等多种生命过程的重要物质基础。镉不仅影响生物体的能量代谢过程，而且会造成能量代谢的主要场所线粒体的损伤，进而影响其正常生理功能[42]。

5. 内分泌干扰效应

镉主要通过影响下丘脑-垂体-性腺(hypothalamic-pituitary-gonadal，HPG)轴相关激素的合成和分泌而影响生物体的内分泌调节。此外，镉还可以通过改变肝脏中胆固醇种类和含量进而影响生殖相关激素的合成[43]。

一些体内重要的无机离子的跨膜运输途径及其与 Cd^{2+} 的相互作用如图 5-1 所示。镉可以通过钙离子通道进入细胞[44-46]。镉和钙都是二价金属离子，由于 Cd^{2+} 半径(0.097 nm)与 Ca^{2+} 半径(0.099 nm)相近，而且 Cd^{2+} 与钙离子通道内阴离子结合位点的亲和力比 Ca^{2+} 高，因此，Cd^{2+} 可以通过与 Ca^{2+} 竞争直接抑制细胞膜对 Ca^{2+} 的主动转运[47]。Cd^{2+} 进入细胞后也会影响 Ca^{2+} 的一些生理过程。例如，Cd^{2+} 可以通过与 Ca^{2+} 竞争 Ca^{2+}-ATP 酶上的结合位点而抑制 Ca^{2+} 外流，这会造成细胞内 Ca^{2+} 浓度过高；同时，Cd^{2+} 可以替代 Ca^{2+} 与钙调蛋白(Ca M)结合，激活 Ca M 依赖性激酶，或直接激活与 Ca^{2+} 相关的酶类，干扰细胞内 Ca^{2+} 相关的信号传递并引发细胞毒性[48-50]。此外，Cd^{2+} 可以取代 Ca^{2+} 与微管、微丝和肌红蛋白等结合，破坏细胞之间的紧密连接和缝隙连接，损伤细胞骨架的完整性，最终影响细胞的基本功能[51-52]。Cd^{2+} 甚至可以直接置换骨骼中沉积的 Cd^{2+}，改变骨骼微结构，诱发骨软化、骨质疏松、骨折等一系列骨损伤[53-55]。

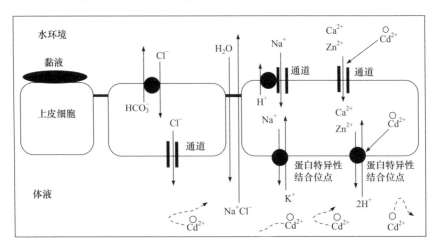

图 5-1　上皮细胞中重要离子(Na^+、Ca^{2+}、Zn^{2+}和Cl^-)的运输途径及其与Cd^{2+}的相互作用

镉进入机体后可诱导产生大量金属硫蛋白(MT)。尽管 MT 可螯合一定浓度的 Cd^{2+}，降低 Cd^{2+} 造成的肝损伤，但肝脏中形成的 Cd-MT 经血液运输到肾脏后大部分被肾小管吸收，经胞饮作用进入肾小管细胞与溶酶体结合被降解分离并释放出游离的 Cd^{2+}，Cd^{2+} 很难被排出体外，因而累积下来最终造成肾损伤[56]。生物体内本身存在 Zn-MT 和 Cu-MT，Cd^{2+} 进入机体后可与 Zn^{2+}、Cu^{2+} 发生置换作用，进而干扰机体内微量元素的平衡[57]。镉能降低机体内多种酶的活性，尤其是含锌、巯基等的抗氧化酶。镉易与超氧化物歧化酶(superoxide dismutase，SOD)、谷胱甘肽还原酶(GR)的巯基结合、与谷胱甘肽过氧化物酶(GSH-Px)中的硒(Se)形成 Se-Cd 复合物或取代 SOD 中的 Zn 形成 Cu Cd-SOD，使这些酶的活性降低或丧失[58]。此外，镉还可以通过与巯基结合或通过竞争、非竞争性替代作用置换出细胞内金属依赖性酶类特别是抗氧化酶系中的金属辅基，降低机体抗氧化酶的活性；镉还可与细胞内含巯基的谷胱甘肽(GSH)等结合消耗内源性抗氧化物质，降低机体清除自由基的能力。

镉能够诱发机体的细胞凋亡。镉可与线粒体膜上丰富的含巯基的谷胱甘肽结合，造成质子(H^+)内流、Ca^{2+} 超载和氧化磷酸化解偶联，进一步导致线粒体膜电位下降并激活 Ca^{2+}/Mg^{2+} 依赖性核酸内切酶，最终诱发细胞凋亡[59]。镉还可以通过诱导线粒体通透性转换孔的开放，使细胞色素 c 等凋亡相关因子释放并增加半胱天冬酶(caspase)的活性，最终导致细胞凋亡[60-62]。

5.2.2　汞的生理毒性及其作用机制

众所周知，汞(Hg)是一种有毒、有害的人体非必需重金属元素，20 世纪中叶日本水俣湾发生的"水俣病事件"和 70 年代发生于伊拉克的"伊拉克麦粒汞中毒事件"使人们充分认识到汞尤其是甲基汞的危害，同时意识到它可以通过食物链传递，富集在高营养级生物体内，最终对生物体产生致畸、致癌和致突变等作用[63]。

目前，汞已被各国政府和国际组织定义为环境中最有害的重金属元素之一，我国和联合国环境规划署、世界卫生组织、欧盟等机构将其列为优先控制污染物，成为全球高度关注的污染物。

汞的毒性与其存在的化学形态和暴露途径有关[64]。通常，有机汞的毒性大于无机汞。汞单质及各种形态的化合物对生物体均有毒性，能引发包括人类患上帕金森病、肌萎缩侧索硬化等神经性疾病[65]。其中肾脏是汞发生毒性作用的主要器官，其次是肝脏[66]，即使低水平暴露，汞也会使得副交感神经机能失调，影响心脏的自主活动。

通过呼吸吸入是单质汞暴露的主要途径。汞蒸气具有较高的扩散性和脂溶性，极易穿透血脑屏障，以二价汞离子与蛋白质和酶中的疏基(—SH)结合，改变蛋白质和酶的结构和功能，造成大脑损伤。

无机汞可以通过呼吸、口腔摄取和皮肤吸收进入人体，进入机体后不足10%的无机汞可被胃肠道吸收。无机汞的毒性也在于它对硫的亲和力，易与蛋白分子的疏基结合而增强其毒性。美白护肤品中的无机汞可以通过皮肤吸收而在人体中累积。通常，无机汞易对肾脏和神经造成毒害，中毒症状表现为注意力不集中、视力下降、情绪异常和偏头痛等。

有机汞比无机汞毒性强，而甲基汞(MeHg)是一种高神经毒性物质，中毒靶器官为大脑和神经系统，由于具有脂溶性，有机汞进入人体后可以穿过血脑屏障和胎盘屏障，造成中枢神经系统的永久性损伤，以及引发心血管和神经系统疾病[67-68]。同时，甲基汞能通过水生食物链逐级累积在大型肉食性鱼体内，造成食用鱼体的人群的甲基汞暴露风险[69]。

锌、镉、汞同属 ds 区元素，在周期表中相距很近，都是ⅡB族的元素，但其中锌是人体必需的微量元素，而镉和汞则是有毒元素，生理效应截然相反。有毒元素镉和汞与必需元素锌有相似的价层电子结构和相近的化学性质，有毒元素镉和汞可以替代必需元素锌，或在某些结合位点上发生竞争反应，从而由镉或汞模仿了锌的作用机制而排斥了锌元素。但是生物体对元素的高度选择性也不能容忍哪怕是这一点点的差异，镉和汞的生物毒性由此而表现出来。

思考题

5-5 镉是怎样通过钙离子通道进入细胞的？镉导致酶失活的作用位点是什么？镉在人体内的半衰期是多少？

5-6 无机汞和有机汞的毒性机理是什么？哪种有机汞的毒性极强？

5.3 ds 区金属相关的生物酶

5.3.1 生物酶及生物酶催化

1. 什么是酶

酶(enzyme)是由活细胞产生的、对底物具有高度特异性识别和高度催化效能的蛋白质或 RNA[70-71]。酶从本质上是生物大分子，从性能上是生物体中发生的化学反应的催化剂，是生物体内所有物质和能量变化的场所，被喻为生物体的化工厂。

20 世纪前期，人们普遍认为生物酶是一种蛋白质。但是 20 世纪 80 年代初，人们发现一些 RNA 也具有生物催化活性。随后，一些具有生物酶活性的 DNA 相继被发现[72]。但目前已鉴定的 4000 多种酶中绝大多数属于蛋白质[73]。

2. 酶的特性

生物酶与常见的化学催化剂相比较，它们之间有许多共同点。例如：①只催化已存在的化学反应；②降低活化能，使化学反应速率加快；③只缩短达到平衡时间，但不改变平衡点；④本身几乎不被消耗；⑤会出现中毒现象等。但生物酶也具有化学催化剂所不具备的优势和特性。

1) 专一性

能与酶相结合并在酶的催化作用下发生化学反应的物质一般统称为酶的底物(substrate)。一种酶往往只作用于一类特定的化合物或一定的化学键，催化特定的化学变化，并生成特定的产物，酶的这种性质称为酶催化的专一性，可分为绝对专一性和相对专一性。

绝对专一性(absolute specificity)：有些酶只作用于一种底物发生一定的反应，称为绝对专一性。例如，尿素酶(urease)只能催化尿素水解成 NH_3 和 CO_2，而不能催化甲基尿素水解。

相对专一性(relative specificity)：如果酶可作用于一类化合物或某一种化学键，这种不太严格的专一性称为相对专一性。例如，脂肪酶(lipase)不仅水解脂肪，也能水解简单的酯类；磷酸酶(phosphatase)对一般的磷酸酯都有作用，无论是甘油形成的还是一元醇或酚形成的磷酸酯均可被其水解。

此外，酶往往具有立体专一性(stereospecificity)：即酶对底物的立体构型有特殊要求，如 α-淀粉酶(α-amylase)只能水解淀粉中 α-1,4-糖苷键，不能水解纤维素中的 β-1,4-糖苷键；L-乳酸脱氢酶(L-lactic acid dehydrogenase)的底物只能是 L-型乳酸，而不能是 D-型乳酸。酶的这种特异性引起了广泛关注，人们已将其应用于不对称有机合成、手性药物的制备等领域。

2) 高效性

酶具有比其他非生物催化剂更高效的催化效率。所有在生命体内发生的化学反应，如果没有酶的参与都不可能进行。正是因为酶的存在才保证了生命体新陈代谢的正常运行。通常酶的催化效率比一般的非生物催化剂高出 10^7 倍，有些甚至高达 10^{13} 倍。例如：

$$H_2O_2 + H_2O_2 = 2H_2O + O_2$$

在无催化剂时，该反应的活化能为 75.5 kJ · mol^{-1}；液态钯存在时，活化能为 48.9 kJ · mol^{-1}；而采用过氧化氢酶催化时，活化能仅为 8.4 kJ · mol^{-1}。又例如：

$$蔗糖 \longrightarrow 果糖 + 葡萄糖$$

在无催化剂时，活化能高达 1339.8 kJ · mol^{-1}；H$^+$(酸)催化时，活化能为 104.7 kJ · mol^{-1}；蔗糖酶催化时，活化能仅为 39.4 kJ · mol^{-1}。

$$CO_2 + H_2O == H_2CO_3$$

以碳酸酐酶催化二氧化碳水合时，每个碳酸酐酶 1 s 可催化 6×10^5 个 CO$_2$ 分子水合，这对维持生命体内正常的生理活动非常重要。

3) 温和性

酶催化反应通常是在常温、常压和接近生理 pH 等的条件下反应，而且绝大多数反应是在水溶液中进行的。这样的反应条件十分温和、绿色，是环境友好的反应。但从另一方面，酶的稳定性较差，强酸、强碱、高温、高压及紫外线和重金属盐等都会导致酶催化活性的降低。

3. 酶的结构

酶分子中除了蛋白质的结构外，还存在一些特定的金属离子或有机小分子。这些金属离子和有机小分子称为辅因子(cofactor)，相应的蛋白质分子称为脱辅酶(apoenzyme)。脱辅酶只有和辅因子结合成全酶时才能够发挥其独特的催化功能，而不需要辅因子就能够产生催化活性的酶称为单纯酶。依据辅因子与脱辅酶之间结合的紧密程度不同，人们通常把辅因子分为辅基和辅酶两类。以共价键与酶蛋白紧密结合在一起的辅因子称为辅基，而通过非共价键方式与酶蛋白结合且它们之间结合比较松弛的辅因子称为辅酶。

酶分子中存在许多功能基团，如—NH$_2$、—COOH、—SH、—OH、酰胺键等，但并不是所有这些基团都与酶的催化活性有关。一般将与酶的催化活性有关的基团称为酶的必需基团(essential group)。必需基团在空间结构上彼此靠近，集中在一起形成具有一定空间结构的区域，酶的催化功能一般就局限在这一特定的部位，该区域与底物相结合并将底物转化为产物，这一区域称为酶的活性中心(active center)，也称为酶的活性部位(active site)。

构成酶活性中心的必需基团可分为两种，与底物结合的必需基团称为结合基团(binding group)，促进底物发生化学变化的基团称为催化基团(catalytic group)。有的必需基团可同时具有这两方面的功能。酶活性中心有时还包括全部或部分辅因子。

　　一旦酶的空间结构受到破坏，酶的活性中心就会受到影响，酶的活性也随之发生损失甚至完全失去。

　　4. 酶与底物的结合机制

　　德国著名化学家、生物化学的奠基人费歇尔(H. Fischer，1881—1945)对酶与底物的结合机制提出了锁钥学说(lock and key theory)，如图 5-2 所示。费歇尔从酶对糖的催化水解作用出发，他认为不同糖的水解之所以需要不同的酶进行催化，是因为酶和糖的分子结构具有某些互补性，就如同钥匙与锁的关系。

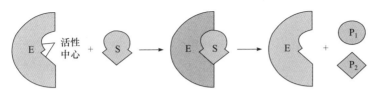

图 5-2　酶催化反应的锁钥模型示意图

　　锁钥学说在一定程度上解释了酶的专一性，也解释了酶变性后失活的原因。但是，锁钥学说存在较大的局限性，它不适应于酶催化的一些可逆反应(酶催化反应的产物也可作为酶的反应底物)，并且也与大量实验事实不符。

　　后来人们在费歇尔锁钥学说的基础上提出了诱导契合学说，如图 5-3 所示。诱导契合学说认为，酶的活性中心也并不是刚性存在的，而是柔性可变的。酶蛋白与底物的空间结构在结合前并不互相吻合，酶与底物的接触可诱导酶活性中心的结构发生改变，从而使酶与底物的结构互补，形成酶与底物的复合物。酶与底物一旦分离，酶的活性中也相应地变回原状。这一假说得到了许多实验事实的支持。

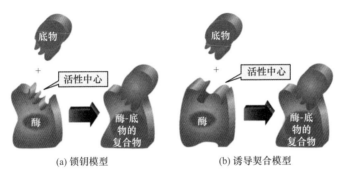

(a) 锁钥模型　　　　　　　　(b) 诱导契合模型

图 5-3　锁钥模型与诱导契合模型的对比示意图

5.3.2 ds 区金属相关的酶

ds 区金属中，多种酶蛋白分子的活性中心都含有铜和锌，表 5-1 主要列举了铜酶。

表 5-1 人体中的铜酶

酶	功能	缺铜后果
细胞色素氧化酶	电子转移作用	电子转移作用
超氧化物歧化酶	清除自由基	膜损害，其他自由基损害表现
酪氨酸酶(单酚单加氧酶)	黑色素合成	色素变浅
多巴胺β-羟化酶 (多巴胺β单加氧酶)	儿茶酚胺合成	神经学的影响，类型尚不明确
赖氨酰氧化酶	胶原与弹性蛋白交联	血管破裂，皮肤关节松弛；骨质疏松
铜蓝蛋白	铁氧化、胺氧化作用，铜运输	贫血，铜对其他组织的供给减少
凝血因子 V	血液凝固	出血倾向

下面介绍两种典型的铜、锌酶。

1. 铜锌超氧化物歧化酶

超氧化物歧化酶(SOD)是一类能够催化超氧阴离子发生歧化反应的金属酶，称为自由基的清道夫。根据活性中心结合的金属离子不同，SOD 主要分为三类：第一类含 Cu 和 Zn 离子(简称 CuZn-SOD)，主要存在于真核细胞的细胞质中；第二类含 Mn 离子(Mn-SOD)，存在于真核细胞的线粒体和原核细胞中；第三类含 Fe 离子(Fe-SOD)，只存在于原核细胞内。其中，有关铜锌超氧化物歧化酶(CuZn-SOD)的研究最为深入，其结构明确，应用广泛，且来源丰富。

1) 铜锌超氧化物歧化酶的结构

1975 年，Benov 等通过 X 射线衍射晶体结构分析得到了 CuZn-SOD 的三维结构，它是由两个相似的亚基通过非共价键的疏水相互作用和静电相互作用缔合成的二聚体，每个亚基分子质量为 16 kDa，各含一个 Cu(II)和一个 Zn(II)[74]。1982 年，Tainer 等获得了牛红细胞中的 CuZn-SOD 的 0.2 nm 分辨率电子密度图，显示出其结构核心是一个由八股反平行的β-折叠围成的圆筒状结构，整个结构中β-折叠结构占 41.5%，α-螺旋仅占 3.0%，其余无序的无规则卷曲结构占 51.9%[75]。

CuZn-SOD 的活性中心是以 Cu(II)和 Zn(II)为双中心的结构[76-77]，如图 5-4 所示。Cu(II)与 His44、His46、His61 和 His118 咪唑环上的 N 原子配位，形成畸

变的平面四方形结构，其轴向位置上还结合着一个水分子；Zn(Ⅱ)则与 His61、His69、His78 和 Asp81 配位形成变形的四面体结构，一方面调节咪唑基与 Cu(Ⅱ) 之间的相互作用，另一方面起稳定活性中心结构的作用。SOD 活性中心的精氨酸和组氨酸对 SOD 的催化活性具有重要的意义。这两个氨基酸残基离中心金属离子非常近，而且均带有正电荷，能诱导底物 O_2^- 进入活性中心，并可在催化过程中提供 H^+ 以加快超氧阴离子的歧化反应速率，如这两个氨基酸残基被破坏或被修饰，SOD 将会失活。肽链内部由 Cys55 和 Cys144 的巯基构成的唯一一对二硫键，对亚基缔合起重要作用[78]。

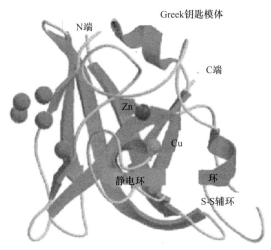

图 5-4　CuZn-SOD 的晶体结构

2) 铜锌超氧化物歧化酶的生物学功能

CuZn-SOD 是机体中活性氧清除反应过程中第一个发挥作用的抗氧化酶，在防止氧自由基破坏细胞的组成、结构和功能，保护细胞免受氧化损伤方面具有十分重要的作用。作为生物体细胞中最主要的抗氧化酶，CuZn-SOD 活性中心金属离子经过交替地还原与氧化可催化超氧阴离子自由基歧化反应：

$$SOD\text{-}M^{2+} + O_2^- \longrightarrow SOD\text{-}M^+ + O_2$$

$$SOD\text{-}M^+ + O_2^- + 2H^+ \longrightarrow SOD\text{-}M^{2+} + H_2O_2$$

即
$$2O_2^- + 2H^+ \longrightarrow O_2 + H_2O_2$$

可见 CuZn-SOD 可将生物体内对细胞破坏力极强的超氧阴离子自由基通过歧化反应生成过氧化氢和氧气，过氧化氢随后被体内的抗坏血酸和过氧化氢酶 (CAT)还原或分解为 H_2O 和 O_2，从而解除 O_2^- 所造成的氧化胁迫。CuZn-SOD 在维持生物体内超氧阴离子自由基的产生与消除的动态平衡中起着重要作用。

2. 碳酸酐酶

碳酸酐酶(carbonic anhydrase，CA)是一种含 Zn^{2+} 的金属酶，能催化二氧化碳的可逆水合反应：$H_2O+CO_2 \rightleftharpoons HCO_3^- +H^+$，被认为是已知的 CO_2 水合最快的酶促反应，反应速率高达 $10^6\ s^{-1}$。1933 年，人们首次从牛红细胞中发现碳酸酐酶；1940 年确定 CA 中含有 0.33%的锌离子，CA 是红细胞中仅次于血红蛋白的蛋白质组分[79]。

碳酸酐酶广泛地存在于动物、植物和微生物中[80-81]。它在很多生物过程中都起着非常重要的作用，如光合作用、钙化作用、维持体内的酸碱平衡、离子输送、CO_2 的转运等诸多方面[82]。

1) 碳酸酐酶的结构

CA 的分子质量约为 30 kDa，由单一肽链组成，每个分子含有一个 Zn^{2+}，共有约 260 个氨基酸残基。人体中含有多种碳酸酐酶的同工酶，它们广泛分布于多种组织器官中，其中催化 CO_2 水合效率最高、研究也最为透彻的是碳酸酐酶 II (CA II)[83]。

碳酸酐酶 II 的整个分子近似于球形，其主要的二级结构中与活性相关的氨基酸残基都位于酶分子的 10 条 β-折叠链中。除了 β-折叠结构外，酶分子表面还分布着一些相对较短的 α-螺旋结构[84](图 5-5)。

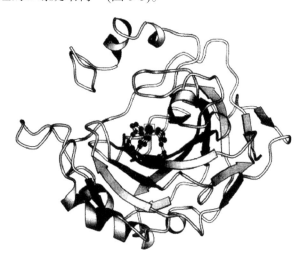

图 5-5　碳酸酐酶的活性中心结构

碳酸酐酶的活性中心主要由两部分组成：一是 Zn^{2+} 与 94、96、119 位点上的组氨酸残基中咪唑基侧链上的 3 个氮原子、—OH 中的氧原子一起形成的一个四面体结构。活性区域中的极性氨基酸残基 T199(苏氨酸 199)可以从与 Zn^{2+}结合的氢氧化物处形成一个氢键，也可以将氢键提供给 E106(谷氨酸 106)。而组氨酸 His64 的作用在于可以提供质子"梭"，将与 Zn^{2+}结合的水转化为与 Zn^{2+}结合的氢氧化物[85]。二是在上述四面体的附近有一个由缬氨酸 Val121、亮氨酸 Leu141、缬氨酸 Val143、亮氨酸 Leu198 和色氨酸 Trp209 组成可以结合底物 CO_2 的疏水袋[86]。其入口处的氨基酸残基是 Val121 和 Leu198，底部是 Val143。同时在疏水口袋的入口处存在 H_2O 分子，可被水合反应的底物所取代[87]，如图 5-6 所示。

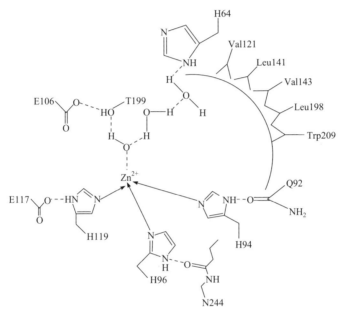

图 5-6　碳酸酐酶活性部位的氢键网状系统

2) 碳酸酐酶的催化机理

单纯的 CO_2 水合过程是十分缓慢的，一级反应速率常数仅为 $5×10^{-2}\ s^{-1}$，但在 CA II 催化作用下，速率常数可提高到 $1.6×10^6\ s^{-1}$，可见通过碳酸酐酶的催化作用，能显著提高 CO_2 的水合反应速率[88-89]。

研究表明碳酸酐酶对 CO_2 水合反应的催化过程主要可以分为两个步骤(图 5-7)。

首先，在生理条件下，与 Zn^{2+}相连的 H_2O 去质子化形成 $EZnOH^-$(E 表示酶 enzyme)，由于 CA II 的活性中心结构中存在氢键网络，与 Zn^{2+}相连的 OH^-($EZnOH^-$)中的氧具有很强的亲核性，它能亲核进攻结合在疏水袋中的底物 CO_2，首先形成 $EZn\ HCO_3^-$，然后 $EZn\ HCO_3^-$ 中的 HCO_3^- 被溶剂水分子取代，形成 $EZn\ H_2O$ 和 HCO_3^-[90]。

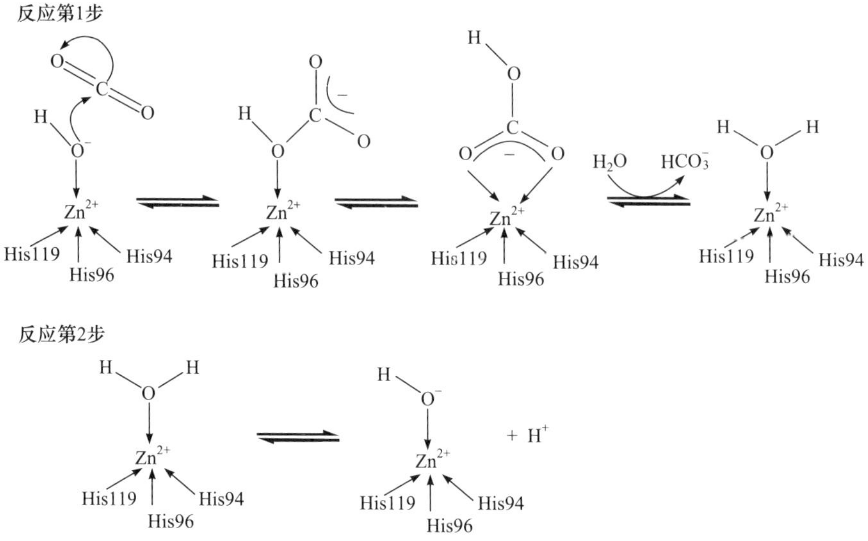

反应第1步

反应第2步

图 5-7　碳酸酐酶催化 CO_2 水合的催化反应机理

接着 $EZn\,H_2O$ 通过 CA Ⅱ 分子中氢键网络将质子(H^+)转运至溶剂中，$EZn\,H_2O$ 本身恢复到初始状态 $EZn\,OH^-$。在催化过程中 H^+ 向溶剂中转运的步骤是碳酸酐酶催化反应的决速步骤[91]，如图 5-7 所示。

思考题

5-7　根据铜锌超氧化物歧化酶 CuZn-SOD 活性中心的 Cu(Ⅱ)、Zn(Ⅱ)双中心二桥结构的组成和配位环境推测 Cu(Ⅱ)、Zn(Ⅱ)的杂化状态。

5-8　碳酸酐酶的强催化作用与锌离子在活性中心蛋白链上的配位环境有什么关系?

参 考 文 献

[1] 亥克尔 W. 食品化学与营养学. 牛胜田译. 北京: 人民卫生出版社, 1985.

[2] 费旁 A M, 威廉斯 D R. 生物无机化学原理. 上海: 复旦大学出版社, 1984.

[3] 盖轲. 食品中微量元素的分析. 兰州: 甘肃科学技术出版社, 2004.

[4] 郑文治, 王桂芝, 姜银花. 长春师范学院学报, 2000, 19(5): 12-15.

[5] 刘凌云, 郑光美. 普通动物学. 4 版. 北京: 高等教育出版社, 2009.

[6] 帅江冰, 张晓峰, 徐晶靓, 等. 畜牧兽医学报, 2009, (7): 1037-1042.

[7] Pereival S S. P Soc Exp Biol Med, 1992, 200 (4): 522-527.

[8] 张政军. 广东饲料, 2006, 15(1): 26-28.

[9] Al-Othman A A. P Soc Exp Biol Med, 1993, 204(1): 97-104.

[10] 邢芳芳, 燕富永, 孔祥峰, 等. 江苏农业学报, 2008, (3): 378-380.

[11] 唐煜. 饲料研究, 2006, (1): 33-35.

[12] 吴茂江, 涂长信. 微量元素与健康研究, 2005, 22(5): 64-65.

[13] 袁则. 陕西医学杂志, 1989, 28 (7): 36-39.

[14] 周宜开. 国外医学: 卫生学分册, 1988, 1(5): 275-278.

[15] 金志涓 赵明利. 国外医学: 医学地理分册, 1999, 2 (4): 308-309.

[16] Valle B L, Auld D S. Physiol Rev, 1993, 73: 79-118.

[17] 吴春勇. 富锌水稻锌营养生理特性的研究. 杭州: 浙江大学, 2010.

[18] Sandstead H H. Nutr Rev, 1985, 43(5): 129-137.

[19] Wall Work J C, Milne D B, Sims R J, et al. J Nutr, 1983, 113(10): 1895-1905.

[20] Frederrickson C J, Klitenick M A, Manton W I, et al. Brain Res, 1983, 273: 335-339.

[21] 孟晋宏, 梁哲, 鞠躬. 微量元素与健康研究, 1997, 14(3): 54-56.

[22] Halas E S, Wall Work J C, Sandstead H H. J Nutr, 1982, 112(3): 542-551.

[23] 李积胜, 徐鹏霄, 薛晴辉. 微量元素与健康研究, 1995, 12(3): 9-10.

[24] Berg J M, Shi Y. Med Clin North Am, 1976, 60: 799-812.

[25] Martin S J, Mazdai G, Strain J J, et al. Clin Exp Immunol, 1991, 83: 338-343.

[26] Odeh M. J Intern Med, 1992, 231: 463-469.

[27] 侯祥川, 顾景范, 邵继智. 临床营养学. 上海: 上海科学技术出版社, 1990.

[28] Odeh M. J Intern Med, 1992, 231(5): 463-469.

[29] 任榕娜. 微量元素与健康研究, 1995, 12(1): 5-6.

[30] 赵汉芳. 微量元素与健康研究, 1996, 13(2): 63-64.

[31] Staessen J A, Lauwerys R R, Ide G, et al. Lancet, 1994, 343: 1523-1527.

[32] Fowler B A. Toxicol Appl Pharm, 2009, 238: 294-300.

[33] Lei W W, Wang L, Liu D M, et al. Chemosphere, 2011, 84: 689-694.

[34] Sfakianakis D G, Renieri E, Kentouri M, et al. Environ Res, 2015, 137: 246-255.

[35] Huo J F, Dong A G, Yan J J, et al. Chemosphere, 2017, 182: 392-398.

[36] van Dyk J C, Pietersea G M, van Vurena J H J. Ecotoxi Environ Safe, 2007, 66: 432-440.

[37] Sun M, Li Y T, Lee S C, et al. Sci Rep, 2016, 6: 19450.

[38] 李红, 王克跃, 孙安盛, 等. 环境与职业医学, 2005, 22(2): 143-144.

[39] Wang Z J, Liu X H, Jin L, et al. Comp Biochem Physi D, 2016, 19: 120-128.

[40] 张羽. 典型有毒污染物对克氏原螯虾的毒性效应与作用机制研究. 哈尔滨: 哈尔滨工业大学, 2020.

[41] 甄静静, 叶方源, 王都, 等. 水产科学, 2018, 37(4): 39-44.

[42] 刘建博, 夏利平, 徐瑞, 等. 动物学杂志, 2014, 49(5): 727-735.

[43] Mukherjee D, Kumar V, Chakraborti P, et al. Biomed Environ Sci, 1994, 7(1): 13-24.

[44] Wang W X, Rainbow P S. Comp Biochem Phys C, 2010, 152(1): 1-8.

[45] Wallace W G, Lee B G, Luoma S N. Mar Ecol Prog Ser, 2003, 249: 183-197.

[46] Craig A, Hare L, Tessier A. Aquat Toxicol, 1999, 44(4): 255-262.

[47] Mielniczki-Pereira A A, Hahn A B B, Bonatto D, et al. Toxicol Lett, 2011, 207(2): 104-111.

[48] Cuypers A, Plusquin M, Remans T, et al. Biometals, 2010, 23(5): 927-940.

[49] Bertin G, Averbeck D. Biochimie, 2006, 88(11): 1549-1559.

[50] Matsuoka M, Call K M. Kidney Int, 1995, 48(2): 383-389.

[51] Yamagami K, Nishimura S, Sorimachi M. Brain Res, 1998, 798(1-2): 316-319.

[52] Hamada T, Tanimoto A, Iwai S, et al. Nephron, 1994, 68(1): 104-111.

[53] Malgorzata M B, Janina M J. Toxicol Appl Pharm, 2005, 207(3): 195-211.

[54] Malgorzata M B, Janina M J. Toxicol Appl Pharm, 2005, 202(1): 68-83.

[55] Christoffersen J, Christoffersen M R, Larsen R, et al. Calcified Tissue Int, 1988, 42(5): 331-339.

[56] Stohs S, Bagchi D. Free Radical Bio Med, 1995, 18(2): 321-336.

[57] 刁书永, 张立志, 袁慧. 动物医学进展, 2005, 26(5): 49-51.

[58] Wang W X, Rainbow P S. Comp Biochem Phys C, 2010, 152(1): 1-8.

[59] Zoratti M, Szabo I. BBA-Biomembranes, 1995, 1241(2): 139-176.

[60] Lopez E, Arce C, Oset-Gasque M J, et al. Free Radical Bio Med, 2006, 40(6): 940-951.

[61] Robertson J D, Orrenius S. Crit Rev Toxicol, 2000, 30(5): 609-627.

[62] Wang W X, Rainbow P S. Comp Biochem Phys C, 2010, 152(1): 1-8.

[63] Zahir F, Rizwi S J, Haq S K, et al. Environ Toxicol Phar, 2005, 20(2): 351-360.

[64] Sierra M J, Millán R, Esteban E, et al. J Geochem Explor, 2008, 96(2-3): 203-209.

[65] Mutter J, Naumann J, Sadaghiani C, et al. Int J Hyg Environ Health, 2004, 207(4): 391-397.

[66] Ekstrand J, Nielsen J B, Havarinasab S, et al. Toxicol Appl Pharma, 2010, 243(3): 283-291.

[67] Hogberg H T, Kinsner-Ovaskainen A, Coecke S, et al. Toxicol Sci, 2009, 113(1): 95-115.

[68] Stern A H. Environ Res, 2005, 98(1): 133-142.

[69] Harada M, Nakanishi J, Yasoda E, et al. Environ Int, 2001, 27(4): 285-290.

[70] Hershko A, Ciechanover A. Annu Rev Biochem, 1998, 67: 425-479.

[71] Mattiroll F, Sixma T. Nat Struct Mol Biol, 2014, 21: 308-316.

[72] Glickman M H, Ciechanover A. Physiol Rev, 2002, 82: 373-428.

[73] Komander D, Rape M. Rev Biochem, 2012, 81: 203-229.

[74] Benov L T, Chang L Y, Day B, et al. Arch Biochem Biophys, 1995, 319: 508-511.

[75] Tainer J A, Getoff E D, Beem K M, et al. J Mol Biol, 1982, 160(2): 181-217.

[76] Forest K, Langford P, Kroll J, et al. J Mol Biol, 2000, 296: 145-153.

[77] Pesce A, Battistoni A, Stroppolo M, et al. J Mol Biol, 2000, 302: 465-476.

[78] 林庆斌, 廖升荣, 熊亚红, 等. 化学世界, 2006, (6): 378-381.

[79] 高伟芳. 碳酸酐酶的固定化及其酶学性质研究. 杭州: 浙江工业大学, 2010.

[80] Atkins C A, Paterson B D, Graham D. Plant Physiol, 1972, 50: 214-217.

[81] Hewett-Emmett D, Tashian R E. Mol Phylogene Evol, 1996, 5: 50-77.

[82] Smith K S, Ferry J G. Fems Microbiol Rev, 2000, 24: 335-366.

[83] Loferer M J, Tautermann C S, Loeffler H H, et al. J Am Chem Soc, 2003, 125(29): 8921-8927.

[84] Hunt J A, Ahmed M, Fierke C A. Biochem, 1999, 38(28): 9054-9062.

[85] 张蓬, 李学军. 生理科学进展, 1997, 28(4): 359-361.

[86] Jonsson B M, Hakansson K, Liljas A. FBES Letters, 1993, 322(2): 186-190.

[87] Scolnick L R, Clements A M, Liao J, et al. J Am Chem Soc, 1997, 119(4): 850-851.

[88] Kim C Y, Whittington D A, Chang J S, et al. J Med Chem, 2002, 45(4): 888-893.

[89] Sun M K, Alkon D L. Trends Pharmacol Sci, 2002, 23(2): 83-89.

[90] An H, Tu C, Duda D, et al. Biochem, 2002, 41(9): 3235-3242.

[91] Duda D, Tu C, Qian M, et al. Biochem, 2001, 40(6): 1741-1748.

第一类：学生自测练习题

1. 是非题(正确的在括号中填"√"，错误的填"×")

(1) 元素的金属性越强，则其相应氧化物水合物的碱性就越强；元素的非金属性越强，则其相应氧化物水合物的酸性就越强。 （　）

(2) 在$[Cu(CN)_4]^{2-}$溶液中通入 H_2S 气体，不生成 Cu_2S 黑色沉淀；而向$[Ag(CN)_2]^-$溶液中通入 H_2S 气体，则能生成 Ag_2S 黑色沉淀。 （　）

(3) 同族元素金属的活泼性是随着原子序数的增大而增大。 （　）

(4) 已知$\varphi^{\ominus}(Ag^+/Ag) = 0.7991$ V，$K_{sp}(AgCl) = 1.8 \times 10^{-10}$，$K_{稳}^{\ominus}([Ag(NH_3)_2]^+) = 1.7 \times 10^7$。可见 Ag 在 1.0 mol·L^{-1}的稀 HCl 中还原性比其在 1.0 mol·L^{-1} $[Ag(NH_3)_2]^+$和 NH_3 溶液中的还原性要弱。 （　）

(5) 在胆矾 $CuSO_4 \cdot 5H_2O$ 中的 5 个 H_2O，其中有 4 个配位水，1 个结晶水。加热脱水时，将先失去结晶水，后失去配位水。 （　）

(6) 在含有 Zn^{2+}、Cd^{2+}、Hg^{2+}等离子的溶液中滴加氨水，都可以形成氨的配合物。 （　）

(7) 黑色的氧化铜与氢碘酸反应，将析出白色的 CuI_2 沉淀及水。 （　）

(8) 铜在金属活动性顺序表中排在氢之后，所以铜不溶于所有非氧化性酸中。 （　）

(9) 王水是唯一能溶解金的化学试剂。 （　）

(10) HgS 不溶于 HCl、HNO_3 和$(NH_4)_2S$ 溶液，但可溶于 HCl 和 KI 的混合溶液中，也可溶于 Na_2S 溶液中。 （　）

2. 选择题

(1) 五水硫酸铜可溶于浓盐酸，关于所得溶液的下列说法中，正确的是 （　）
　　A. 所得溶液呈蓝色

B. 将溶液煮沸时释放出氯气，留下一种 Cu(Ⅰ)的配合物溶液

C. 这种溶液与过量的氢氧化钠溶液反应，不生成沉淀

D. 此溶液与金属铜一起加热，可被还原为一种 Cu(Ⅰ)的氯配合物

(2) 下列阳离子中，能与 Cl⁻在溶液中生成白色沉淀，加氨水时又将转变成黑色的是 （ ）

    A. 铅(Ⅱ)   B. 银(Ⅰ)   C. 汞(Ⅰ)   D. 锡(Ⅱ)

(3) 从 Ag^+、Hg^{2+}、Hg_2^{2+}、Pb^{2+} 的混合液中分离出 Ag^+，可加入的试剂为 （ ）

    A. H_2S B. $SnCl_2$ C. NaOH   D. $NH_3 \cdot H_2O$

(4) 下列化合物中，不溶于过量氨水的是 （ ）

    A. $CuCl_2$ B. $ZnCl_2$ C. $CdCl_2$ D. $HgCl_2$

(5) Hg_2^{2+} 中汞原子之间的化学键为 （ ）

    A. 离子键   B. σ 键   C. π 键   D. 配位键

(6) 能共存于同一溶液中的一对离子是 （ ）

    A. Sn^{2+} 与 $S_2O_3^{2-}$ B. Sn^{4+} 与 $S_2O_3^{2-}$

    C. Sn^{2+} 与 Ag^+ D. Sn^{4+} 与 Ag^+

(7) 波尔多液是由硫酸铜和石灰乳配制成的农药乳液，它的有效成分是 （ ）

    A. 硫酸铜   B. 硫酸钙   C. 氢氧化钙   D. 碱式硫酸铜

(8) 要从含有少量 Cu^{2+} 的 $ZnSO_4$ 溶液中除去 Cu^{2+}，最好的试剂是 （ ）

    A. Na_2CO_3 B. NaOH   C. HCl   D. Zn

(9) 为了防止海轮船体的腐蚀，可在船壳水线以下位置嵌上一定数量的 （ ）

    A. 铜块   B. 铅块   C. 锌块   D. 钠块

(10) 下述有关银的性质正确的论述是 （ ）

    A. 从稀盐酸中置换出氢   B. 从浓盐酸中置换出氢

    C. 从氢碘酸中置换出氢   D. 从稀硫酸中置换出氢

(11) 下列金属单质可以被 HNO_3 氧化成最高氧化态的是 （ ）

    A. Hg   B. Ti   C. Pb   D. Bi

(12) 在氢氧化钠、盐酸、氨水溶液中都能溶解的是 （ ）

    A. $Cd(OH)_2$ B. HgO   C. $Zn(OH)_2$ D. Ag_2O

(13) 加入 KI 溶液不会生成沉淀的是 （ ）

    A. Cu^{2+} B. Ag^+ C. Zn^{2+} D. Hg^{2+}

(14) Cu_2O 和稀 H_2SO_4 反应，最后能生成 （ ）

    A. $Cu_2SO_4 + H_2O$ B. $CuSO_4 + H_2O$

C. $CuSO_4 + Cu + H_2O$ D. CuS

(15) 向下述两平衡体系：

$$A. \ 2Cu^+(aq) \Longrightarrow Cu^{2+}(aq) + Cu(s)$$

$$B. \ Hg_2^{2+}(aq) \Longrightarrow Hg^{2+}(aq) + Hg$$

A 和 B 中，分别加过量 $NH_3 \cdot H_2O$，则平衡体系移动方向为   (   )

A. A 向左，B 向右   B. A、B 均向右

C. A、B 均向左   D. A 向右，B 向左

3. 填空题

(1) 《梦溪笔谈》记载"信州铅山县有苦泉，流以为涧。把其水熬之，则成胆矾，……，熬胆矾铁釜，久之亦化为铜"。苦泉中之水称胆水。胆矾、胆水是 _____ 和 _____。表示"铁釜化为铜"过程的反应方程式是 _____。

(2) 室温下向含 Ag^+、Hg_2^{2+}、Zn^{2+}、Cd^{2+} 的可溶性盐中各加入过量的 $NaOH$ 溶液，主要产物分别为 _____、_____、_____、_____。

(3) 在 $Zn(OH)_2$、$Fe(OH)_3$、$Fe(OH)_2$、$Cd(OH)_2$ 和 $Pb(OH)_2$ 中，能溶于氨水形成配合物的有 _____ 和 _____。

(4) 氯化亚汞的化学式为 _____，这是一种白色的不溶物，如果用 $NH_3 \cdot H_2O$ 来处理这种沉淀，则因生成 _____ 和 _____，而使沉淀变为 _____ 色。

(5) 在 $CuSO_4$ 和 $HgCl_2$ 溶液中各加入适量 KI 溶液，将分别产生 _____ 和 _____；后者进一步与 KI 溶液作用，最后会因生成 _____ 而溶解。

(6) 在下列体系中：

① $Cu^{2+} + I^-$ ② $Cu^{2+} + CN^-$

③ $Cu^{2+} + S_2O_3^{2-}$ ④ $Hg_2^{2+} + I^-$(过量)

⑤ $Hg_2^{2+} + NH_3 \cdot H_2O$(过量)   ⑥ $Cu_2O + H_2SO_4$(稀)

⑦ $Hg^{2+} + Hg$ ⑧ $Hg_2Cl_2 + Cl^-$(过量)

⑨ $Hg_2^{2+} + H_2S$ ⑩ $Hg_2^{2+} + OH^-$

能发生氧化还原反应的有 _____；(填序号数即可)

能发生歧化反应的有 _____；

能发生同化(反歧化)反应的有 _____。

(7) Cu^+ 在水溶液中 _____，容易发生歧化反应，一价铜在水溶液中只能以 _____ 和 _____ 的形式存在。

(8) 人体对某些元素的摄入量过多或过少均会引起疾病。试将代表下述病症的主要病因字母编号填入相应的横线上。

① 甲状腺肿_____;   ② 氟牙症_____;

③ 软骨病_____;   ④ 营养性贫血_____;

⑤ 骨痛病_____。

A. 镉中毒   B. 缺钙   C. 氟过多

D. 缺铁   E. 缺碘

(9) 把单质铁放入 $FeCl_3$、$CuCl_2$ 混合液中,任其反应达平衡后:

① 没有固态物,溶液中的阳离子为_____;

② 有固态铁、铜,溶液中的阳离子为_____;

③ 有固态铜,溶液中的阳离子为_____;

④ 溶液中有显著量 Fe^{3+},则其他阳离子可能是_____;

⑤ 溶液中"没有" Cu^{2+},则其他阳离子为_____。

(10) 某含铜的配合物,测其磁矩为零,则铜的氧化态为_____;黄铜矿($CuFeS_2$)中铜的氧化态为_____。

(11) 汞蒸发到空气中是有毒的,为了检查室内汞的含量是否超过剂量,可用白色碘化亚铜试纸悬挂在室内,室温下若 3 h 内试纸变为_____色,表明室内汞蒸气超过允许含量。

(12) 向 $Al_2(SO_4)_3$ 和 $CuSO_4$ 的混合溶液中放入一枚铁钉,发生反应后可生成_____。

(13) Hg_2Cl_2 是利尿剂,有时服用含 Hg_2Cl_2 的药剂后反而引起中毒,原因是_____。

(14) 红色不溶于水的固体 Cu_2O 与稀硫酸反应,微热,得到淡蓝色_____溶液和暗红色沉淀物_____。取上层蓝色溶液加入氨水生成深蓝色_____溶液。加入适量的 KCN 溶液生成无色的_____溶液。

(15) CdS 和 ZnS 相比,在水中溶解度小的是_____;CuS、SnS_2 和 As_2S_3 中,酸性最强的是_____;酸性最弱的是_____。

4. 简答题

(1) 用反应式说明下列现象。

① 铜器在潮湿空气中会慢慢生成一层铜绿;

② 金溶于王水;

③ 在 $CuCl_2$ 的浓盐酸溶液中逐渐加入水稀释时,溶液颜色由黄棕色经绿色变

为蓝色；

④ 当 SO_2 通入 $CuSO_4$ 与 NaCl 的浓溶液中时析出白色沉淀；

⑤ 在 $AgNO_3$ 溶液中滴加 KCN 溶液时，先生成白色沉淀而后溶解，再加入 NaCl 溶液时并无 AgCl 沉淀生成，但加入少许 Na_2S 溶液时却析出黑色 Ag_2S 沉淀；

⑥ 热分解 $CuCl_2 \cdot 2H_2O$ 时得不到无水 $CuCl_2$。

(2) 解释下列实验事实。

① 铁能使 Cu^{2+} 还原，铜能使 Fe^{3+} 还原，这两件事实有无矛盾？请说明理由；

② 焊接铁皮时，常先用浓 $ZnCl_2$ 溶液处理铁皮表面；

③ HgS 不溶于 HCl、HNO_3 和$(NH_4)_2S$ 中而溶于王水中；

④ HgC_2O_4 难溶于水，但可溶于含有 Cl^- 的溶液中；

⑤ $HgCl_2$ 溶液中在有 NH_4Cl 存在时，加入氨水得不到白色沉淀 $HgNH_2Cl$。

(3) ① 用一种方法区别锌盐和铝盐；

② 用两种方法区别锌盐和镉盐；

③ 用三种方法区别镁盐和锌盐。

第二类：课后习题

1. 根据描述写出相应的方程式。

(1) 将 Cu 片放入 NaCN 溶液中，隔绝空气反应，然后通入氧气；

(2) 在氯化银溶于氨水的溶液中加入甲醛并加热；

(3) 在硝酸亚汞溶液中加入过量碘化钾溶液；

(4) 硝酸亚汞晶体置于过量 KCN 溶液中；

(5) 焊接金属时，用 $ZnCl_2$ 浓溶液清除金属表面上的氧化物(以 FeO 为例)；

(6) 氯化亚铜溶于氨水后的溶液，在空气中放置；

(7) 将适量的 $SnCl_2$ 溶液加入 $HgCl_2$ 溶液中；

(8) 金溶解于王水中；

(9) Cu^{2+} 和有限量 CN^- 作用以及 Cu^{2+} 和过量 CN^- 作用；

(10) 在 $Hg_2(NO_3)_2$ 和 $Hg(NO_3)_2$ 溶液中，分别加入过量 Na_2S 溶液。

2. 为什么 Cu(Ⅱ)在水溶液中比 Cu(Ⅰ)更稳定，Ag(Ⅰ)比较稳定，Au 易形成+3 氧化态化合物？

3. $CuCl$、$AgCl$、Hg_2Cl_2 都是难溶于水的白色粉末，试区别这三种金属氯化物。

4. 写出下列实验现象及有关反应的化学方程式。

(1) 向 $HgCl_2$ 溶液中滴加过量 KI 溶液；

(2) 向$[Cu(NH_3)_4]^{2+}$溶液中滴加过量 H_2SO_4 溶液。

5. 有 10 种金属：Ag、Au、Al、Cu、Fe、Hg、Na、Ni、Zn、Sn，根据下列性质和反应判断 a~j 各代表哪种金属。

(1) 难溶于盐酸，但溶于热的浓硫酸中，反应产生气体的是 a、d；

(2) 与稀硫酸或氢氧化物溶液作用产生氢气的是 b、e、j，其中离子化倾向最小的是 j；

(3) 在常温下与水激烈反应的是 c；

(4) 密度最小的是 c，最大的是 h；

(5) 电阻最小的是 i，最大的是 d，f 和 g 在冷浓硝酸中呈钝态；

(6) 熔点最低的是 d，最高的是 g；

(7) b^{n+}易与氨生成配合物，而 e^{m+}则不与氨生成配合物。

6. 现有七瓶白色粉末状固体药物，它们是氯化钡、氯化铝、氢氧化钠、硫酸钠、硫酸铵、无水硫酸铜、碳酸钠。只使用水和上述七种药品，不使用其他试剂，用化学实验的方法将它们逐一鉴别出来。

7. 根据 Cu、Ag、Au 和 Zn、Cd、Hg 在周期表中的位置及其电子结构，似乎 Cu、Ag、Au 应比 Zn、Cd、Hg 易失去电子，而实际上 Zn、Cd、Hg 的活泼性比 Cu、Ag、Au 大，试说明原因。

8. 电烙铁在长期使用后，铜制烙铁头通常有红色的粉末状物质脱落，说明原因。

9. 现有 NH_4Cl、$Cd(NO_3)_2$、$AgNO_3$、$ZnSO_4$ 和 $Hg(NO_3)_2$ 五瓶溶液失落标签，试用一种试剂将它们区分，写出有关反应方程式。

10. 不用任何试剂，将失掉标签的 10 瓶固体一一区分。

$CuSO_4 \cdot 5H_2O$	NaOH	$KMnO_4$	$NiCl_2 \cdot 6H_2O$	K_2CrO_4
$CoCl_2 \cdot 6H_2O$	$AgNO_3$	NaCl	HgI_2	CuO

11. 解释现象：CuF 为红色而 CuBr 为无色；相反，CuF_2 为无色而 $CuBr_2$ 为棕黑色。

12. 溶液中同时含有 Ag^+、K^+、$S_2O_3^{2-}$、Sn^{2+}。这一结论是否合理，试说明原因。

13. (1) 为什么 Cu^+不稳定易歧化，而 Hg_2^{2+}则较稳定？试用电极电势的数据和化学平衡的观点解释。

(2) 在什么情况下可使 Cu^{2+}转化为 Cu^+？试各举一例。

14. 化合物 A 是一种黑色固体，不溶于水，也不溶于稀 HAc 及稀碱溶液，而易溶于热 HCl 中，生成一种绿色的溶液 B；如溶液 B 与铜丝一起煮沸，即逐渐变为土黄色溶液 C；将溶液 C 用大量水稀释时会生成白色沉淀 D；D 可溶于氨溶液中生成无色溶液 E；E 暴露于空气中则迅速变成深蓝色溶液 F；向 F 中加入过量 KCN 时蓝色消失，生成溶液 G；向 G 中加入锌粒，则生成红色沉淀 H；H 不溶于稀酸和稀碱中，但可溶于稀 HNO_3 中生成浅蓝色溶液 I；向 I 中慢慢加入 NaOH 溶液则生成天蓝色沉淀 J；将 J 过滤取出后强热又生成原来的化合物 A。A～J 分别为何物？

15. 将化合物 A 溶于水后加入 NaOH 溶液，有黄色沉淀 B 生成。B 不溶于氨水和过量的 NaOH 溶液，B 溶于 HCl 溶液得无色溶液，向该溶液中滴加少量 SnCl_2 溶液有白色沉淀 C 生成。向 A 的水溶液中滴加 KI 溶液得红色沉淀 D，D 可溶于过量 KI 溶液得无色溶液。向 A 的水溶液中加入 AgNO_3 溶液，有白色沉淀 E 生成，E 不溶于 HNO_3 溶液但可溶于氨水。给出 A～E 的化学式。

16. 蓝色化合物 A 用火灼烧，有气体 B 放出，剩下黑色固体 C，出气口有水凝结，通入石灰水后能使石灰水浑浊，继续通入又变澄清。C 溶于酸得蓝色溶液，加入氨水有沉淀 D 产生，继续加氨水，沉淀又消失，得深蓝色溶液 E。A～E 分别为何物？

17. 在无色溶液 A 中，若加入 NaOH 则产生褐色沉淀 B，若加入 NaH_2PO_4 则产生黄色沉淀 C。将 B 过滤，部分滤液放入试管中加入适量浓 H_2SO_4，再加入适量 FeSO_4 溶液产生棕色环 D，将 B 溶于 HNO_3，在滴加 NaCl 溶液过程中先产生白色沉淀 E，而后 E 沉淀消失变成无色溶液 F，将 E 放入 Na_2S_2O_3 溶液中则 E 溶解为无色溶液 G。A～G 分别为何物？

18. 向 100 cm^3 Cu(IO_3)_2 的饱和溶液中加入足量的 KI 溶液，立即生成 I_2，然后用 Na_2S_2O_3 溶液滴定生成的 I_2，需 0.11 mol · dm^{-3} 的 Na_2S_2O_3 溶液多少？已知 Cu(IO_3)_2 的 $K_{sp} = 1.1 \times 10^{-7}$。

19. 已知：$Hg_2^{2+} \Longrightarrow Hg^{2+} + Hg$ 的 K 为 1/166，$K_{sp}(Hg_2I_2) = 5.3 \times 10^{-29}$，$K_{稳}(HgI_4^{2-}) = 1.0 \times 10^{30}$，向 Hg_2^{2+}-Hg^{2+} 平衡体系中滴加 KI 溶液至过量，将发生什么反应？用反应的平衡常数说明。

20. 试用计算说明向 [Cd(CN)_4]$^{2-}$ 溶液中通入 H_2S 能否得到 CdS 沉淀。

$K_{稳}[Cd(CN)_4^{2-}] = 8 \times 10^{18}$，$K_{sp}(CdS) = 8 \times 10^{-27}$；

$K_{a1} K_{a2}(H_2S) = 9.2 \times 10^{-22}$，$K_a(HCN) = 6.2 \times 10^{-10}$。

第三类：英文选做题

1. Although a number of slightly soluble copper(I) compounds (such as CuCN) can exist in contact with water, it is not possible to prepare a solution with a high concentration of ion.

   Show that disproportionated reaction of Cu^+ to Cu^{2+} and $Cu(s)$, and explain why a high concentration of Cu^+ cannot be maintained in aqueous solution.

2. Explain why Zn(II) compounds are diamagnetic, irrespective of the coordination environment of the Zn^{2+} ion.

3. The crude copper that is subjected to electrorefining contains selenium and tellurium as impurities. Describe the probable fate of these elements during electrorefining, and relate your answer to the position of these elements in the periodic table.

4. If one attempts to make CuI_2 by the reaction of $Cu^{2+}(aq)$ and $I^-(aq)$, $CuI(s)$ and I_3^- (aq) are obtained instead. Without performing detailed calculations, show why this should occur.

5. Give equations for the following reactions:

   (1) aqueous NaOH with $CuSO_4$;

   (2) CuO with Cu in concentrated HCl at reflux;

   (3) Cu with concentrated HNO_3;

   (4) addition of aqueous NH_3 to a precipitate of $Cu(OH)_2$;

   (5) $ZnSO_4$ with aqueous NaOH followed by addition of excess NaOH;

   (6) ZnS with dilute HCl.

6. Copper(II) chloride is not completely reduced by SO_2 in concentrated HCl solution. Suggest an explanation for this observation.

参 考 答 案

学生自测练习题答案

1. 是非题

(1) (×)	(2) (√)	(3) (×)	(4) (×)	(5) (×)
(6) (×)	(7) (×)	(8) (×)	(9) (×)	(10) (√)

2. 选择题

(1) (D)	(2) (C)	(3) (D)	(4) (D)	(5) (B)
(6) (D)	(7) (D)	(8) (D)	(9) (D)	(10) (C)
(11) (A)	(12) (C)	(13) (C)	(14)(C)	(15) (B)

3. 填空题

(1) $CuSO_4 \cdot 5H_2O$；Cu^{2+}盐溶液；$Fe + Cu^{2+} = Fe^{2+} + Cu$。

(2) Ag_2O；HgO 和 Hg；$[Zn(OH)_4]^{2-}$；$Cd(OH)_2$。

(3) $Zn(OH)_2$；$Cd(OH)_2$。

(4) Hg_2Cl_2；$HgNH_2Cl$；Hg；灰黑。

(5) $CuI\downarrow + I_2$；$HgI_2\downarrow$；$[HgI_4]^{2-}$。

(6) ①②③；④⑤⑥⑧⑨；⑦。

(7) 不稳定($2Cu^+ = Cu^{2+} + Cu$)；配位化合物；难溶沉淀。

(8) ① E；② C；③ B；④ D；⑤ A。

(9) ① Fe^{3+}、Fe^{2+}、Cu^{2+}；② Fe^{2+}；③ Fe^{2+}、Cu^{2+}；④ Fe^{2+}、Cu^{2+}；⑤ Fe^{2+}。

(10) $+1$；$+1$。

(11) 红($4CuI + Hg = Cu_2HgI_4 + 2Cu$)。

(12) Cu 和 Fe^{2+}。

(13) Hg_2Cl_2 见光分解为有毒物 Hg 和 $HgCl_2$。

(14) $CuSO_4$；Cu；$[Cu(NH_3)_4]^{2+}$；$[Cu(CN)_3]^{2-}$。

(15) CdS；As_2S_3；CuS。

4. 简答题

(1) ① $2Cu + H_2O + CO_2 + O_2 \Longrightarrow Cu(OH)_2CuCO_3$ (铜绿)

② $Au + 4HCl + HNO_3 \Longrightarrow HAuCl_4 + NO + 2H_2O$

③ $CuCl_2 + 2Cl^- \Longrightarrow CuCl_4^{2-}$ (黄)　　$CuCl_2 + 6H_2O \Longrightarrow [Cu(H_2O)_6]^{2+}$ (蓝) $+ 2Cl^-$

浓溶液中，$CuCl_4^{2-}$ (黄)多，$[Cu(H_2O)_6]^{2+}$(蓝)少，溶液呈黄棕色，当加水后，$CuCl_4^{2-}$ 减少，$[Cu(H_2O)_6]^{2+}$增加，当两者浓度相近时，呈绿色，当 $CuCl_4^{2-}$ 全部转化为$[Cu(H_2O)_6]^{2+}$时，呈蓝色。

④ $SO_2 + 2CuSO_4 + 2NaCl + 2H_2O \Longrightarrow 2CuCl\downarrow(白) + Na_2SO_4 + 2H_2SO_4$

⑤ $AgNO_3 + KCN \Longrightarrow AgCN\downarrow(白) + KNO_3$

$AgCN + CN^- \Longrightarrow [Ag(CN)_2]^-(无)$

$2[Ag(CN)_2]^- + S^{2-} \Longrightarrow Ag_2S + 4CN^-$

AgCl 的溶解度较大，不能在$[Ag(CN)_2]^-$中生成沉淀，而 Ag_2S 的溶解度很小，容易生成沉淀。

⑥ $2CuCl_2 \cdot 2H_2O \Longrightarrow Cu(OH)_2 \cdot CuCl_2 + 2HCl$

(2) ① 可以用电极电势解释。

铁使二价铜还原为铜：

$Cu^{2+} + Fe \Longrightarrow Fe^{2+} + Cu$　　$E^\ominus = \varphi^\ominus(Cu^{2+}/Cu) - \varphi^\ominus(Fe^{2+}/Fe) = 0.337 - (-0.440) > 0$

铜使三价铁还原为二价铁：

$Cu + 2Fe^{3+} \Longrightarrow 2Fe^{2+} + Cu^{2+}$　　$E^\ominus = \varphi^\ominus(Fe^{3+}/Fe^{2+}) - \varphi^\ominus(Cu^{2+}/Cu) = 0.771 - 0.337 > 0$

② $ZnCl_2 + H_2O \Longrightarrow H[ZnCl_2(OH)]$

$H[ZnCl_2(OH)]$有显著的酸性，能清除铁皮表面的氧化物而不损伤铁皮表面：

$$FeO + 2H[ZnCl_2(OH)] \Longrightarrow Fe[ZnCl_2(OH)]_2 + H_2O$$

③ HgS 不溶于 HCl 溶液中是因为 HgS 的溶度积常数太小。

HgS 不溶于 HNO_3 是因为它与 HNO_3 反应生成难溶的 $Hg(NO_3)_2 \cdot HgS$。

HgS 不溶于$(NH_4)_2S$ 是因为$(NH_4)_2S$ 溶液水解为 HS^-，因而 S^{2-}浓度很低，不能形成配合物。

HgS 溶于王水，它与王水反应生成 $HgCl_4^{2-}$ 和 S：

$$3HgS + 8H^+ + 2NO_3^- + 12Cl^- == 3HgCl_4^{2-} + 3S + 2NO + 4H_2O$$

HgS 溶于 Na$_2$S 溶液反应生成可溶性的 HgS$_2^{2-}$:

$$HgS + S^{2-} == HgS_2^{2-}$$

④ Cl$^-$ 与 Hg^{2+} 生成的配合物较稳定, 因而 HgC$_2$O$_4$ 溶于含 Cl$^-$ 的溶液中, 反应式为

$$HgC_2O_4 + 4Cl^- == HgCl_4^{2-} + C_2O_4^{2-}$$

⑤ HgCl$_2$ 与 NH$_3$ 反应: HgCl$_2$ + 2NH$_3$ == Hg(NH$_3$)Cl + NH$_4$Cl, NH$_4$Cl 的存在使平衡左移, 因而不能生成 HgNH$_2$Cl 沉淀。

(3) ① 分别向两种盐中加入过量的氨水, 生成沉淀后又溶解为锌盐, 只得到白色沉淀的是铝盐。

② 分别向两种盐的溶液中通入 H$_2$S, 得到白色沉淀(ZnS)的是锌盐, 得到黄色沉淀(CdS)的是镉盐。

向两种盐的溶液中分别加入适量的碱都生成氢氧化物沉淀, 继续加碱, 溶解的是氢氧化锌, 不溶解的是氢氧化镉。

③ 向两种盐的溶液中加入过量的碱, 先出现白色沉淀后又溶解的是锌盐, 得到白色沉淀的是镁盐。

分别向两种盐的溶液中通入 H$_2$S 气体, 得到白色沉淀的是锌盐, 无变化的是镁盐。

分别向两种盐的溶液中加入过量的氨水, 先得到白色沉淀后又溶解的是锌盐, 只得到白色沉淀的是镁盐。

课后习题答案

1. (1) Cu + 2CN$^-$ + H$_2$O == [Cu(CN)$_2$]$^+$ + 1/2H$_2$ + OH$^-$

4Cu + 8CN$^-$ + O$_2$ + 2H$_2$O == 4[Cu(CN)$_2$]$^-$ + 4OH$^-$

(2) 2[Ag(NH$_3$)$_2$]$^+$ + HCHO + H$_2$O == 2Ag↓ + HCOO$^-$ + 3NH$_4^+$ + NH$_3$↑

(3) Hg$_2^{2+}$ + 4I$^-$ == [HgI$_4$]$^{2-}$ + Hg(灰黑)↓

(4) Hg$_2$(NO$_3$)$_2$ + 4KCN == K$_2$[Hg(CN)$_4$] + Hg↓ + 2KNO$_3$

(5) ZnCl$_2$(浓) + H$_2$O == H[ZnCl$_2$OH] (有显著的酸性)

FeO + 2H[ZnCl$_2$OH] == Fe[ZnCl$_2$OH]$_2$ + H$_2$O

(6) 4Cu$^+$ + O$_2$ + 16NH$_3$ + 2H$_2$O == 4[Cu(NH$_3$)$_4$]$^{2+}$ + 4OH$^-$

深蓝色

220 || ds 区元素

(7) $2HgCl_2 + SnCl_2 = Hg_2Cl_2\downarrow + SnCl_4$

(8) $Au + HNO_3 + 4HCl = HAuCl_4 + NO\uparrow + 2H_2O$

(9) $2Cu^{2+} + 4CN^- \longrightarrow 2CuCN\downarrow + (CN)_2$

$2Cu^{2+} + 6CN^- \longrightarrow 2[Cu(CN)_2]^- + (CN)_2$

(10) $Hg_2(NO_3)_2 + 2S^{2-}(过量) = [HgS_2]^{2-} + Hg\downarrow + 2NO_3^-$

$Hg(NO_3)_2 + 2S^{2-}(过量) = [HgS_2]^{2-} + 2NO_3^-$

2. 这可以从它们粒子的大小、电荷、电离能、水合能等因素解释。Cu^{2+} 离子半径比 Cu^+ 小，电荷多一倍，所以 Cu^{2+} 的溶剂化作用比 Cu^+ 强得多；Cu^{2+} 的水合能($2121\,kJ\cdot mol^{-1}$)已超过铜的第二电离能，所以 Cu(Ⅱ)在水溶液中比 Cu(Ⅰ)更稳定。对银来说，Ag^{2+} 和 Ag^+ 的离子半径都较大，其水合能相应小，而且银的第二电离能比铜的第二电离能大，因此 Ag(Ⅰ)比较稳定。由于金的离子半径明显比银大，金的第 3 个电子比较容易失去，同时 d^8 离子的平面正方形结构具有较高的晶体场稳定化能，因此 Au 易形成+3 氧化态化合物。

3. 分别取三种盐放入试管中，向各试管中加入氨水放置一段时间，有黑色沉淀出现的是 Hg_2Cl_2，先变成无色溶液后又变为蓝色的是 CuCl，溶解得到无色溶液的为 AgCl。反应如下：

$$Hg_2Cl_2 + 2NH_3 = HgNH_2Cl\downarrow + NH_4Cl + Hg\downarrow$$

$$CuCl + 2NH_3 = [Cu(NH_3)_2]^+ + Cl^-$$

$$4[Cu(NH_3)_2]^+ + 8NH_3\cdot H_2O + O_2 = 4[Cu(NH_3)_4]^{2+} + 4OH^- + 6H_2O$$

$$AgCl + 2NH_3 = [Ag(NH_3)_2]^+ + Cl^-$$

4. (1) 先产生橙红色沉淀，然后沉淀溶解成橙红色溶液。

$$Hg^{2+} + 2I^- = HgI_2\downarrow(橙红)$$

$$HgI_2 + 2I^- = [HgI_4]^{2-}$$

(2) 先产生浅蓝绿色沉淀，然后沉淀溶解成蓝色溶液。

$$2[Cu(NH_3)_4]^{2+} + 6H^+ + SO_4^{2-} + 2H_2O = Cu_2(OH)_2SO_4\downarrow + 8NH_4^+$$

$$Cu_2(OH)_2SO_4 + 2H^+ = 2Cu^{2+} + SO_4^{2-} + 2H_2O$$

5. a. Cu；b. Zn；c. Na；d. Hg；e. Al；f. Ni；g. Fe；h. Au；i. Ag；j. Sn。

6. 先分别取出少量七种试剂于七支试管中，分别溶于水，溶液呈蓝色者为 $CuSO_4$。取少量未鉴别出的六种溶液于试管中分别滴加 $CuSO_4$ 溶液，有白色沉淀生成的为 $BaCl_2$，有蓝色沉淀生成的为 NaOH 和 Na_2CO_3，其余三种无明显现象。取少量有蓝色沉淀生成的原溶液，分别加入 $BaCl_2$ 溶液，有白色沉淀生成的为 Na_2CO_3，无明显现象的为 NaOH。取少量未鉴别出的三种溶液，分别滴加 NaOH 溶液，有气体逸出、呈氨气味的为 $(NH_4)_2SO_4$；滴加过程中生成白色沉淀，继续滴加 NaOH 则沉淀溶解的为 $AlCl_3$；无明显现象的为 Na_2SO_4。

7. 金属失电子是指 $M(g) - ne^- \longrightarrow M^{n+}(g)$，即金属原子失电子。元素在周期表中的排布以及电子结构都是针对元素的单个原子而言。事实上，就单个原子而言，Cu、Ag、Au 确实比 Zn、Cd、Hg 容易失去其第一个电子。然而，实际上金属单质的活泼性不仅与它的原子结构有关，还与其金属键的强弱有关。Cu、Ag、Au d 轨道填满，s 轨道半充满还能部分地参与形成金属键，因而金属键较强，原子化能较高，活泼性较差。

8.
$$2Cu + O_2 == 2CuO$$
$$2CuO(s) == Cu_2O(s) + 1/2\ O_2(g)$$

Cu_2O：红色

CuO 分解反应属于熵驱动反应，所以高温下 Cu_2O 更为稳定。

9. 选用 NaOH 试剂。

$$
\begin{array}{l}
NH_4Cl \\
Cd(NO_3)_2 \\
ZnSO_4 \\
Hg(NO_3)_2 \\
AgNO_3
\end{array}
\xrightarrow{\text{NaOH(适量)}}
\begin{array}{l}
\text{溶液澄清} \\
\text{白色沉淀} \xrightarrow{\text{NaOH(过量)}} \textbf{不溶} \\
\text{白色沉淀} \qquad\qquad\qquad \textbf{溶液澄清} \\
\text{黄色沉淀} \\
\text{先有白色沉淀,立即转为棕黑色沉淀}
\end{array}
$$

$NH_4^+ + OH^- == NH_3 \cdot H_2O$

$Cd^{2+} + 2OH^- == Cd(OH)_2$(白色)

$Zn^{2+} + 2OH^- == Zn(OH)_2$(白色)　　$Zn(OH)_2 + 2OH^- == [Zn(OH)_4]^{2-}$

$Hg^{2+} + 2OH^- == HgO$(黄色)$ + H_2O$

$2Ag^+ + 2OH^- == 2AgOH$(白)$ \longrightarrow Ag_2O$(棕)$ + H_2O$

10.

$CuSO_4 \cdot 5H_2O$	蓝色晶体
NaOH	有吸湿性的白色不透明固体
$KMnO_4$	黑紫色晶体
$NiCl_2 \cdot 6H_2O$	绿色晶体
K_2CrO_4	黄色固体
$CoCl_2 \cdot 6H_2O$	粉红色晶体
$AgNO_3$	无色晶体，放在空气中受光照后微变黑
NaCl	无色(其他识别出，剩下的为 NaCl)

HgI$_2$	朱红色粉末
CuO	黑色粉末

11. 在 Cu$^+$ 的化合物中，Cu$^+$ 的极化力弱而变形性较强，半径小的 F$^-$ 引起极化作用强于半径大的 Br$^-$，从而 CuF 正负离子间的极化作用较强，使 Cu$^+$ 变形而呈现出颜色，CuBr 极化作用较弱为无色。而在 Cu^{2+} 化合物中，Cu^{2+} 的极化作用较强，正离子的极化力作用成了主要因素。因此，半径大、变形大的 Br$^-$ 使 CuBr$_2$ 成为棕黑色，而半径小、变形性小的 F$^-$ 使 CuF$_2$ 成为无色。

12. Ag$^+$ 和 S$_2$O$_3^{2-}$ 不能共存：

$$Ag^+ + 2S_2O_3^{2-}(过量) \longrightarrow [Ag(S_2O_3)_2]^{3-}$$

Ag$^+$ 和 Sn^{2+} 不能共存：

$$2Ag^+ + Sn^{2+} \longrightarrow 2Ag + Sn^{4+}$$

S$_2$O$_3^{2-}$ 与 Sn^{2+} 不能共存，因为 S$_2$O$_3^{2-}$ 只能存在于碱性溶液中。
Sn^{2+} 只能存在于酸性溶液中。

13. (1) Cu 的元素电势图为

$$Cu^{2+} \xrightarrow{+0.158\ V} Cu^+ \xrightarrow{+0.522\ V} Cu$$

因为 $\varphi_{右}^{\ominus} > \varphi_{左}^{\ominus}$，所以能发生歧化反应：

$$2Cu^+ \longrightarrow Cu^{2+} + Cu$$

$$\lg K^{\ominus} = \frac{nE^{\ominus}}{0.0592} = \frac{1 \times (0.522 - 0.158)}{0.0592} = 6.149$$

$$K = 1.41 \times 10^6$$

Cu$^+$ 歧化反应的平衡常数很大，基本上以 Cu 和 Cu^{2+} 存在。
Hg 的电势图为

$$Hg^{2+} \xrightarrow{0.905\ V} 1/2Hg_2^{2+} \xrightarrow{0.7986\ V} Hg$$

因为 $\varphi_{右}^{\ominus} < \varphi_{左}^{\ominus}$，所以 Hg^{2+} 不易发生歧化反应。
Hg^{2+} 与 Hg$_2^{2+}$ 存在如下平衡：

$$Hg_2^{2+} \Longrightarrow Hg^{2+} + Hg$$

$$\lg K = \frac{nE^{\ominus}}{0.0592} = \frac{1 \times (0.7986 - 0.905)}{0.0592} = -1.797$$

$$K = 0.016$$

从上述平衡体系看，K 很小，所以 Hg_2^{2+} 稳定存在。

(2) 当生成 Cu^+ 的沉淀或配合物时，Cu^{2+} 转化为 Cu^+：

$$2Cu^{2+} + 4I^- \rightleftharpoons 2CuI \downarrow + I_2$$

$$2Cu^{2+} + 10CN^- \rightleftharpoons 2[Cu(CN)_4]^{3-} + (CN)_2\uparrow$$

14. A. CuO；B. $CuCl_2$ 和 $[Cu(H_2O)_4]^{2+}$ 混在一起；C. $CuCl_3^{2-}$ 和 $CuCl_4^{2-}$ 混合液；D. $CuCl$；E. $[Cu(NH_3)_2]^+$；F. $[Cu(NH_3)_4]^{2+}$；G. $[Cu(CN)_4]^{3-}$；H. Cu；I. $Cu(NO_3)_2$；J. $Cu(OH)_2$。

15. A. $HgCl_2$；B. HgO；C. Hg_2Cl_2；D. HgI_2；E. $AgCl$。

16. A. $Cu(OH)_2 \cdot CuCO_3$；B. $H_2O(g)$，CO_2；C. CuO；D. $Cu_2(OH)_2CO_3$；E. $[Cu(NH_3)_4]^{2+}$。

17. A. $AgNO_3$；B. Ag_2O；C. Ag_3PO_4；D. $Fe(NO)^{2+}$；E. $AgCl$；F. $AgCl_2^-$；G. $[Ag(S_2O_3)_2]^{3-}$。

18.
$$2IO_3^- + 10I^- + 12H^+ \rightleftharpoons 6I_2 + 6H_2O$$

$$Cu^{2+} + 2I^- \rightleftharpoons CuI + 1/2I_2$$

$$I_2 + 2S_2O_3^{2-} \rightleftharpoons 2I^- + S_4O_6^{2-}$$

根据上述反应式 1 mol $Cu(IO_3)_2$ 和足量 KI 反应共生成 6.5 mol I_2，1 mol I_2 又和 2 mol $Na_2S_2O_3$ 反应，所以 1 mol $Cu(IO_3)_2$ 将和 13 mol $Na_2S_2O_3$ 反应。

$$Cu(IO_3)_2 \rightleftharpoons Cu^{2+} + 2IO_3^- \qquad K_{sp} = 1.1 \times 10^{-7}$$

$$[Cu^{2+}] = 3.0 \times 10^{-3}\ mol \cdot dm^{-3}$$

需 $Na_2S_2O_3$：

$$3.0 \times 10^{-3} \times (100 / 1000) \times 13 = 3.9 \times 10^{-3}(mol)$$

$$0.11 \times V_{Na_2S_2O_3} = 3.9 \times 10^{-3}$$

$$V_{Na_2S_2O_3} = 36\ cm^3$$

19. 因为 $Hg_2^{2+} \rightleftharpoons Hg^{2+} + Hg$，$K_1 = \dfrac{1}{166}$，所以 $\dfrac{[Hg^{2+}]}{[Hg_2^{2+}]} = \dfrac{1}{166}$，溶液中以 $[Hg_2^{2+}]$ 为主。

滴入 KI 溶液，$Hg_2^{2+} + 2I^- \rightleftharpoons Hg_2I_2\downarrow$，$K_2 = 1/K_{sp} = 1.9 \times 10^{28}$，反应倾向大，所以有 Hg_2I_2 沉淀(黄绿色)产生。

随着 KI 加入，将发生以下反应：

$$Hg^{2+} + 4I^- \Longrightarrow HgI_4^{2-}$$

$$Hg_2I_2 + 2I^- \Longrightarrow HgI_4^{2-} + Hg$$

$$K = K_{稳}(MnO_4^-) \cdot K_{sp}(Hg_2I_2) \cdot K_1 = 1.0 \times 10^{30} \times 5.3 \times 10^{-29} \times \frac{1}{166} = 0.32$$

当[I⁻]增大时，[HgI_4^{2-}]明显增大。

所以黄绿色 Hg_2I_2 溶解，生成无色[HgI_4^{2-}]配合物及灰黑色 Hg。

20. $$[Cd(CN)_4]^{2-}(aq) + H_2S(aq) \Longrightarrow CdS(s) + 2HCN(aq) + 2CN^-(aq)$$

$$K = \frac{K_{a1} \cdot K_{a2}(H_2S)}{K_{稳}[Cd(CN)_4^{2-}] \cdot K_{sp}(CdS) \cdot K_a(HCN)^2}$$

$$= 9.2 \times 10^{-22} \times \frac{1}{8 \times 10^{18}} \times \frac{1}{8 \times 10^{-27}} \times \left(\frac{1}{6.2 \times 10^{-10}}\right)^2$$

$$= 4 \times 10^4$$

因为平衡常数很大，所以向[$Cd(CN)_4$]²⁻溶液中通入 H_2S 会有 CdS 沉淀生成。

英文选做题答案

1. Analyze：

Write a plausible equation describing the disproportionation reaction. Then determine for the reaction, followed by the equilibrium constant K, and see what conclusions can be drawn from the numerical value of K.

Solve：

The half-equations and overall equation for the disproportionation are:

Reduction: $Cu^+(aq) + e^- \longrightarrow Cu(s)$

Oxidation: $Cu^+(aq) \longrightarrow Cu^{2+}(aq) + e^-$

Overall: $2Cu^+(aq) \longrightarrow Cu^{2+}(aq) + Cu(s)$

$$E_{cell}^{\ominus} = E^{\ominus}(reduction) - E^{\ominus}(oxidation)$$

$$= E_{Cu^+/Cu}^{\ominus} - E_{Cu^{2+}/Cu^+}^{\ominus} = 0.520\ V - 0.159\ V = 0.361\ V$$

$$\ln K = n\, E_{cell}^{\ominus}/0.025693\ V = 1 \times 0.361\ V/0.025693\ V = 14.1$$

Thus, for the disproportionation reaction,

$$K = [Cu^{2+}]/[Cu^+]^2 = 1.3 \times 10^6$$
$$[Cu^{2+}] = 1.3 \times 10^6 [Cu^+]^2$$

To maintain $[Cu^+] = 1 \text{ mol} \cdot L^{-1}$ in solution, $[Cu^{2+}]$ would have to be more than $1.3 \times 10^6 \text{ mol} \cdot L^{-1}$. It is clearly impossible.

2. Because of the d^{10} structure of Zn^{2+}, in which the d orbital is fully occupied.

3. In the process of electrolysis of copper refining, Cu that in the crude copper is oxidized into Cu^{2+} ions into the solution at anode, and at the cathode, it is reduced to Cu and deposited on the pure copper plate as the cathode. The Se and Te existed as impurities in the crude copper are difficult to be oxidized at the anode because they are non-metals, so they are deposited in the anode mud as an elemental form with some noble metals.

4. Though the oxidizing capacity of Cu (II) in acidic solution is not strong, it can reacted with I^-(aq) which is very reductive.

Reaction: $\quad 2Cu^{2+}(aq) + 4I^-(aq) == 2CuI(s) + I_2(s)$

Here the K_{sp} of CuI (s) is very small(1.1×10^{-12}) and it is insoluble in water.

5. (1) $\quad\quad CuSO_4 + 2NaOH == Cu(OH)_2(s) + Na_2SO_4$

   (2) $\quad\quad CuO + Cu + 2HCl == 2CuCl + H_2O$

   (3) $\quad\quad Cu + 4HNO_3(conc) == Cu(NO_3)_2 + 2H_2O + 2NO_2$

   (4) $\quad\quad Cu(OH)_2 + 4NH_3 == [Cu(NH_3)_4]^{2+} + 2OH^-$

   (5) $\quad\quad ZnSO_4 + 2NaOH == Zn(OH)_2(s) + Na_2SO_4$

   $\quad\quad Zn(OH)_2(s) + 2NaOH == Na_2[Zn(OH)_4]$

   (6) $\quad\quad ZnS + 2HCl == H_2S\uparrow + ZnCl_2$

6. HCl can act in two ways: preferential complex of Cu^{2+} by Cl^-, and diminution of reducing capacity of SO_2 because of $[H^+]$ in equilibrium:

$$SO_4^{2-} + 4H^+ + 2e^- == SO_2 + 2H_2O$$

现代化学元素周期表

图例说明：
- 原子序数
- 元素符号
- 元素中文名称
- 电子结构
- 元素英文名称

$1s^1$ 氢H hydrogen

【说明】
- 元素的底色表示原子结构分区：蓝色为s区，黄色为d区，淡红色为p区，绿色为ds区。
- 元素的符号颜色：黑色为固体，蓝色为液体，绿色为气体，红色为放射性元素。
- 氢号1/IA，前者为IUPAC推荐使用方法[Fluck E. Pure Appl. Chem., 1988, 60(3): 431]，后者为CAS表示法。
- 氢元素的位置采用单独放在表的上方中央[Cronyn M W. J. Chem. Edu., 2003, 80(8): 947]

1/IA	$1s^1$ 氢H hydrogen
18/VIIIA	$1s^2$ 氦He helium

第二周期

族	电子结构	序号·符号	中文	英文
1/IA	[He]$2s^1$	3 锂Li		lithium
2/IIA	[He]$2s^2$	4 铍Be		beryllium
13/IIIA	[He]$2s^22p^1$	5 硼B		boron
14/IVA	[He]$2s^22p^2$	6 碳C		carbon
15/VA	[He]$2s^22p^3$	7 氮N		nitrogen
16/VIA	[He]$2s^22p^4$	8 氧O		oxygen
17/VIIA	[He]$2s^22p^5$	9 氟F		fluorine
18/VIIIA	[He]$2s^22p^6$	10 氖Ne		neon

第三周期

族	电子结构	符号	英文
1/IA	[Ne]$3s^1$	11 钠Na	sodium
2/IIA	[Ne]$3s^2$	12 镁Mg	magnesium
13/IIIA	[Ne]$3s^23p^1$	13 铝Al	aluminium
14/IVA	[Ne]$3s^23p^2$	14 硅Si	silicon
15/VA	[Ne]$3s^23p^3$	15 磷P	phosphorus
16/VIA	[Ne]$3s^23p^4$	16 硫S	sulfur
17/VIIA	[Ne]$3s^23p^5$	17 氯Cl	chlorine
18/VIIIA	[Ne]$3s^23p^6$	18 氩Ar	argon

第四周期

[Ar]$4s^1$	19 钾K	potassium
[Ar]$4s^2$	20 钙Ca	calcium
[Ar]$3d^14s^2$	21 钪Sc	scandium
[Ar]$3d^24s^2$	22 钛Ti	titanium
[Ar]$3d^34s^2$	23 钒V	vanadium
[Ar]$3d^54s^1$	24 铬Cr	chromium
[Ar]$3d^54s^2$	25 锰Mn	manganese
[Ar]$3d^64s^2$	26 铁Fe	iron
[Ar]$3d^74s^2$	27 钴Co	cobalt
[Ar]$3d^84s^2$	28 镍Ni	nickel
[Ar]$3d^{10}4s^1$	29 铜Cu	copper
[Ar]$3d^{10}4s^2$	30 锌Zn	zinc
[Ar]$3d^{10}4s^24p^1$	31 镓Ga	gallium
[Ar]$3d^{10}4s^24p^2$	32 锗Ge	germanium
[Ar]$3d^{10}4s^24p^3$	33 砷As	arsenic
[Ar]$3d^{10}4s^24p^4$	34 硒Se	selenium
[Ar]$3d^{10}4s^24p^5$	35 溴Br	bromine
[Ar]$3d^{10}4s^24p^6$	36 氪Kr	krypton

第五周期

[Kr]$5s^1$	37 铷Rb	rubidium
[Kr]$5s^2$	38 锶Sr	strontium
[Kr]$4d^15s^2$	39 钇Y	yttrium
[Kr]$4d^25s^2$	40 锆Zr	zirconium
[Kr]$4d^45s^1$	41 铌Nb	niobium
[Kr]$4d^55s^1$	42 钼Mo	molybdenum
[Kr]$4d^55s^2$	43 锝Tc	technetium
[Kr]$4d^75s^1$	44 钌Ru	ruthenium
[Kr]$4d^85s^1$	45 铑Rh	rhodium
[Kr]$4d^{10}$	46 钯Pd	palladium
[Kr]$4d^{10}5s^1$	47 银Ag	silver
[Kr]$4d^{10}5s^2$	48 镉Cd	cadmium
[Kr]$4d^{10}5s^25p^1$	49 铟In	indium
[Kr]$4d^{10}5s^25p^2$	50 锡Sn	tin
[Kr]$4d^{10}5s^25p^3$	51 锑Sb	antimony
[Kr]$4d^{10}5s^25p^4$	52 碲Te	tellurium
[Kr]$4d^{10}5s^25p^5$	53 碘I	iodine
[Kr]$4d^{10}5s^25p^6$	54 氙Xe	xenon

第六周期

电子结构	符号	英文
[Xe]$6s^1$	55 铯Cs	cesium
[Xe]$6s^2$	56 钡Ba	barium
[Xe]$5d^16s^2$	57 镧La	lanthanum
[Xe]$4f^{14}5d^26s^2$	72 铪Hf	hafnium
[Xe]$4f^{14}5d^36s^2$	73 钽Ta	tantalum
[Xe]$4f^{14}5d^46s^2$	74 钨W	tungsten
[Xe]$4f^{14}5d^56s^2$	75 铼Re	rhenium
[Xe]$4f^{14}5d^66s^2$	76 锇Os	osmium
[Xe]$4f^{14}5d^76s^2$	77 铱Ir	iridium
[Xe]$4f^{14}5d^96s^1$	78 铂Pt	platinum
[Xe]$4f^{14}5d^{10}6s^1$	79 金Au	gold
[Xe]$4f^{14}5d^{10}6s^2$	80 汞Hg	mercury
[Xe]$4f^{14}5d^{10}6s^26p^1$	81 铊Tl	thallium
[Xe]$4f^{14}5d^{10}6s^26p^2$	82 铅Pb	lead
[Xe]$4f^{14}5d^{10}6s^26p^3$	83 铋Bi	bismuth
[Xe]$4f^{14}5d^{10}6s^26p^4$	84 钋Po	polonium
[Xe]$4f^{14}5d^{10}6s^26p^5$	85 砹At	astatine
[Xe]$4f^{14}5d^{10}6s^26p^6$	86 氡Rn	radon

第七周期

电子结构	符号	英文
[Rn]$7s^1$	87 钫Fr	francium
[Rn]$7s^2$	88 镭Ra	radium
[Rn]$6d^17s^2$	89 锕Ac	actinium
[Rn]$5f^{14}6d^27s^2$	104 𬬻Rf	rutherfordium
[Rn]$5f^{14}6d^37s^2$	105 𬭊Db	dubnium
[Rn]$5f^{14}6d^47s^2$	106 𬭳Sg	seaborgium
[Rn]$5f^{14}6d^57s^2$	107 𬭛Bh	bohrium
[Rn]$5f^{14}6d^67s^2$	108 𬭶Hs	hassium
[Rn]$5f^{14}6d^77s^2$	109 鿏Mt	meitnerium
[Rn]$5f^{14}6d^87s^2$	110 𫟼Ds	darmstadtium
[Rn]$5f^{14}6d^97s^2$	111 𬬭Rg	roentgenium
[Rn]$5f^{14}6d^{10}7s^2$	112 鿔Cn	copernicium
[Rn]$5f^{14}6d^{10}7s^27p^1$	113 鿭Nh	nihonium
[Rn]$5f^{14}6d^{10}7s^27p^2$	114 𫓧Fl	flerovium
[Rn]$5f^{14}6d^{10}7s^27p^3$	115 镆Mc	moscovium
[Rn]$5f^{14}6d^{10}7s^27p^4$	116 𫟷Lv	livermorium
[Rn]$5f^{14}6d^{10}7s^27p^5$	117 鿬Ts	tennessine
[Rn]$5f^{14}6d^{10}7s^27p^6$	118 鿫Og	oganesson

镧系元素 lanthanide 57–71

[Xe]$4f^15d^16s^2$	58 铈Ce	cerium
[Xe]$4f^36s^2$	59 镨Pr	protactinium
[Xe]$4f^46s^2$	60 钕Nd	neodymium
[Xe]$4f^56s^2$	61 钷Pm	promethium
[Xe]$4f^66s^2$	62 钐Sm	samarium
[Xe]$4f^76s^2$	63 铕Eu	europium
[Xe]$4f^75d^16s^2$	64 钆Gd	gadolinium
[Xe]$4f^96s^2$	65 铽Tb	terbium
[Xe]$4f^{10}6s^2$	66 镝Dy	dysprosium
[Xe]$4f^{11}6s^2$	67 钬Ho	holmium
[Xe]$4f^{12}6s^2$	68 铒Er	erbium
[Xe]$4f^{13}6s^2$	69 铥Tm	thulium
[Xe]$4f^{14}6s^2$	70 镱Yb	ytterbium
[Xe]$4f^{14}5d^16s^2$	71 镥Lu	lutetium

锕系元素 actinide 89–103

[Rn]$6d^27s^2$	90 钍Th	thorium
[Rn]$5f^26d^17s^2$	91 镤Pa	protactinium
[Rn]$5f^36d^17s^2$	92 铀U	uranium
[Rn]$5f^46d^17s^2$	93 镎Np	neptunium
[Rn]$5f^67s^2$	94 钚Pu	plutonium
[Rn]$5f^77s^2$	95 镅Am	americium
[Rn]$5f^76d^17s^2$	96 锔Cm	curium
[Rn]$5f^97s^2$	97 锫Bk	berkelium
[Rn]$5f^{10}7s^2$	98 锎Cf	californium
[Rn]$5f^{11}7s^2$	99 锿Es	einsteinium
[Rn]$5f^{12}7s^2$	100 镄Fm	fermium
[Rn]$5f^{13}7s^2$	101 钔Md	mendelevium
[Rn]$5f^{14}7s^2$	102 锘No	nobelium
[Rn]$5f^{14}6d^17s^2$	103 铹Lr	lawrencium

高胜利 杨奇 编著
（2019年）
科学出版社